2015

中国建筑设计年鉴

（上册）

CHINESE ARCHITECTURE YEARBOOK 2015

《中国建筑设计年鉴》编委会 编 ■

常文心 译

辽宁科学技术出版社

FOREWORD
前言

新中国成立后，我国城市建筑成就举世瞩目，人民大会堂等北京十大建筑堪称经典之作。改革开放30多年来，我国城镇化快速推进，一批现代建筑充满时代气息、美轮美奂。但在城镇化快速推进的进程中，也出现了形形色色的“奇葩建筑”，不断冲击社会公众的审美底线，引发人们强烈吐槽。

建筑是石头书写的史书，是最为显像的文化符号。近些年来城市建筑之所以乱象丛生，著名建筑评论家王明贤先生曾在一次采访中提到，一个城市的建筑实际上是合谋产物。有的是长官意志，开发商的意志，也有一部分原因是有些建筑师在学术上不能坚持、公众的建筑审美水平比较低，这些方面的合谋形成了现在有些城市建筑的丑陋现象。合谋产物，实际上一个建筑可能是开发商和建筑师平衡的结果。

但究其根本，城市建筑乱象暴露的是扭曲混乱的价值标准和陷入迷茫的文化传承，反映出我国建筑行业缺乏文化自信。中国建筑需要在继承民族优秀传统的过程中吸收西方优秀建筑理念，在与西方建筑技艺交融与对话中不断发展中国建筑文化。

中国的城市怎么发展？中国的建筑怎么发展？是我们几乎亦步亦趋地跟着西方建筑风格走？还是让建筑回归理性，确立起符合时代需要的中国建筑文化？

值得欣慰的是，中国始终有一批好的中青年建筑师在坚守着做自己的探索，使中国的城市面貌有改变的可能性。也许他们设计的项目不多，也许这些建筑的规模也不大，但他们就像针灸时要找准的穴位一样，对城市的建筑发展起着重要作用。本书的成书目的就是想展示出这些建筑师的设计理念，以及他们为我们解决城市问题所提供的新思路。

书中展示并回顾了2015年中国当代建筑的整体环境及建筑实践历程，书中对这些优秀的建筑案例进行分析和反思，由此可以预见具有中国特色的建筑文化时代即将到来。这些项目坚持以人为本的建筑本原，既研究传统建筑的“形”，更传承传统建筑的“神”，妥善处理城市建筑形与神、点与面、取与舍的关系，在建筑文化泛西方化和同质化的裹挟面前清醒地保持中国建筑文化的独立与自尊。努力建造体现地域性、文化性、时代性和谐统一的有中国特色的现代建筑。更希望在城市建筑发展水准日臻完善的情况下，东方的建筑设计思想能够为世界建筑发展提供一个新的思路。例如书中选用的“茶园竹亭”（DnA建筑事务所）项目，就地取材，选用了三种不同坡度的屋顶，随着地势高差自然起落，达到了建筑之“形”与自然之“神”的完美交融。而“上海电子工业学校六号楼/学生浴室”（无样建筑工作室）这个改造项目的突破是选择了“半透明”的表皮来阐述整体空间结构的，使原本封闭性较强的浴室在面对室外活动场所时也更加温和了一点，其意义在于对空间结构的体验中获得，而非静态的凝视结果。书中设计案例按基本功能分为6个类别，遍布中国大多数省份，呈现出建筑风格的多样性。建筑师对每个项目都倾注全力，极大限度地展示出各地区和文化的多样性以及建筑师个人的创造力与设计方式的独到见解。

建筑，是当代中国文化创新的前沿阵地，也是社会发展的内驱动力，希望读者通过这本书可以对中国建筑在世界建筑界所扮演的角色进行反思，而且也向世界展示中国建筑师的风貌，以及中国建筑师们对建筑的理想与追求。

《中国建筑设计年鉴》编委会

CONTENT
目录

CULTURE 文化

LEISURE & RECREATION 休闲、服务

合作者
王幼芬、王大鹏、柴敬、张朋君、
刘辉瑜、骆晓怡、应瑛
设计公司
中联筑境建筑设计有限公司
合作单位
江苏省建筑设计院
设计时间
2008
竣工时间
2014

江苏，南京

南京博物院改扩建工程

Nanjing Museum (Phase II)

程泰宁 / 总建筑师　陈畅 中联筑境建筑设计有限公司 / 摄影

南京博物院前身系蔡元培先生等人于1933年倡建的国立中央博物院筹备处。1935年在杨廷宝、童寯等十多位建筑师参与投标的竞赛中，徐敬直在方案征选中获胜，后在梁思成先生的指导下完成设计。2013年11月6日，南京博物院二期工程经过八年多筹建，正式向公众开放。从1933年成立的筹备处算起，迄今整80年矣，这个由国家兴建的第一座国立综合性博物馆，在80年的岁月变迁中见证了中国博物馆的发展历程。

蔡元培先生等人当年筹建中央博物院的目的是："汇集数千年先民遗留之文物，及灌输现代知识应备之资料。为系统之陈览，永久之保存，借以为提倡科学研究，补助公众教育之策源。"时过境迁，博物馆的发展也是与时俱进，在性能、功能、责能、效能等方面都发生了重大而深刻的改变。今天的博物馆，已不再是单一的博物馆内涵，她是一个城市乃至国家的DNA，她联结了不同年纪、不同背景，甚至不同时空的人。博物馆的功能，也不是传统意义上简单的收藏、陈列和科研，而是多元化、多功能的综合性文化场所(教育、音乐、宴会、开幕式、购物、课堂、休闲、娱乐等)。一位美国学者对博物馆的服务功能是这样描述的："博物馆不在于它拥有什么，而在于它以其有用的资源做了什么。"

2006年南京博物院二期工程正式立项，并进行了第一轮国际招标征集方案，随后又进行了数轮方案招标，直至2008年8月最后一轮方案招标，前后征集了近30个方案，最终确定杭州中联筑境建筑设计有限公司（程泰宁院士领衔主创）的方案为实施方案。该方案采用了补白、整合与新构的设计理念，通过对新老建筑功能布局、交通流线体系、新老馆内外部空间、新老建筑形式以及展览与休闲功能的整合梳理，使其达到一体化。由于南京博物院受用地条件限制，相当一部分展厅及辅助功能布置在地下，整个地上、地下建筑里穿插安排了4个大小不一的下沉庭院和12个采光中庭及天窗，经过对采光口的位置、大小以及遮阳形式的精心推敲，极大地解决了公共空间的采光通风问题，使得空间极具感染力和戏剧性，并且还起到了节能降耗的作用。

值得一提的是对20世纪30年代建造的仿辽式老大殿抬高3米的处理，通过抬升既突出、强化了老大殿的主体地位，并且对功能、空间及交通流线的组织起到了至关重要的作用，还使得老大殿原来只有2.2米净高的一层可以真正使用起来，该工程是目前国内最大的集顶升、隔震与加固于一体的文物改造工程，开馆后南京博物院还将顶升工程纳入展览范围，设置专门的隔震技术参观室。

改扩建后的南京博物院形成历史馆、特展馆、艺术馆、民国馆、非遗馆、数字馆于一体的"六馆一院"格局，在功能设置上除了常规的考虑，结合自身特点和观众需要还设置了一些特别的服务功能。

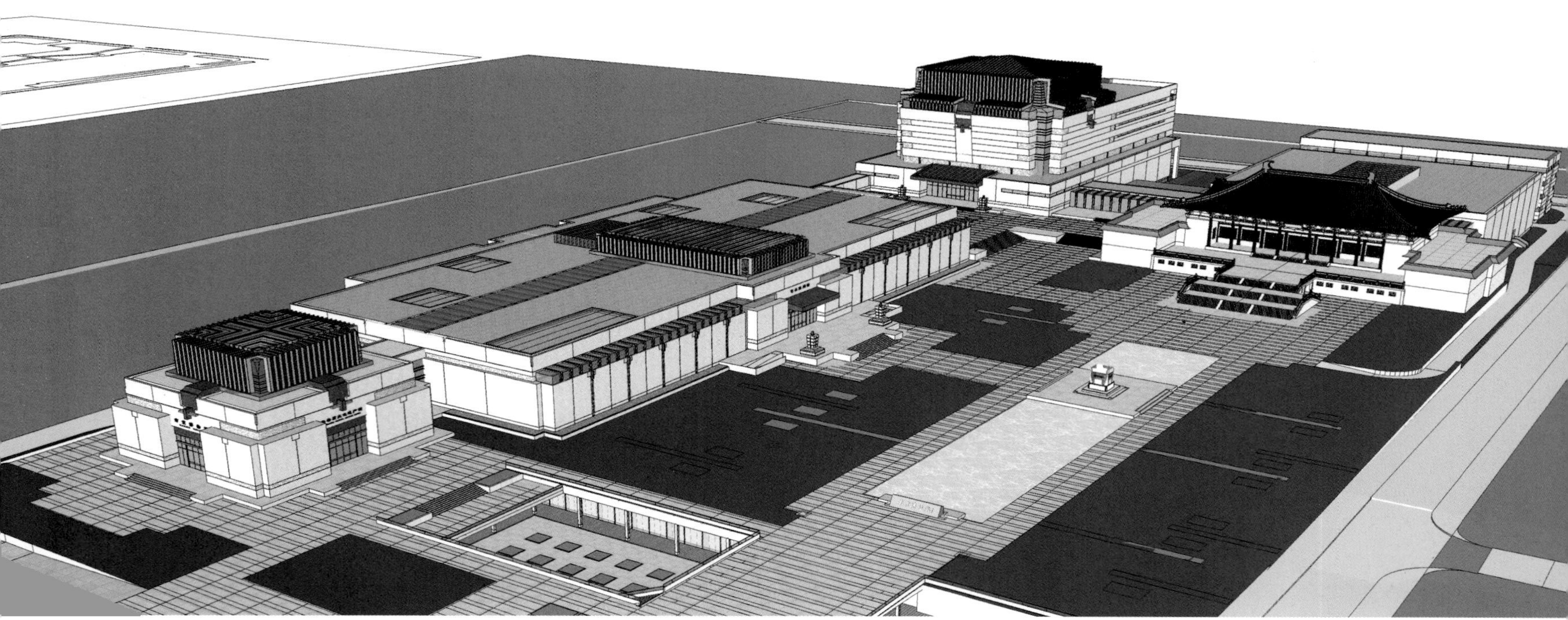

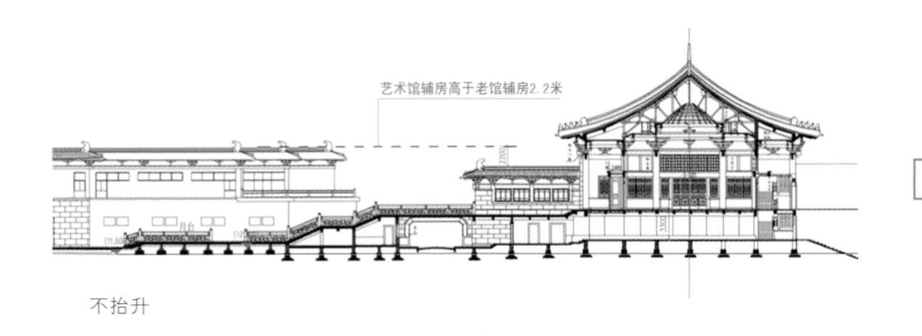

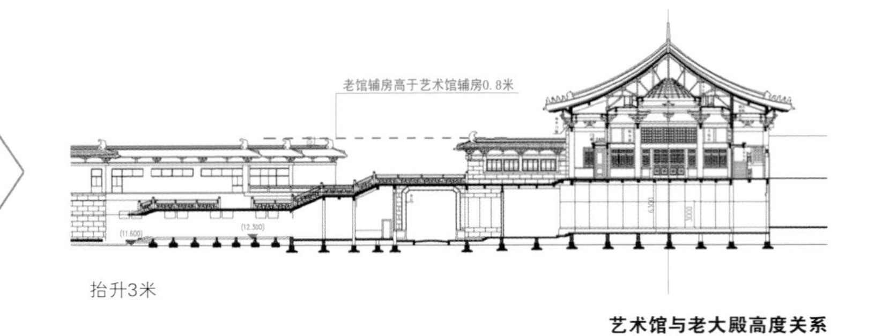

艺术馆与老大殿高度关系

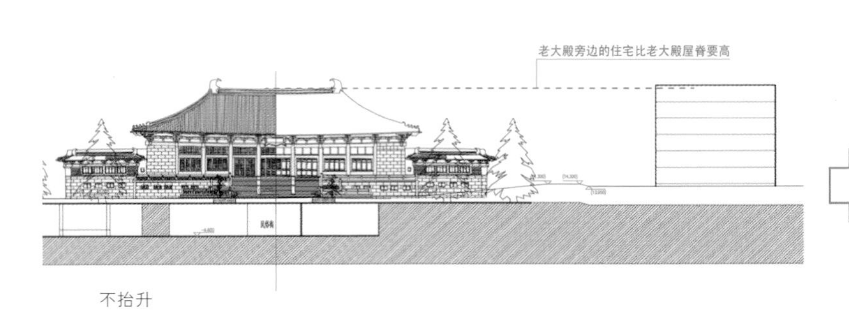

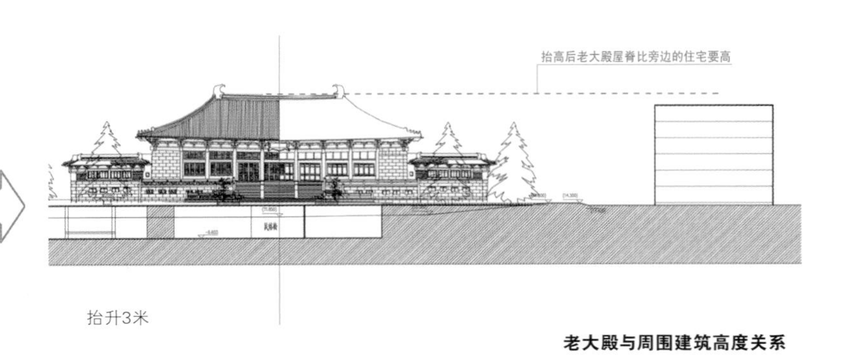

老大殿与周围建筑高度关系

诸如在老大殿正下方的文博专题图书馆，在特展馆一层国宝厅的对面设置了儿童体验馆，还值得一提的是特展馆五层的休闲茶座及延伸到屋顶宽大的露台，在这里可以远眺紫金山天文台，中山陵、明孝陵等人文古迹隐约可见，使得南京博物院与南京的历史、人文及地理有机的融为了一体。结合非遗馆功能设置的下沉广场，并且将博物院的服务功能与市政过街通道紧密的联系在一起，而且这部分功能晚上还可以对外开放，从而能更好的为市民服务。

民国政府教育部所拟的《中央博物院设立意见书》在博物院下设自然、人文与工艺三馆，其中："自然馆中，求能系统扼要的表示自然知识之进展，并求其利用中国材料。人文馆中，求能系统的表示世界文化之演进，中国民族之演进。工艺馆中，表示物质文化之精要，尤其是关于实业及国防者，用以激励国人。"仔细想来，这样的功能设置是煞费苦心的。民众通过在自然馆的参观学习自然知识达到"自明"；在人文馆学习了解世界文化和民族文化，从而实现"自知"；在工艺馆中通过对物质精要的学习掌握，从而达到"自强"，这点在列强虎视、国家积弱已久的时代背景下显得尤为必要。

八十年前的仿辽式大殿依托紫金山为天际线依旧屹立着，成为南京乃至江苏几代人记忆的延续，并且随着时间的延续，辉煌与精彩将继续在"一院六馆"里演绎，相信随着越来越多的人走进博物院，一个人乃至一个民族会变得更加"自知"、"自明"与"自强"，国家的富强之梦、民族文化的复兴之梦才不仅仅只是个梦想！

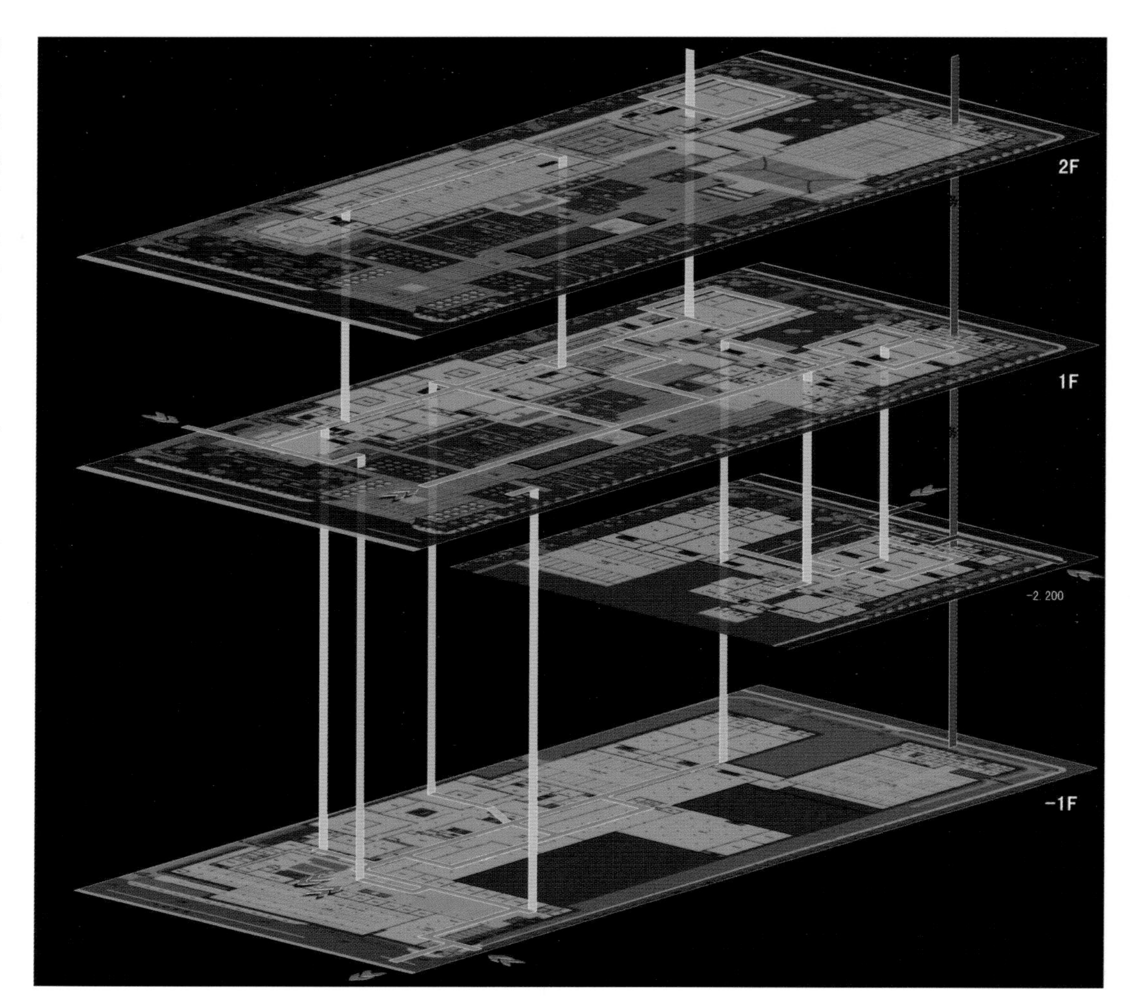

行人流线图

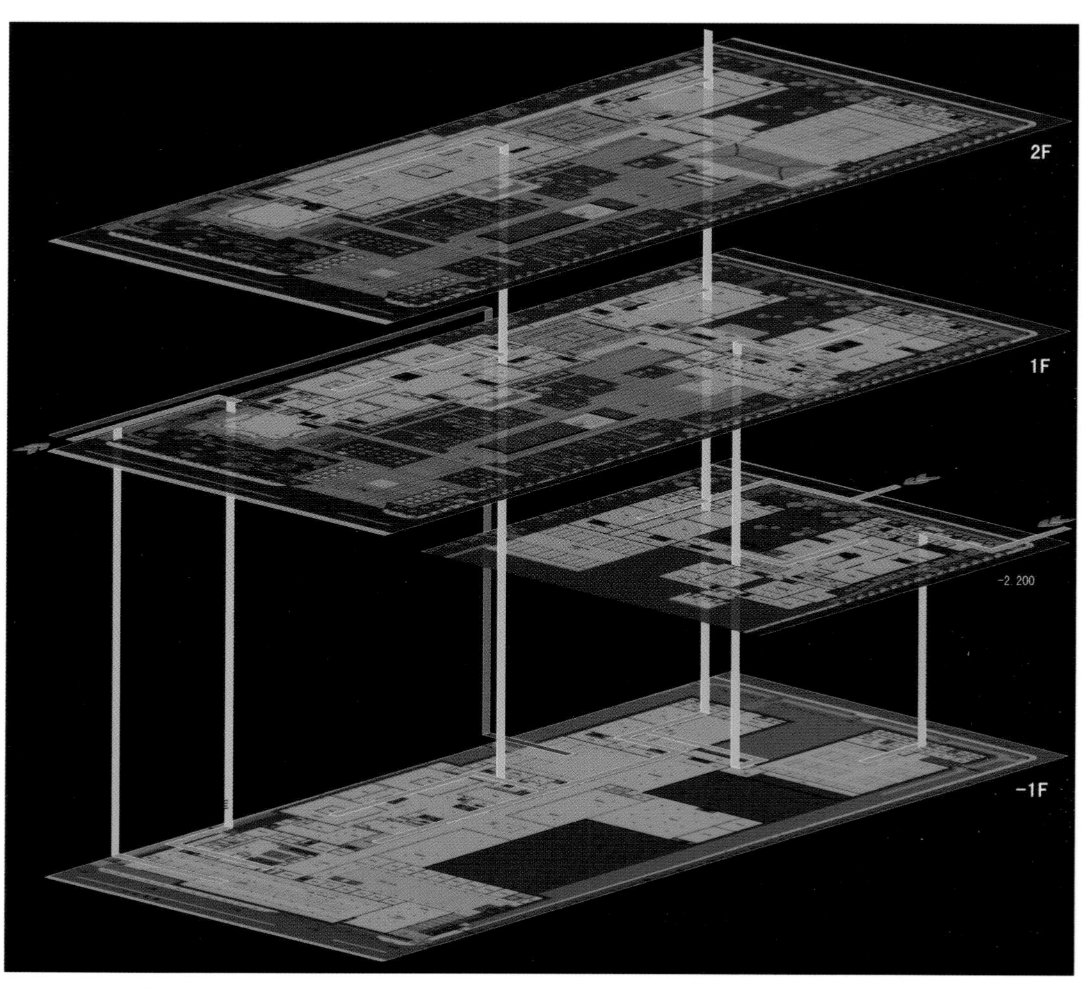

参观流线
内部流线
藏品流线
大巴流线
小车流线

车行流线图

江苏古代文明
JIANGSU ANCIENT CIVILIZATION

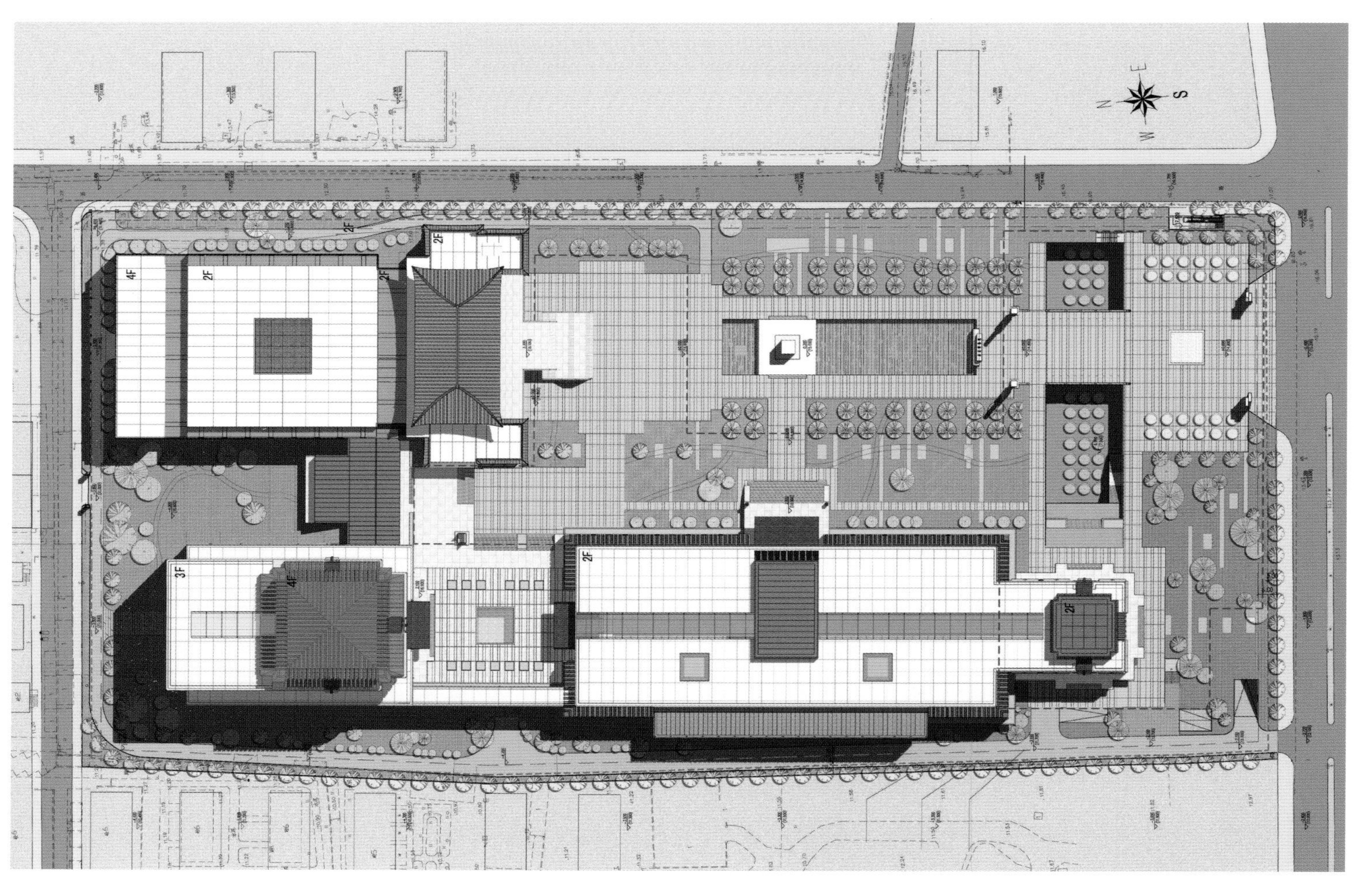

总平面图

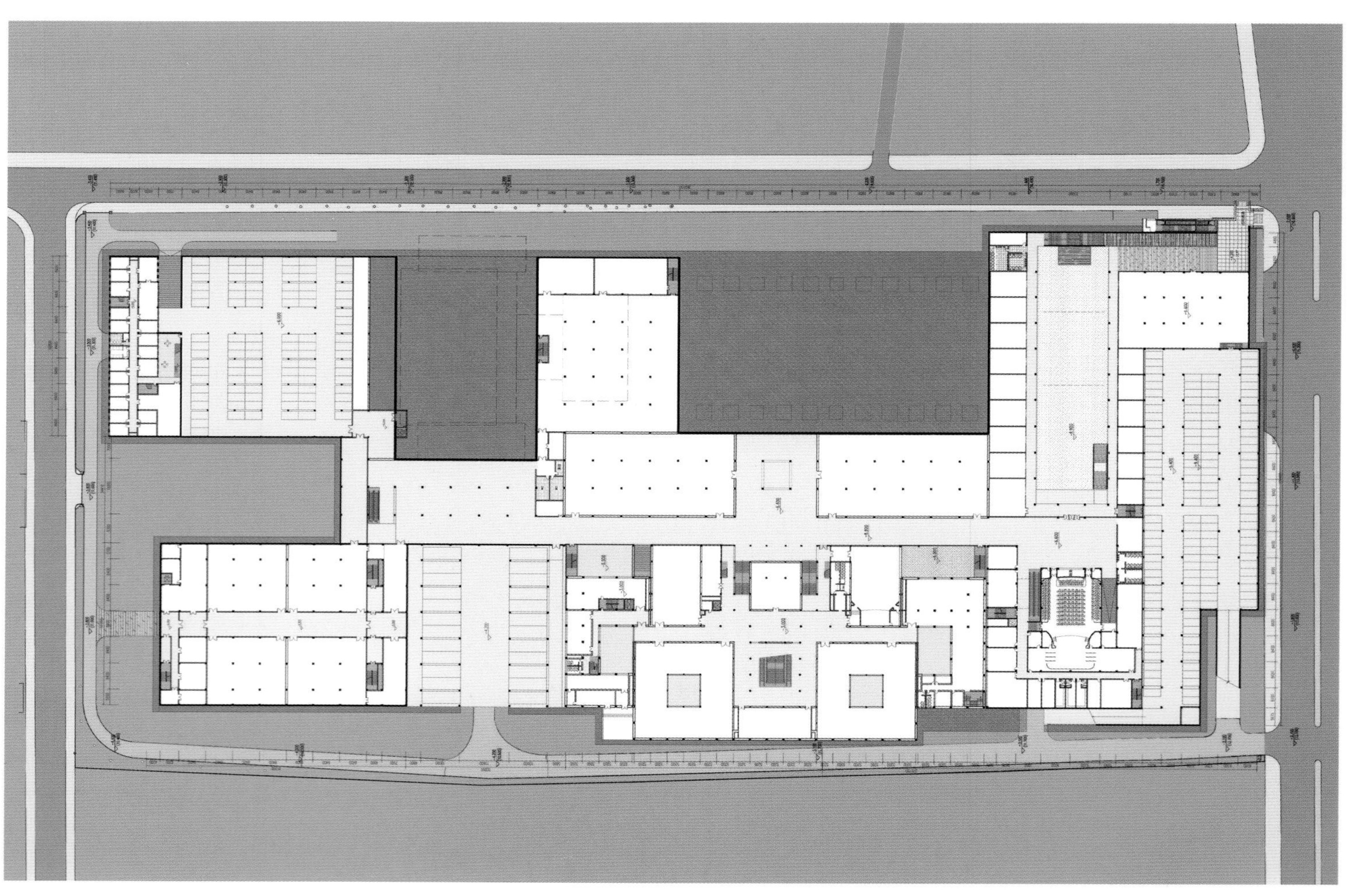

地下一层平面图

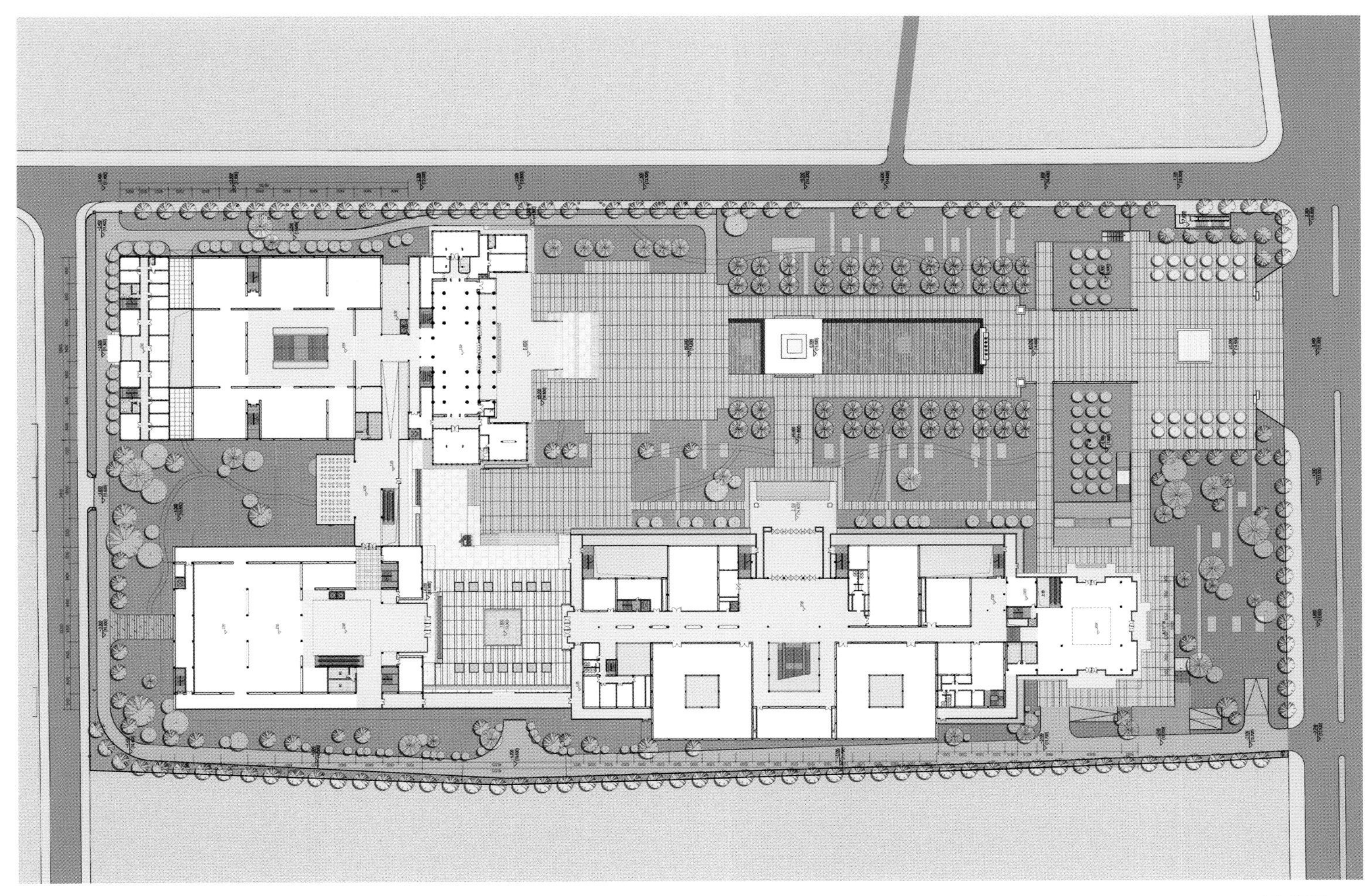

一层平面图

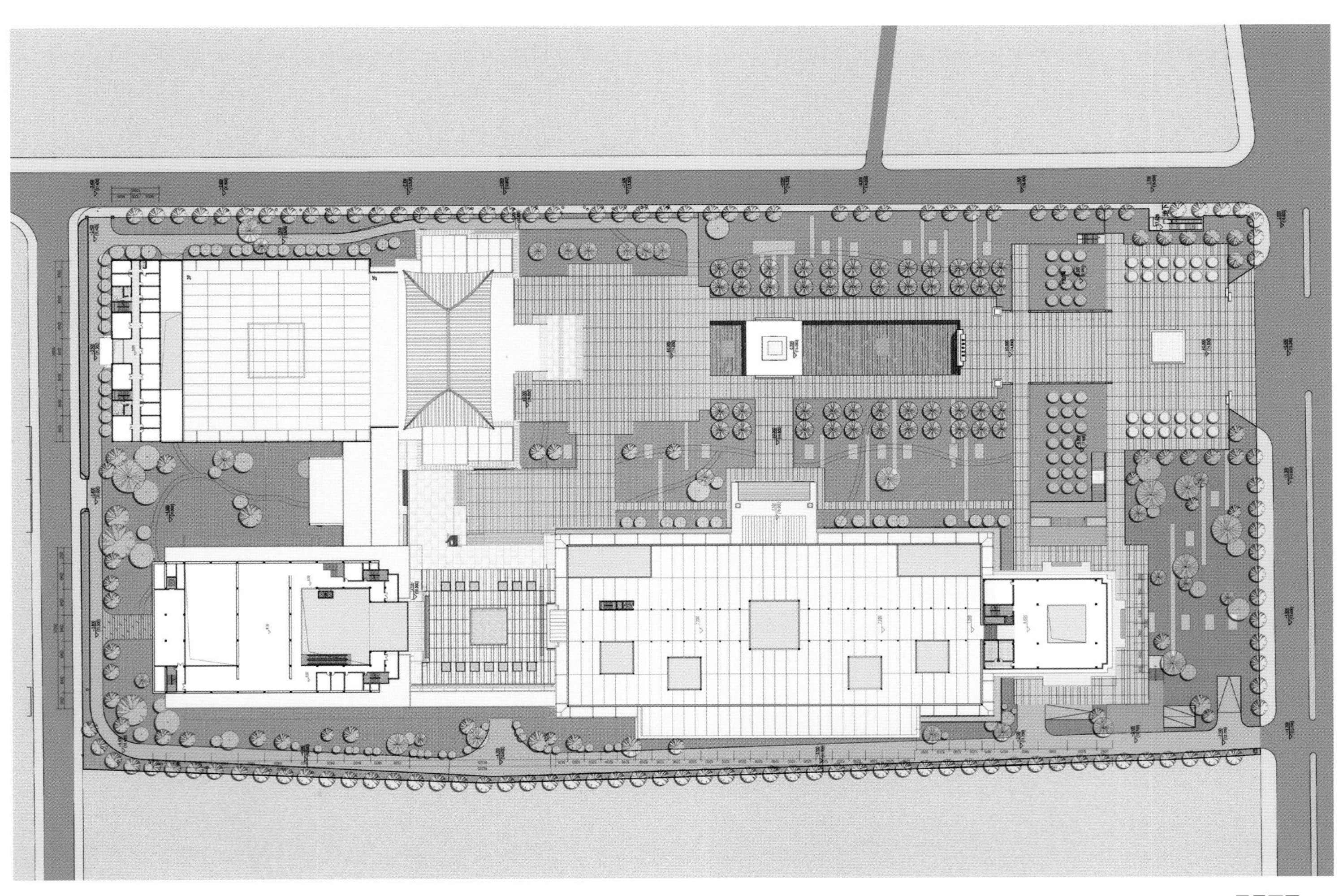

二层平面图

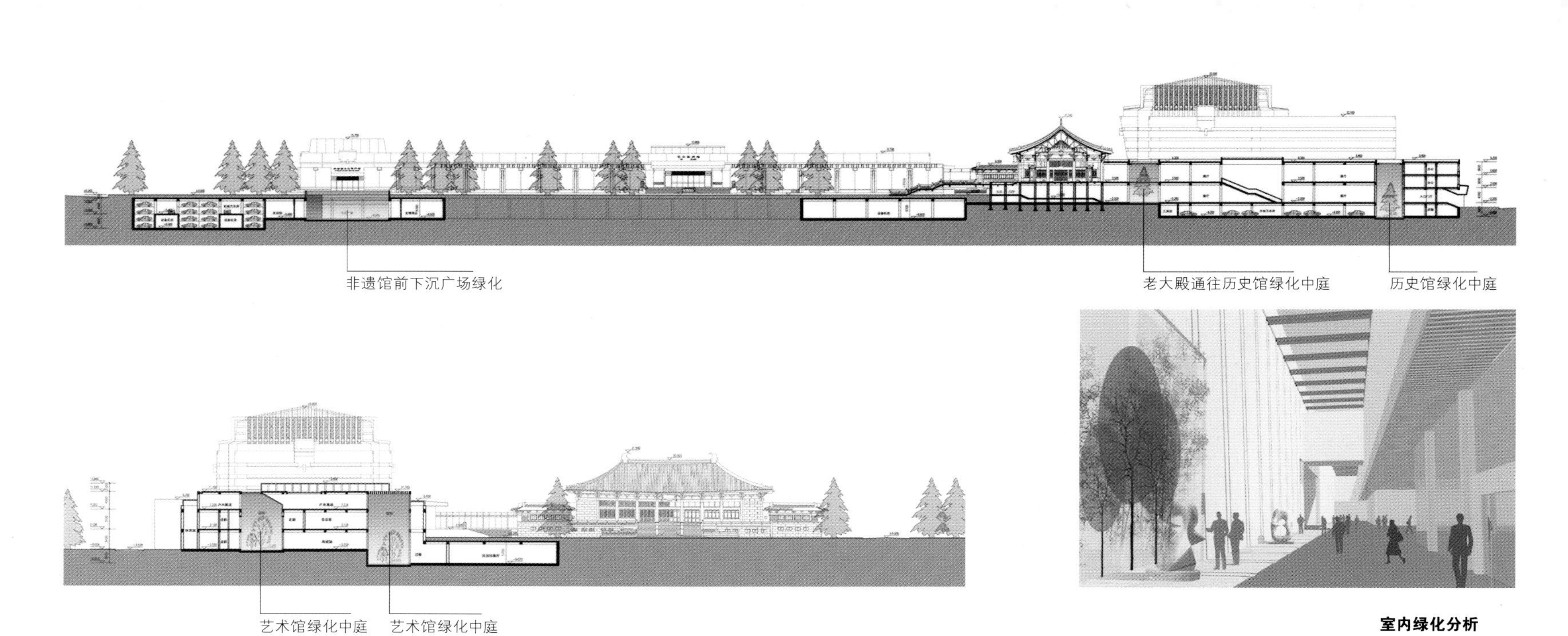

室内绿化分析

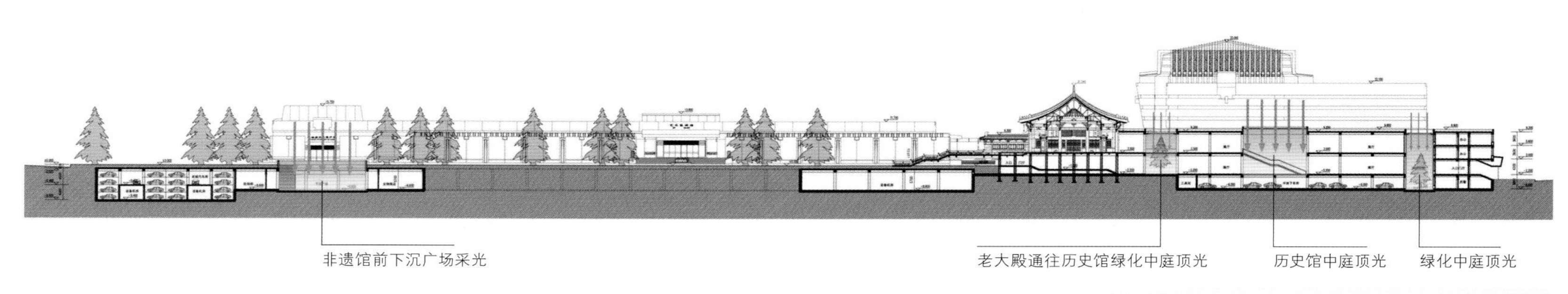

自然采光分析

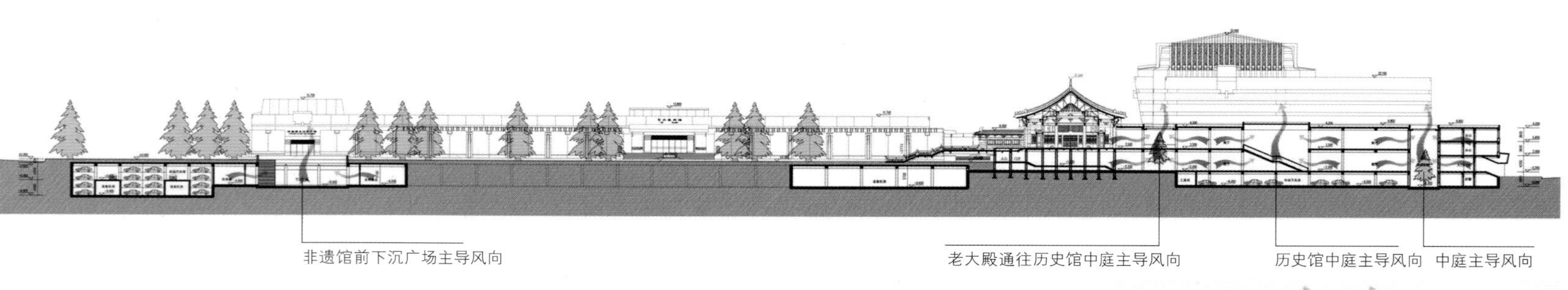

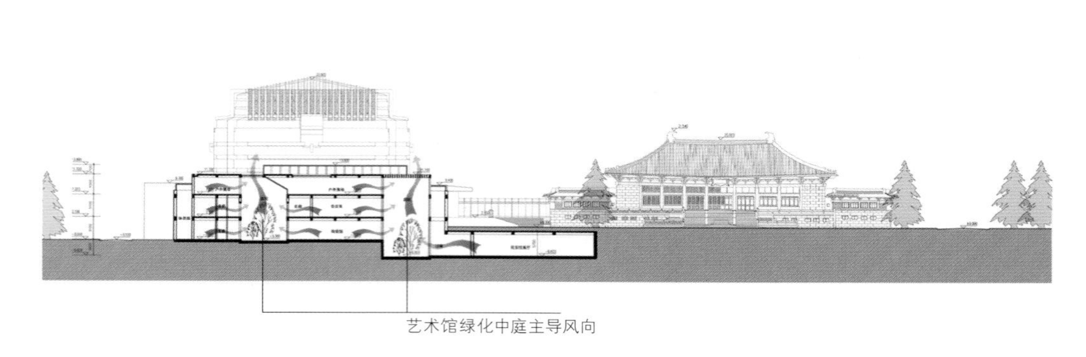

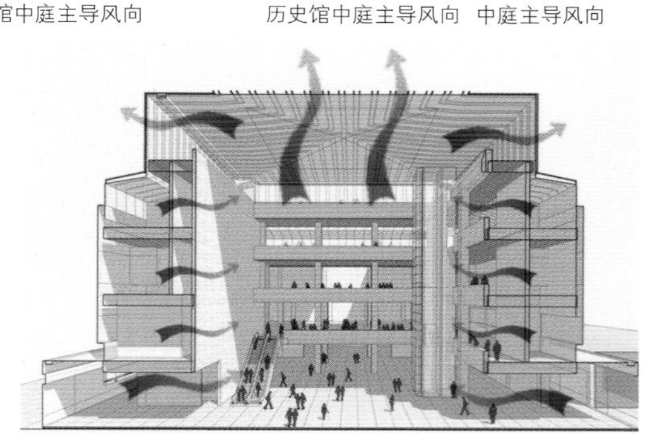

自然通风分析

破土而出，生根自然

龙泉青瓷博物馆位于浙江省龙泉市主城区以南的城市入口处。占地面积6000m^2，总建筑面积10000m^2。基地地貌由两个平缓的山脊以及中间的洼地构成。背面山体给建筑提供了优美的环境背景。

由于历史上青瓷生产的高度发达，目前在龙泉四周的田野上随处可发掘到过去留下的窑址和青瓷碎片。处在这一特定的环境里，建筑以"瓷韵——在田野上流动"为创意，以一种非建筑的手法来表达这一博物馆的形象，如同考古发掘中层层叠叠的青瓷器物破土而出，自然地放置在田野之中。建筑造型是青瓷这一珍贵的文化遗产的抽象表达。

换一个角度去欣赏，它又像绘画艺术家笔下的一组景物，展现出了一幅恬静、优美的画面。

建筑师尝试以青瓷器物，匣钵为原型，经过抽象转换形成一种新的"语言"，即以双曲面的钵体单元和收分的圆形筒体相组合，来塑造建筑的整体形象。这些单元自由地镶嵌在这片坡地上，恰似沉睡在地下的青瓷器物破土而出，令人浮想联翩。

墙体采用清水混凝土，大片暖灰色调与出窑后的匣钵相似，与点缀其间的青绿色的瓷筒片断，以及象征窑体的略显粗犷的文化石基座相互组合，色彩及材料质感浑朴自然。

立面上的瓷坯碎片、变形的门洞、散乱的投柴孔，似乎留下了些许历史的印迹，它隐喻青瓷的新生，也再现了我们希望表达的建筑与自然共生的田园意境。

博物馆的入口设在标高-10.0m处，观众通过长而低矮的"龙窑"甬道进入标高为+0.00m、高度达21m的圆筒形序厅。甬道墙面仿窑壁杂色流釉，序厅墙及顶面均为青灰色，空间形态及色彩的对比给人以强烈印象。观众仿佛由"龙窑"窑床进入青瓷器物之中。序厅的光线由顶部"裂缝"中洒入，形成独特的抽象图案效果。

浙江，龙泉

龙泉青瓷博物馆
Longquan Celadon Museum

程泰宁／总建筑师　陈畅（中联筑境建筑设计有限公司）／摄影

设计公司

中联筑境建筑设计有限公司

合作者

吴妮娜、杨涛、刘鹏飞、李澍田、陈悦

建筑面积

10,000平方米

总平面图

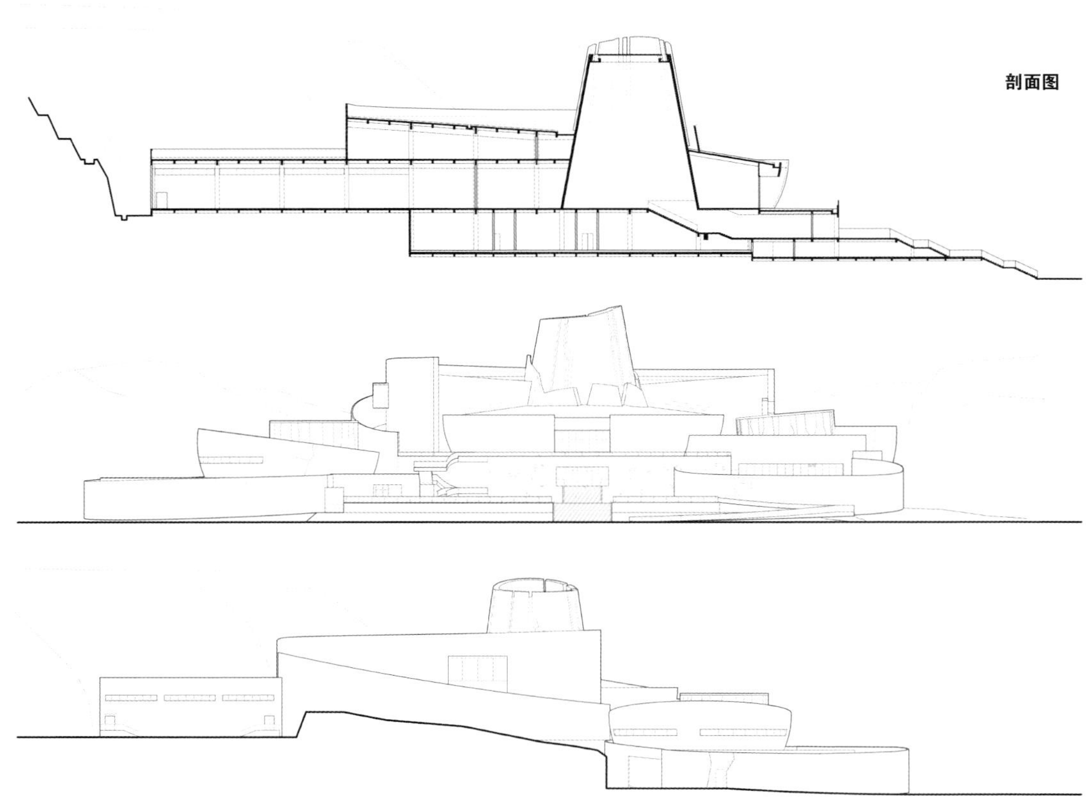
剖面图

龍泉青瓷博物館

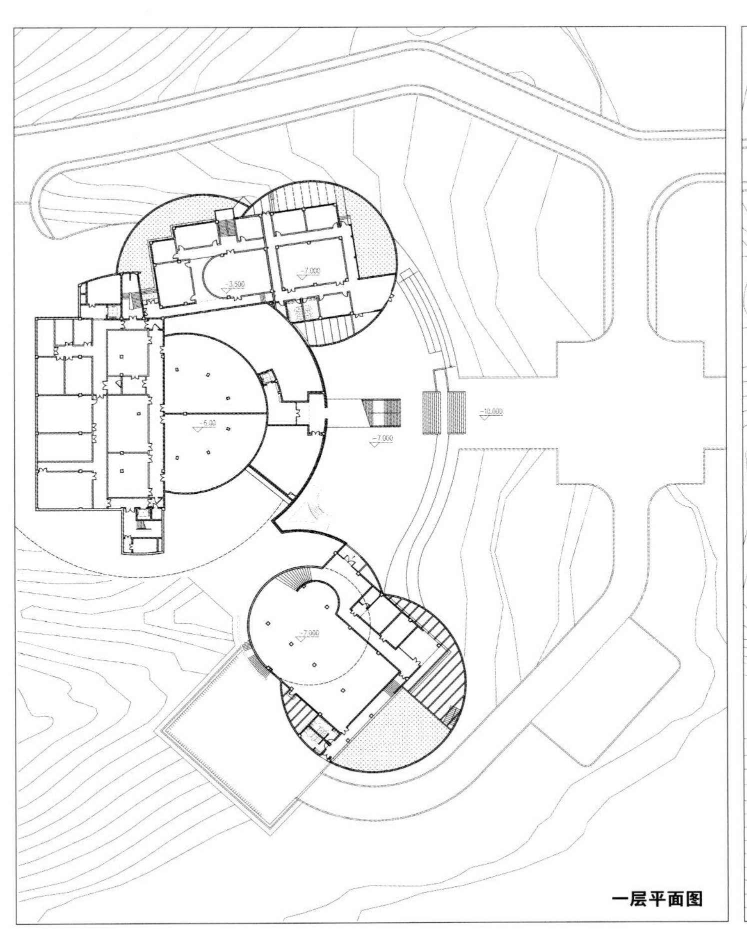
一层平面图

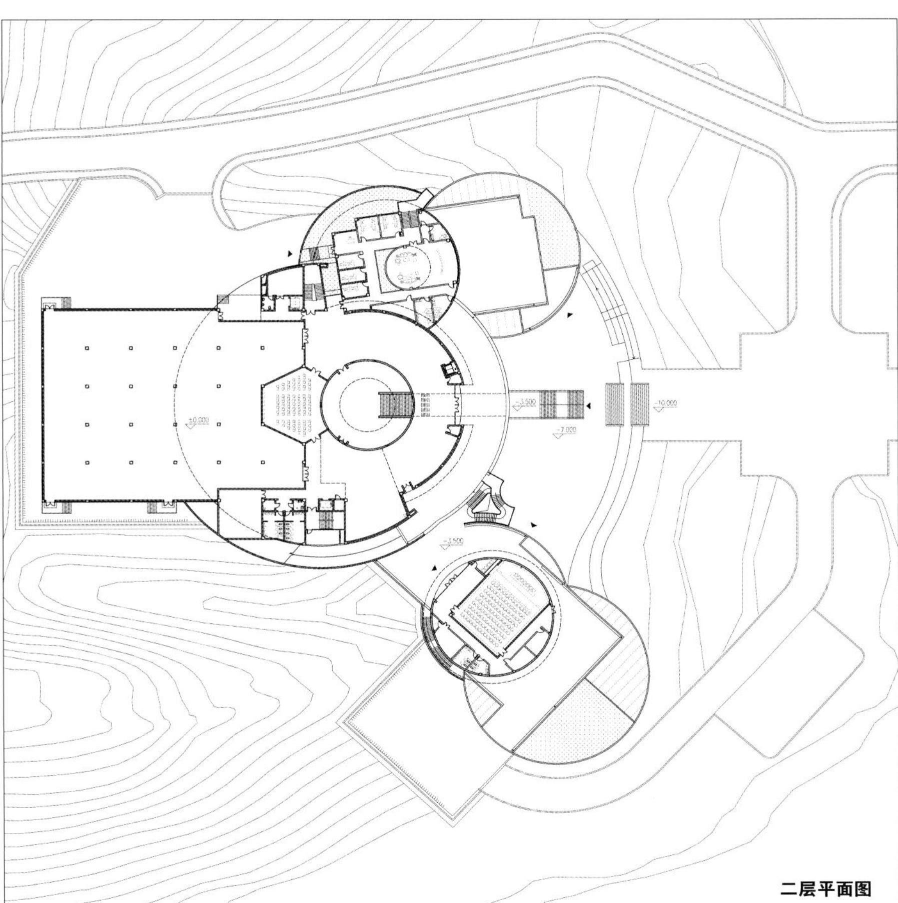
二层平面图

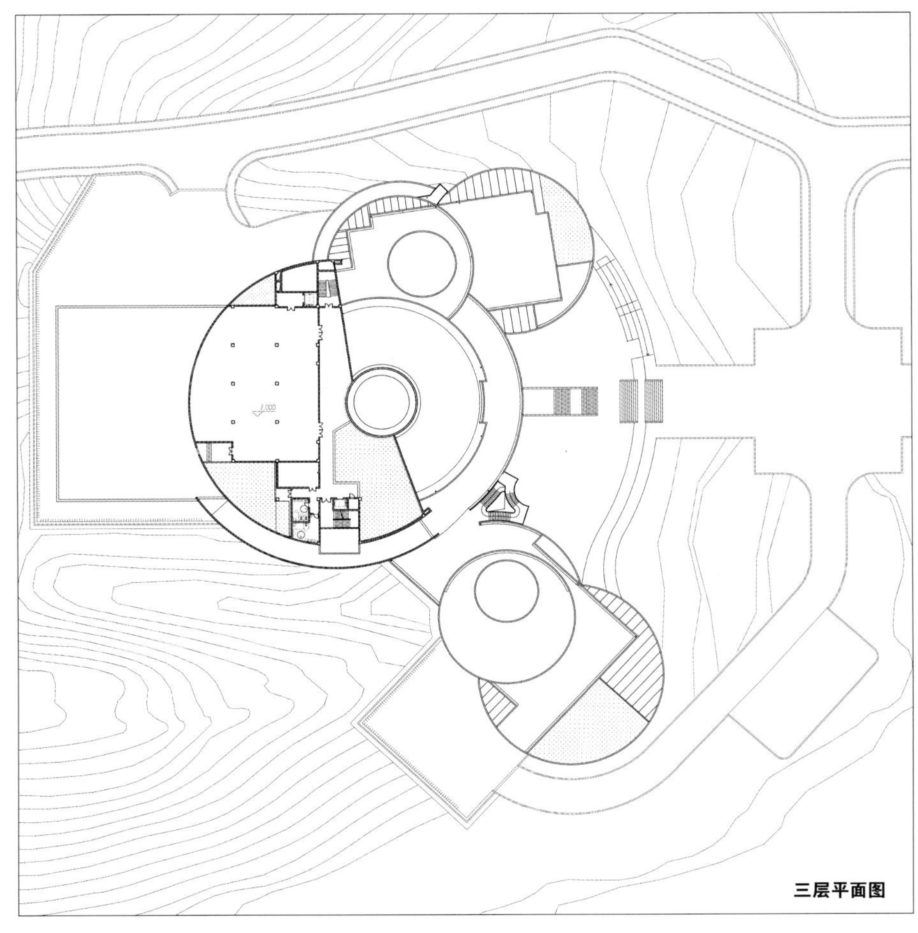
三层平面图

设计单位
同济大学建筑设计研究院(集团)有限公司
设计团队
王文胜，叶雯，高山，黄平，郭婵姣，刘敏杰，汪一宁
业主
无锡吴都阖闾古城发展有限公司
基地面积
46,990平方米
建筑面积
26,526平方米
多媒体互动设计
西班牙GPD设计公司
景观设计
皓宇工程顾问股份有限公司
结构形式
钢筋混凝土框架结构
竣工时间
2014年

江苏，无锡

阖闾城遗址博物馆
Helv City Historic Site Museum

李立／主创设计师　姚力／摄影

吴王阖闾——春秋末期的吴国君主，在位期间(公元前514年－前496年)励精图治，西破强楚，使吴国成为春秋末期的霸主。阖闾城遗址位于今无锡与常州的交界处，这里东依龙山为天然屏障，南临太湖得水运之利，经考古发掘考证为2500年前的吴国都城遗址，并列入全国重点文物保护单位以及全国大遗址保护名录。

选址是这个建筑项目最重要的难点。业主最初给出的用地范围位于太湖风景区"十八湾"中的月白湾，这里毗邻阖闾城遗址核心区，背依龙山，南望太湖，景色秀美。建筑布局利用废弃的采石场缺口，采用"建筑修补山体"的策略，最大程度的减少建筑对"十八湾"现状环境的侵扰，使建筑与山体、场地、环境进行有机的融合。同时在一个较高的位置上展开建筑布局，将博物馆和阖闾城遗址、太湖景观以及更远的灵山大佛建立起更为紧密的视线联系。

在等高线的穿插错动之间，特别组织了穿越建筑屋顶的公众登山路线，直接通达龙山贵族墓葬和石长城遗迹，整合场地周边现有的历史文化遗存。在这条精心组织的登山线路上，阖闾城遗址和烟波浩淼的太湖景观交替呈现，将遗址本体、周边景观整合在博物馆的参观体验之中。

在功能设置方面，提供了相当数量的经营用房，实现"以馆养馆"的目标。在2.6万平方米的总建筑面积中，含有近1万平方米的学术交流中心，餐厅、会议室、多功能厅、客房等设施一应俱全，这在博物馆设计中是少有的功能配置。采石场宕口的尺度仅能容纳博物馆主体，学术交流中心顺应山势布置在龙山山脚下，这也符合不同的功能区要求。群体空间遵从山地建筑的空间组织方法，充分利用地形起伏，从入口广场的4.5米标高过渡到9.6米标高的引桥起点，再组织"之"字型坡道先抵达13.5米标高的学术交流中心入口，转而过渡到17.5米标高的博物馆主入口。这样的空间序列为公众参观博物馆建立了必要的心理储备，使公众怀着期待的心情走向高处的博物馆。

博物馆的内部空间类似一个取景装置，所有形体的开口都要服务于有意义的体验，总体应该保持克制。朝向山体的开口是为了人在建筑内部能时常感受到山体的存在，朝向场地的开口则是为了帮助人们在参观中建构与遗址环境的关联。视线在室内与室外之间的不断切换，要与展览主题的转换节奏匹配，也提供视觉的调整，比如5米标高的自动扶梯转换平台面对着建筑内部的峡谷空间，10米标高的展线末端出口面向远处的遗址核心区，而20米标高的咖啡厅作为空间序列的高潮不仅将遗址区和太湖一览无余，还将观众视线引向远处的灵山大佛，表达出空间对场地和周边环境的关照和呼应。

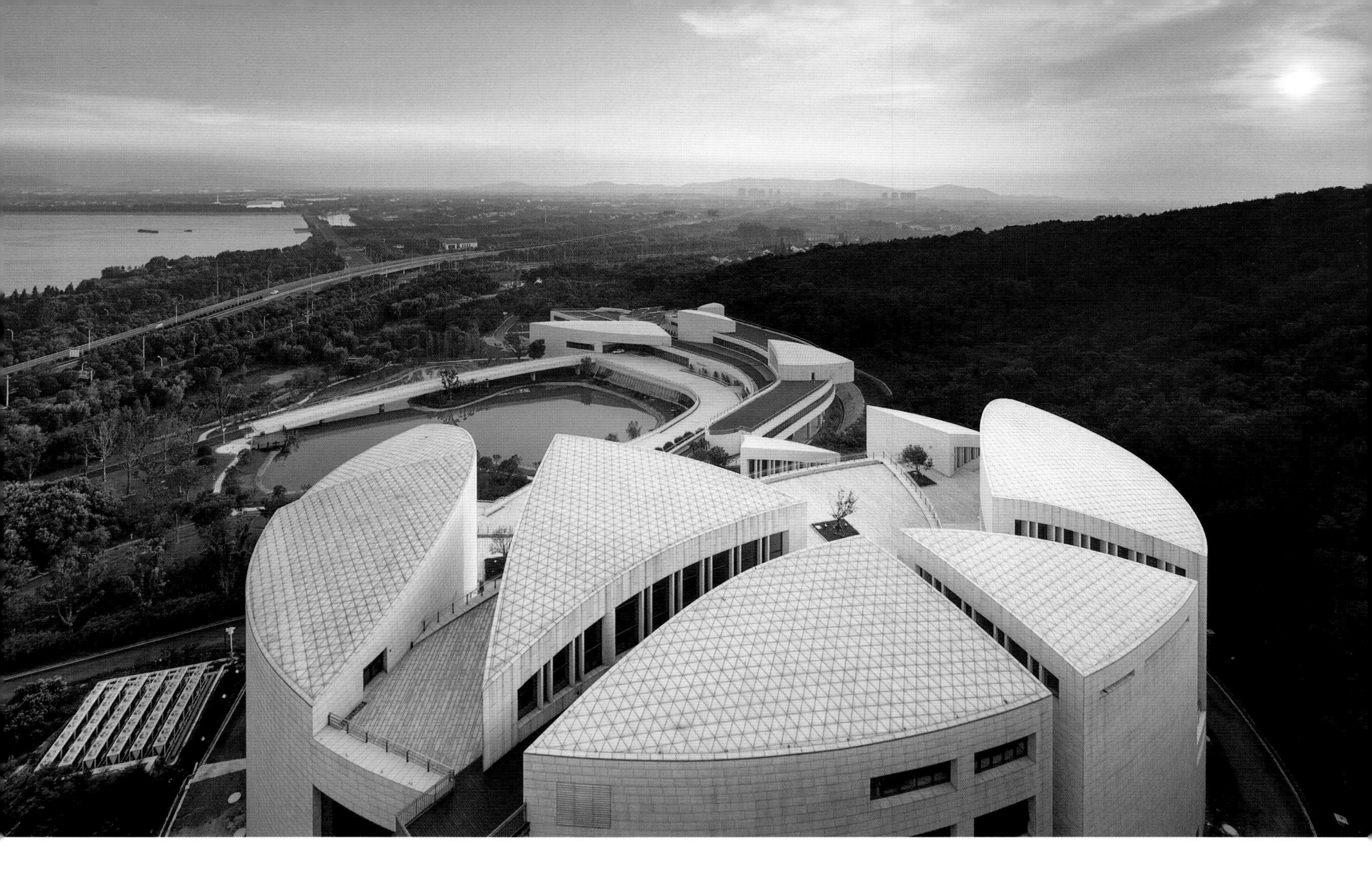

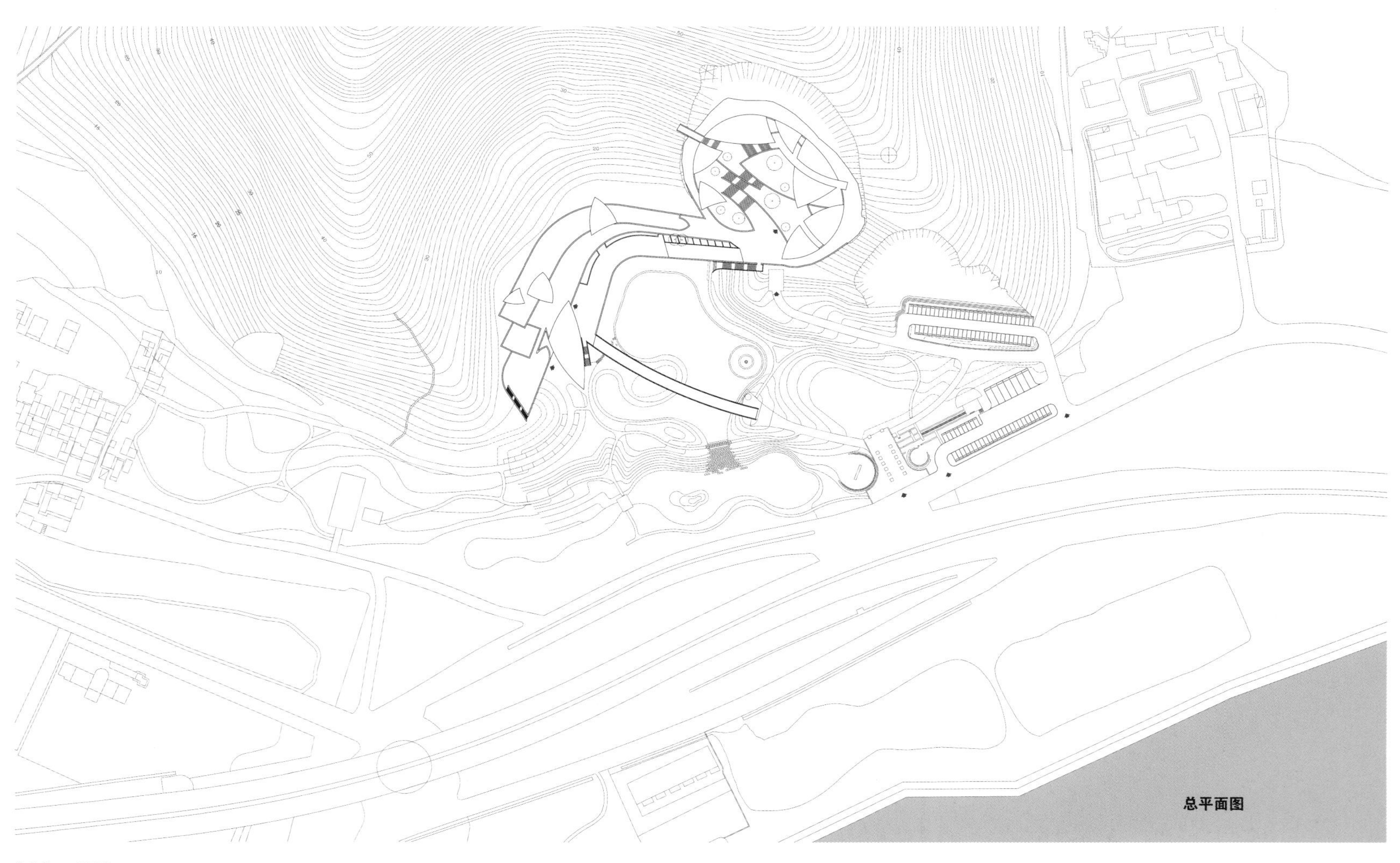

总平面图

剖面图

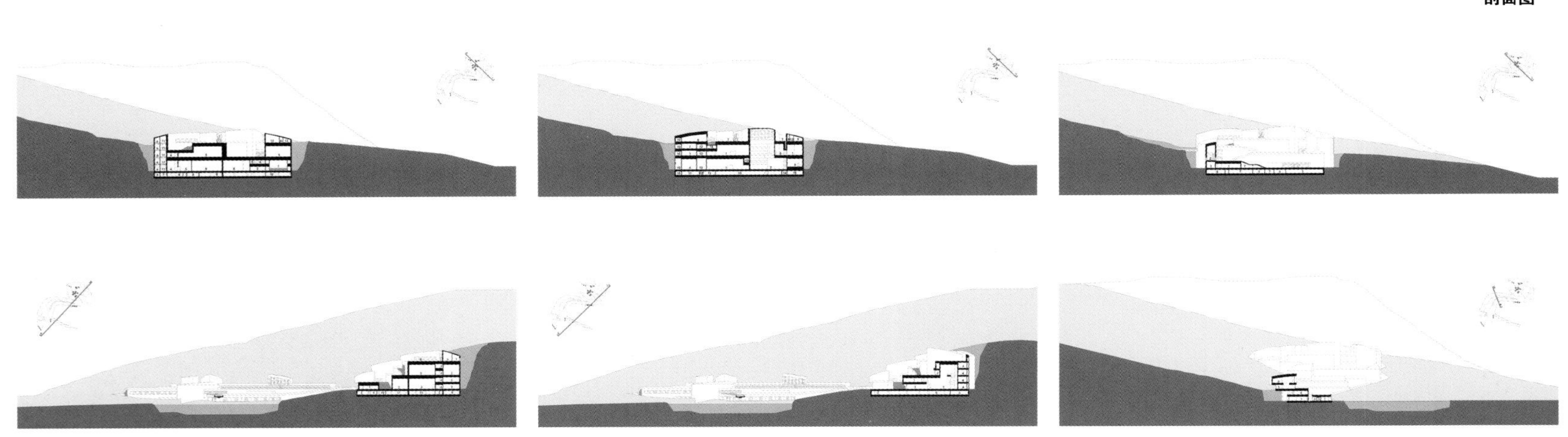

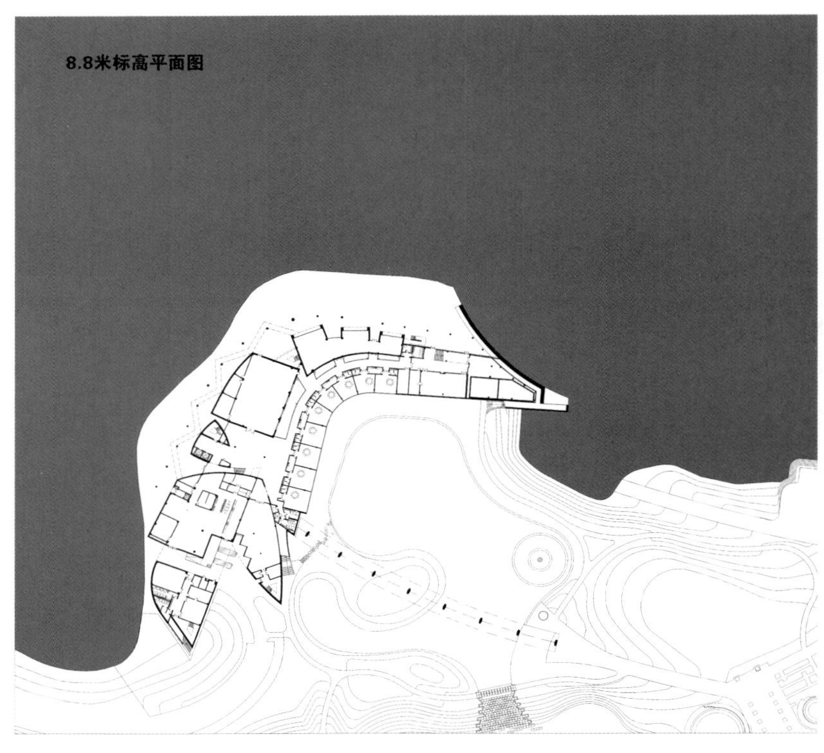
8.8米标高平面图

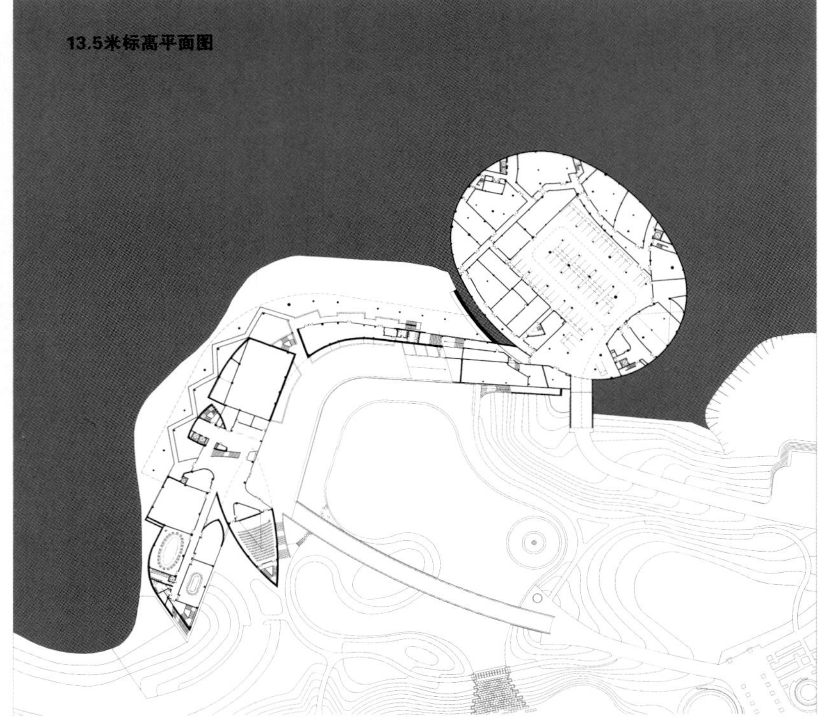
13.5米标高平面图

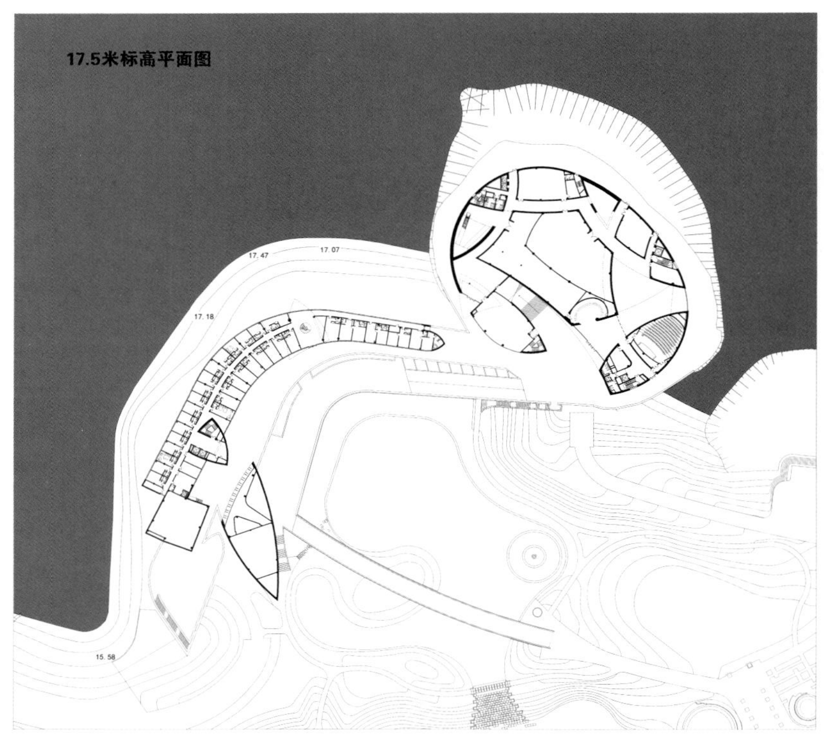
17.5米标高平面图
17.47
17.07
17.18
15.58

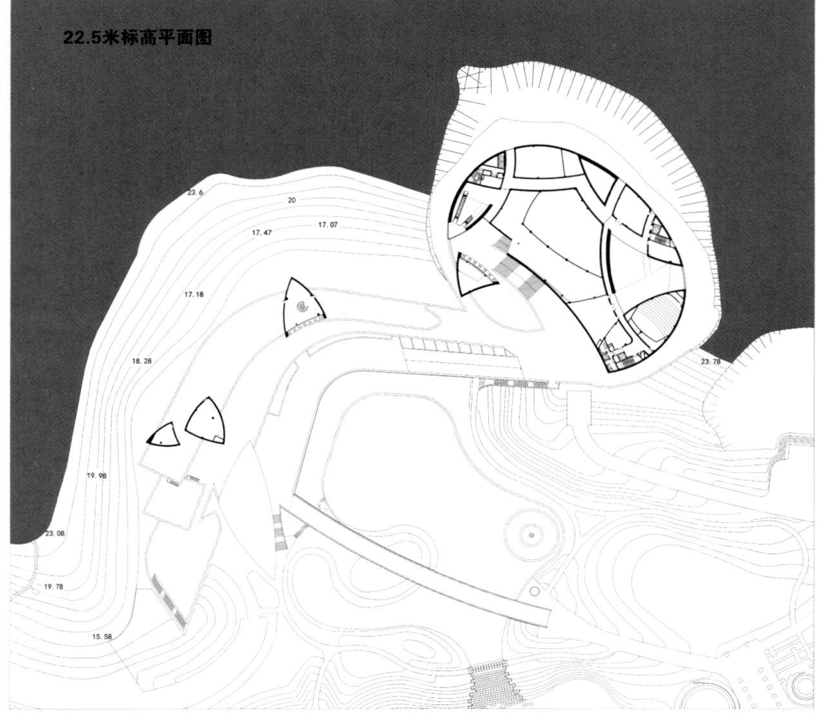
22.5米标高平面图
23.6
20
17.47
17.07
17.18
18.28
19.98
23.08
19.78
15.58
23.78

建筑设计总负责人
黄琰
项目建筑师
林秋达、林卫宁
设计团队
郑章晗，阙正清，
曾玲，丁俊峰
建筑设计
厦门合道工程设计集团有限公司
业主
曲靖市五馆一中心建设指挥部
建筑面积
18,800平方米
结构机电
杨玛莎、林盈盈、张广宇、
朱晓南、韩晓安
建造商
云南建工第四建设有限公司
造价
约10,999万元

云南，曲靖

曲靖历史博物馆

Qujing History Museum

卜骁骏、张继元（时境建筑）/ 主创设计师　时境建筑 / 摄影

由厦门合道工程设计集团和美国时境建筑合作设计的曲靖市文化中心博物馆落成。

曲靖是个独特的城市，有两种奇观发生在此：龙岩古石碑和拥有四万亿年历史的鬼鱼化石。龙岩石碑界定了一个中国书法风格的诞生，而鱼化石的发现改写了人类的生物史观。考古遗迹既是隐喻的，又是项目的主题。柏拉图曾语："不管任何，一旦存在了，就再也不能停止其存在。"在当下的城市发展大潮的语境中，寄希望于一系列重要建筑的实现，这座城市的人民以及他们的集体意识都期待着一次重生。

博物馆的入口设置在建筑体量的中心，参观者被抬升到一个实体的平台上，在空间中的一个至关重要的位置开始他们的路线。这个垂直广场是被一系列逐渐散开的台阶和与它成镜像关系的屋顶所定义的，这个逐渐悬挑出去的屋檐呈现了一个反重力的建筑宣言，带给了观者极大的惊讶感受。在此，观者体验到了巨大的空间以及变迁中的曲靖城市。强烈呈现的虚空间再一次强化了建筑主题的重量感——四万亿年厚重的历史。

垂直的景观形态从屋顶一直延伸到地面，当参观者穿越景观进入到展览区域，地形和人类的记忆同时收敛在一起。

建筑并没有被同化为地段内涵的一种比喻：梯田、化石或是书法，而是用自身的形式表达在实体与抽象之间、日常的与不熟悉之间形成了一种对话。

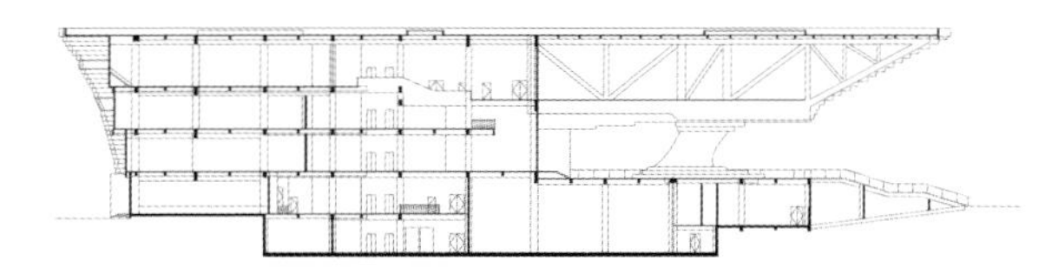
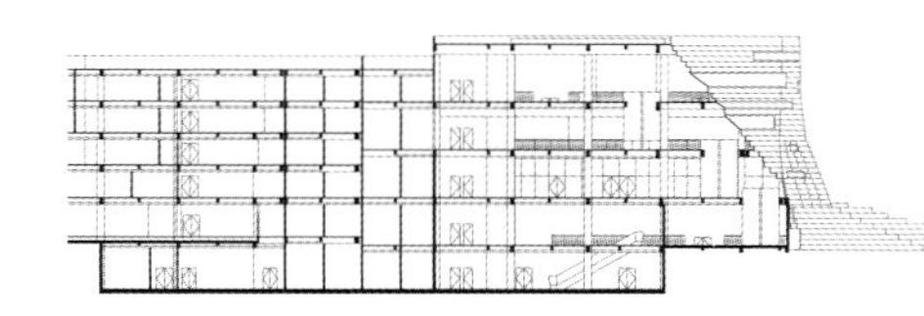
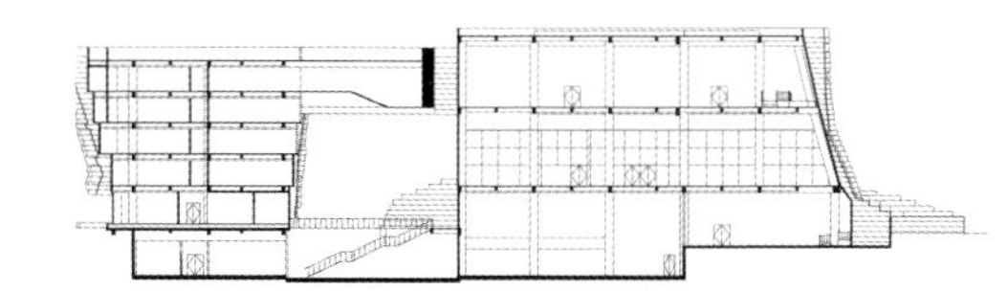

剖面图

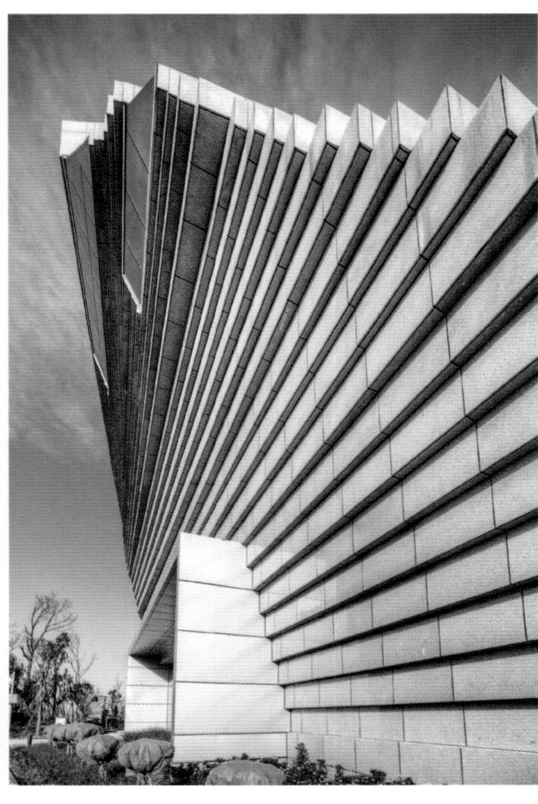

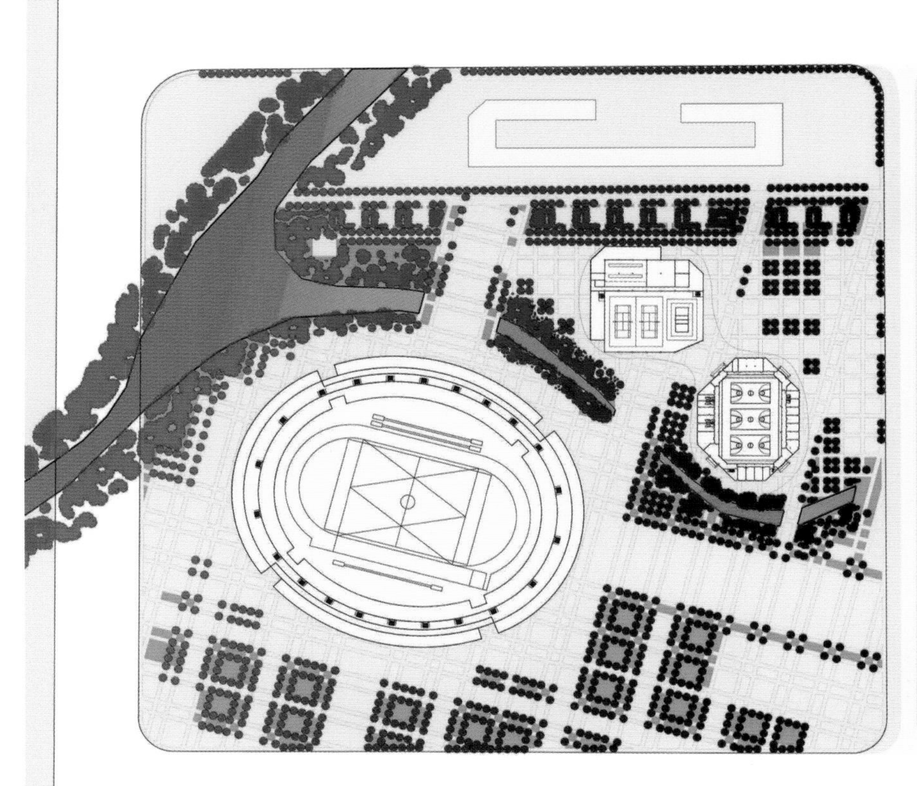
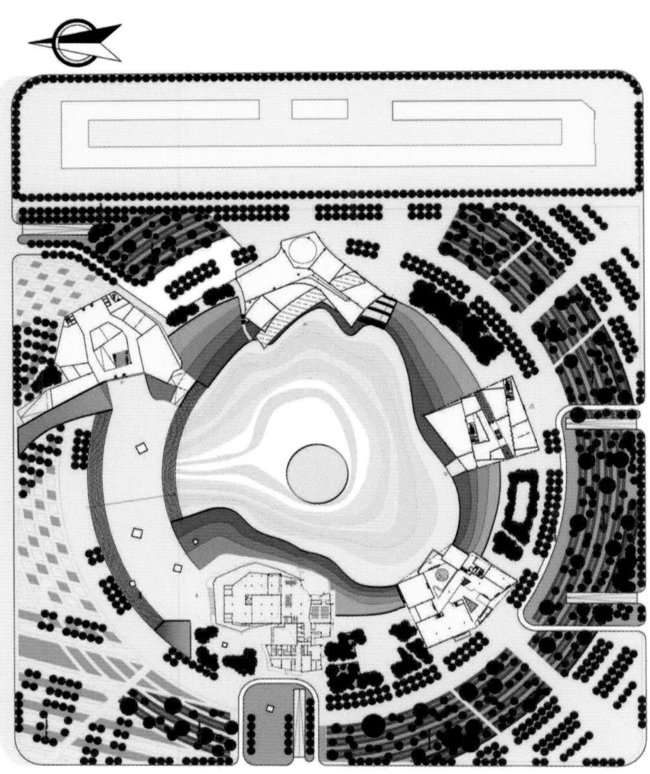

总平面图

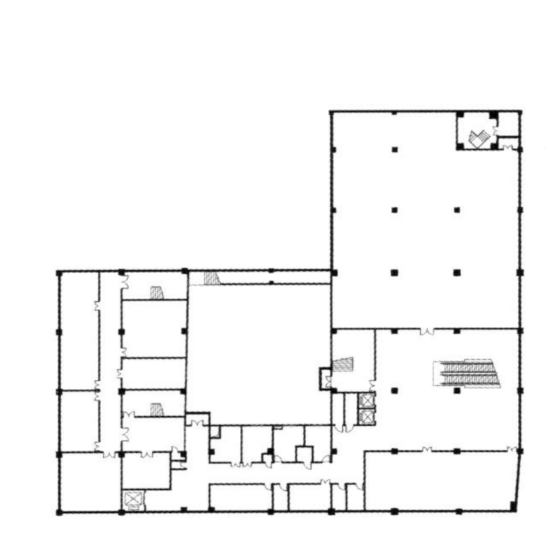

地下一层平面图

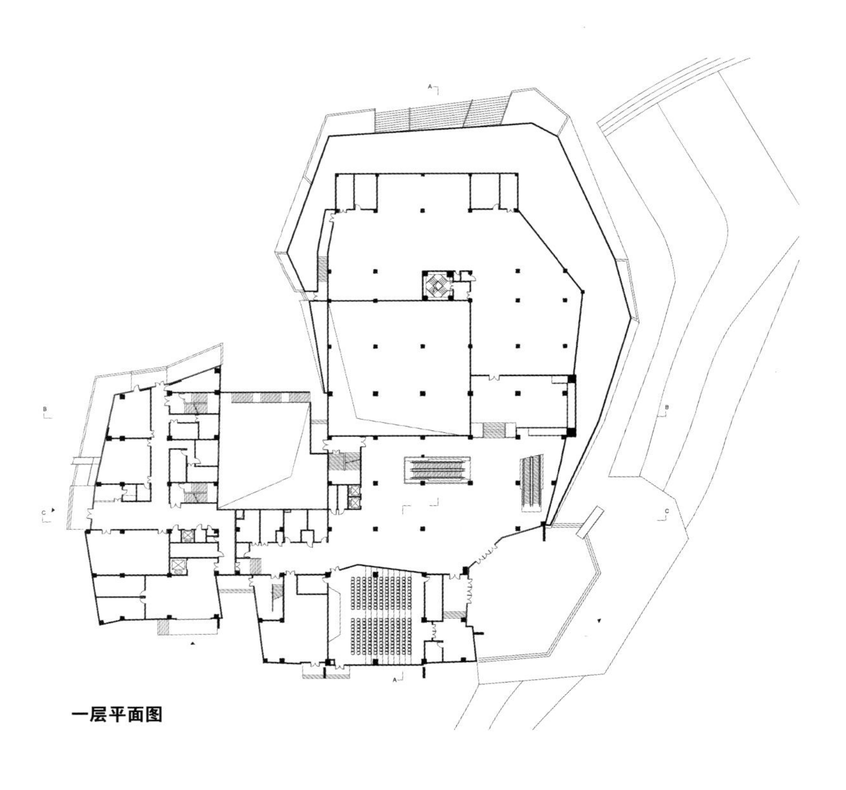

一层平面图

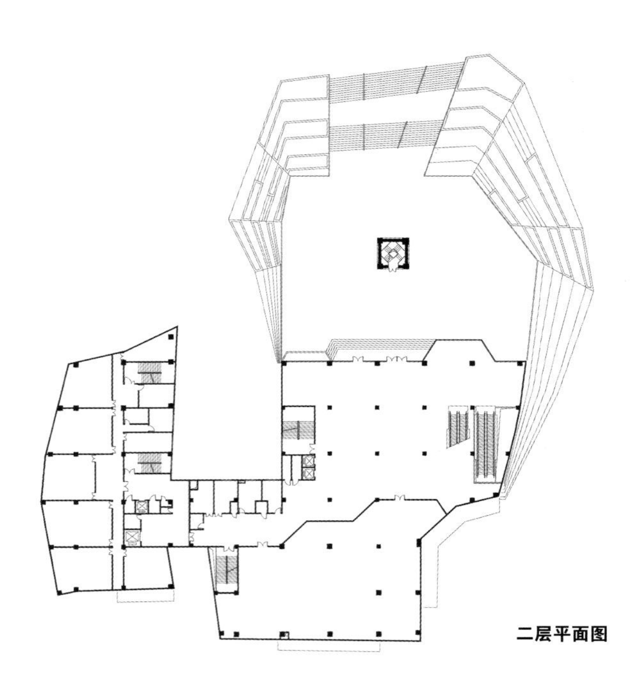

二层平面图

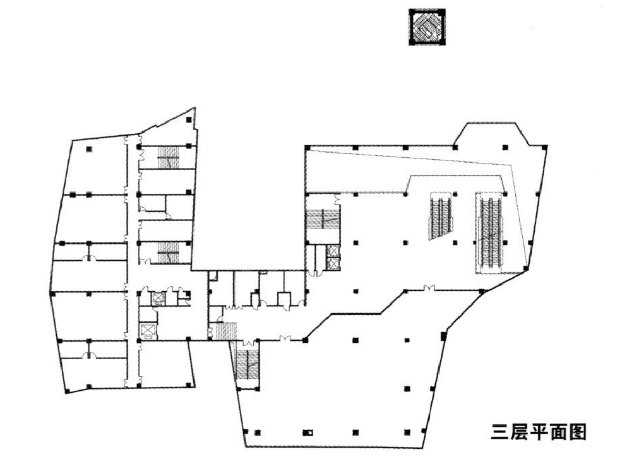

三层平面图

罗浮山水博物院是一私人藏品博物馆，兼带私人聚会、招待功能。项目由“山水门(GATE)”“博艺庭园(MUSUEM)”“养生水堂(SPA)”“水静宅园(HOTEL)”四部分组成。

在占地约68000平方米的规划范围内，临水山坡延绵不断，形成优雅的自然曲线。项目沿着天赐的弧度，依山而建、亲水而筑。海拔1296米高的广东省国家级风景区——罗浮山， 295平方千米的显岗水库，赋予此项目得天独厚的自然环境景观。水体沿着曲折的水岸线于不同位置环抱项目用地，形成众多有趣的河湾地貌。冬去春来夏却秋至，潮水的涨退使得水岸景观线产生微妙的变化。水绿山青，偶尔凉风拂来，风过叶摇水声孱孱，颇有一番空山寂寂唯我在的水墨意境。

设计理念

空山寂寂，静水流深。设计焦点着眼于“寂”与“静”二字。山寂寂而纳万境，水静静而映心迹。这是萦绕着设计全程的灵魂。空山茂林，如镜静水在不言之间已赋予这个项目静静的美态。在这“天地有大美而不言”的绝美自然景色中，建筑应是从属于环境的附加空间。为配合营造以大自然为主的景观效果，设计多以“隐藏”方式，将项目融入自然地貌。或以嵌入的方法，把主体结构藏于山坡之内，只露出极少人工化的立面；或以下沉的做法，以覆上草地植被的屋顶，和自然坡度接合。建筑意境不期然散发着水墨画般的气质，宁静诗意油然而生。同时，赋东方韵味的竹子格栅、蚝壳墙体、灰麻石表皮、清水混凝土构件等组成简练的材质群组游走于不同建筑的里里外外，简单质朴，更添禅意。自然老化的痕迹，沉淀岁月的变迁。

整体布局

主体建筑“博艺庭园”位于项目用地西侧山坡上，依山势而建。建筑设计发掘了现有地形特色，主入口位于最高处，项目以欲盖弥彰的姿态藏于视线以外，游览路线跟随山势逐渐下沉，采用故事式的空间叙述手法，营造出一系列丰富多变，柳暗花明的空间穿越体验。

主入口一扇影树白墙与一个玻璃盒的简单并置，隐约透出博物馆的清高、雅朴、淡然的底韵。从玻璃盒子进入，沿着楼梯，依山势下降，进入的是狭长且半封闭的影竹廊，在此处山峦水景暂时退隐，视线所见是竹影、白墙、静水和阳光。当绕过幽暗走道，空间开始略为释放，飘莲池呈现眼前。空间被百宝院及咖啡厅围和成为庭园，远景被正前方的啖源饭家立面故作遮挡，令一片蓝天晋身成为主角。唯经百宝院的楼梯登上二层，透过眺山廊的竹屏，方可一睹罗浮山水的婀娜。

整个空间游历过程由暗转明，由封闭至释放，由狭窄变开扬，美景一点一滴逐渐呈现，渗透出带

设计单位

ADARC【思为建筑】

占地面积

约67,000平方米

建筑面积

3900平米

获奖

2015香港芝华士建筑设计大奖的年度公共建筑师大奖；

2013年香港建筑师学会年奖优异奖

广东，惠州，罗浮山

罗浮山水博物院

Luo Fu Shan Shui Museum

丁劭恒博士 / 主创设计师

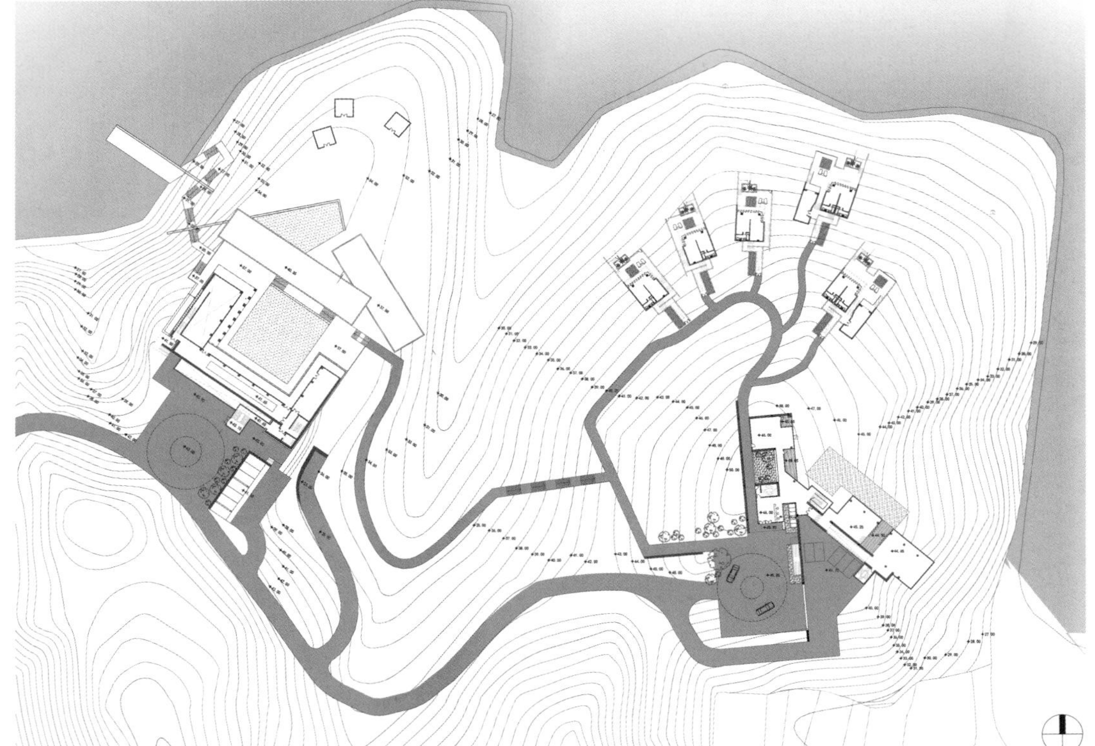

区位图

有东方韵味的神秘感。半开放观景长廊的运用，加强了人与自然的联系，提供了远眺群山，近赏浮莲的个性化平台。

价值探索

作品在整体上努力体现“天地有大美而不言”的东方人文价值。设计从人、文化及特定场所出发，呈现谦卑的价值观和理念，是在上述要素错综复杂的基础之上，为人、建筑、环境和谐并存而进行的不懈探索。作品力图体现出其设计和建造的时间和场所的特征，平衡经济效益和环境资源，针对不同的制约和可能，探索最适宜的解决方案。建筑师希望通过这种对东方人文价值的坚持，在创作中体现一份对历史、文化、环境和社会的责任和职业使命。

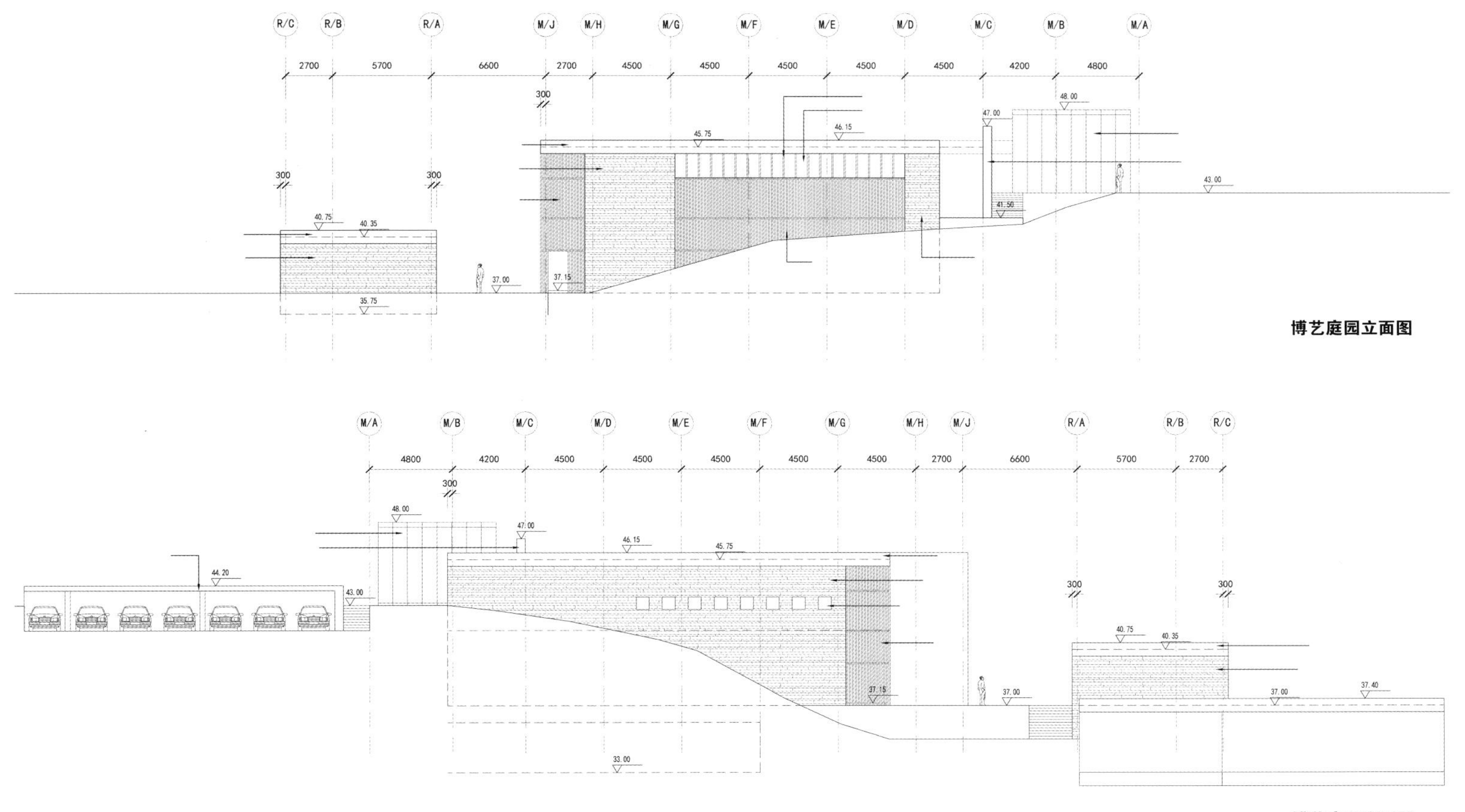

博艺庭园立面图

博艺庭园立面图

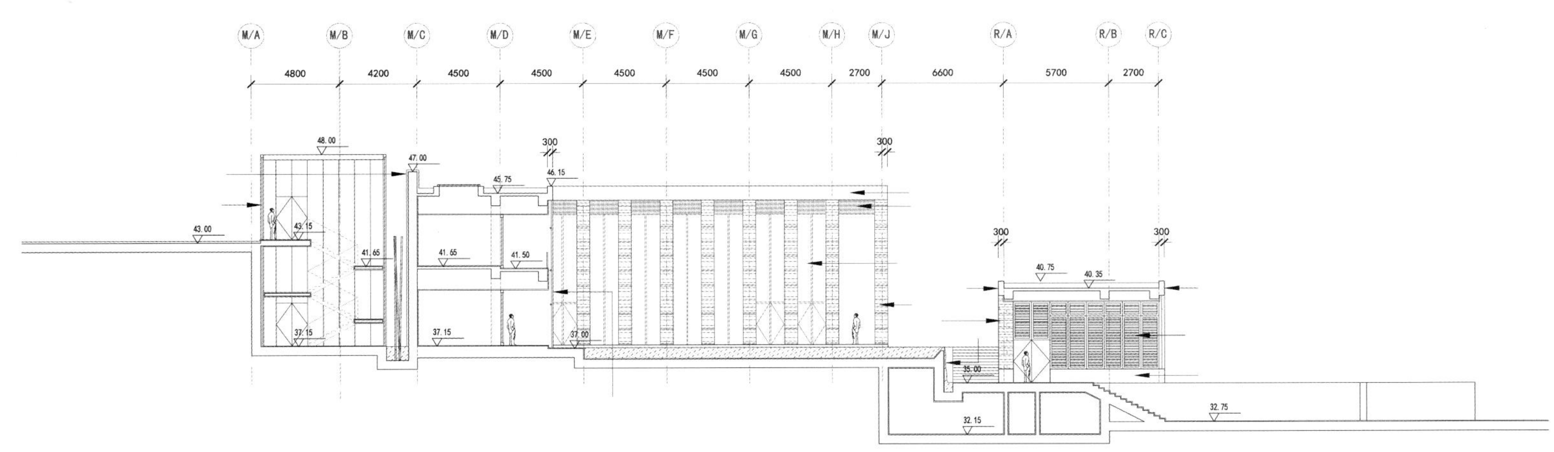

博艺庭园剖面图

平面位置图

安徽，安庆，桐城

桐城文化博物馆

Tongcheng Cultural Museum

土人设计 / 设计

建成时间
2014年
业主
安徽桐城市国有资产投资运营有限公司
规划用地
54,164平方米

本建筑群由两个功能体块构成，位于城市的致密肌理内，并与古城内的文庙相邻。如何将大体量的现代建筑与致密的古城肌理及毗邻的古建筑群相融合，以及如何在一个嘈杂的当代市井中营造一个静谧的博物馆环境，是本案的最大挑战。方案用透明的室内街巷走廊切割展览空间体块，来解决建筑内部的交通组织和采光，同时化整为零，形成与古城肌理相融的建筑群；通过兼具展览媒介功能的围墙，呼应相邻的合院式古建筑群，同时屏蔽了周边嘈杂的80年代后新建的民宅和店铺招牌，创造了一个城市中的展览环境。

项目背景

安徽桐城市地处合肥与皖江城镇带之间，属于安徽省级历史文化名城。

根据《桐城市总体规划2003-2020》 中提出的建立古城文化中心：以历史文物保护、文化教育、艺术、古传统工商业和旅游业为主，形成独具桐城特色的历史风貌区。安徽（中国）桐城文化博物馆的设计与建设成为体现和恢复桐城历史风貌，体现桐城独特文化的重要载体和标志。

场地文化

规划用地位于桐城古城中心，以文庙、桐城文化博物馆为中心，是桐城文化的重要载体和集中展示区。桐城文化集皖江文化之大成，是安徽文化的重要的分支，是三江文化，即淮河文化、皖江文化、新安江文化的重要发源地，有山有水的文化，水飘逸空灵，感染性强，文学、建筑艺术卓著于世。

桐城文化以桐城派文化为核心，包括仕族文化和民俗文化，即雅俗文化。桐城文派是清代文坛最大散文流派，创立了义理、考据、词章为核心的文论，聚集了大批学者和作家，桐城派文化集中代表了桐城文化中的雅文化，体现在喜茶好酒，合院而居，尊孔推儒，忠孝礼让，崇文尚礼。

场地周边建筑遗构丰富，类型多样，在老城北、西、南聚集成为古城区重要的历史文化街区，历史遗构以明、清、民国时期为主，仕族居宅以“天井”为特色，民宅多“院落”，通过绿植实现建筑与室外空间的渗透和融合，其中民居一般住宅多为四合院，房屋款式则有四合院、推车屋、拐尺屋、双包厢、一条龙、黑六间、一颗印等，建筑形态兼具江西及徽州文化、安庆土著的古皖文化特征。

总体布局

本规划地块位于桐城古城的中心，场地中心部位为文庙，桐城文庙为明清以来当地祭孔的礼制性建筑群，雄居县城中心，面临人民广场，正对繁华街区和平路，名人故居集中的老街三面环拥，如众星拱月。文庙是桐城文化的象征。

场地北部接古城保留区—— 名人故居和居住区，南部与古文化街相衔接—— 和平路，西临商业街—— 公园路，东接居住区；文庙将规划地块分隔成东西两部分。

设计区域以桐城文庙为中心，分为东西两翼以及文庙前人民广场三部分，占地面积约5公顷。其中文庙西侧为文化商业街，建筑面积约为2100平方米；东部为桐城博物馆，建筑面积8000平方米。设计依据古桐城七拐八角，曲折萦回的街巷肌理，提炼其丰富的里巷语言，将两座建筑设计为街巷布局，改变通常博物馆大空间的处理手法，将建筑空间分解成各个相对独立的单元，通过街巷的走向来组织各种建筑空间并向场地延伸和扩展，营造亲人的体验尺度，设计成为反映老城历史的重要载体。

建筑设计

建筑设计遵循规划布局同时将建筑与景观设计紧密结合起来，形成建筑与景观的互延效果。建筑布局与规划布局相呼应，文庙西侧的商业街以及东侧文化博物馆都以老城街巷肌理为语言，切割体块形成空间丰富的设计语言。其中博物馆建筑的首层平面通过街巷串联各展厅，街巷交错联系，设置开敞空间，并向外延伸。建筑成为最大的展品。地下室采取大空间布置，适应多种展示需求。街巷串联展厅的同时提供采光通风。设置一层地下室以降低地上建筑高度。

特色灰砖和木构梁架成为老城建筑使用的传统材料，古朴素雅，设计继续应用上述乡土材料，延续老城风格。建筑外墙采用白色混凝土挂板，与黑色石材屋顶搭配，简洁明快。博物馆入口简约大气，前庭院景观与内部展厅渗透融合，满足功能流线的基础上注重室内外空间的渗透。同时，为结合采光要求，建筑设计多处条状天井空间，以及中央天井，并将参观人流引入一个塔式中庭，并可在此拾阶而上，鸟瞰整个场地，侧墙上的不同开窗形态将有趣的光线引入室内，形成异常丰富的光影效果。内部走廊植物荫翳，矛草拂面，塑造安静素雅的博物馆休憩空间。

博物馆外围，高约5米的景墙的设计形成层叠入口空间，彰显桐城文化的谦逊与融合。白色的景墙将文庙红墙纳入内庭院景观，形成框景效果，漏窗与景墙两侧处栽植桂竹，与文庙前广场内外通透，层层框景，步步怡情，建筑与景观相映成趣，突出桐城的静雅文化内涵。

建筑主体二层，局部三层；分成展览区，藏品区及配套服务设施。其中配套设施里包含游客服务、学术研究、后勤办公、设备机房和技术处理等部分。建筑首层4180平方米，位于地上，设文物展览区、藏品库、学术研究区、游客服务区四大板块；地下一层4464平方米，设展览区、设备机房、学术研究

区、技术处理等服务用房。

文庙的西侧打造静谧高雅的商业街区，共两层，以古玩交易、字画展卖、艺术收藏等文化韵味浓厚的小商业为主。西侧商业配套主入口区：通过同样的白色景墙和植竹，展现以文会友的儒商氛围 。西侧商业外围也设计了景观墙，景墙后为重要的入口空间，可直接进入商业建筑，也能经楼梯下至地下商业步行街。

建筑的首层建筑2757平方米，以古玩市场为主，配套高档餐饮与茶吧等服务性店面；地下层建筑2218平方米，设计文化用品市场和大型图书市场。正立面与博物馆统一，建筑中央也设置了开敞庭院，打造高雅商业休闲空间。

东立面图

南立面图

鸟瞰图

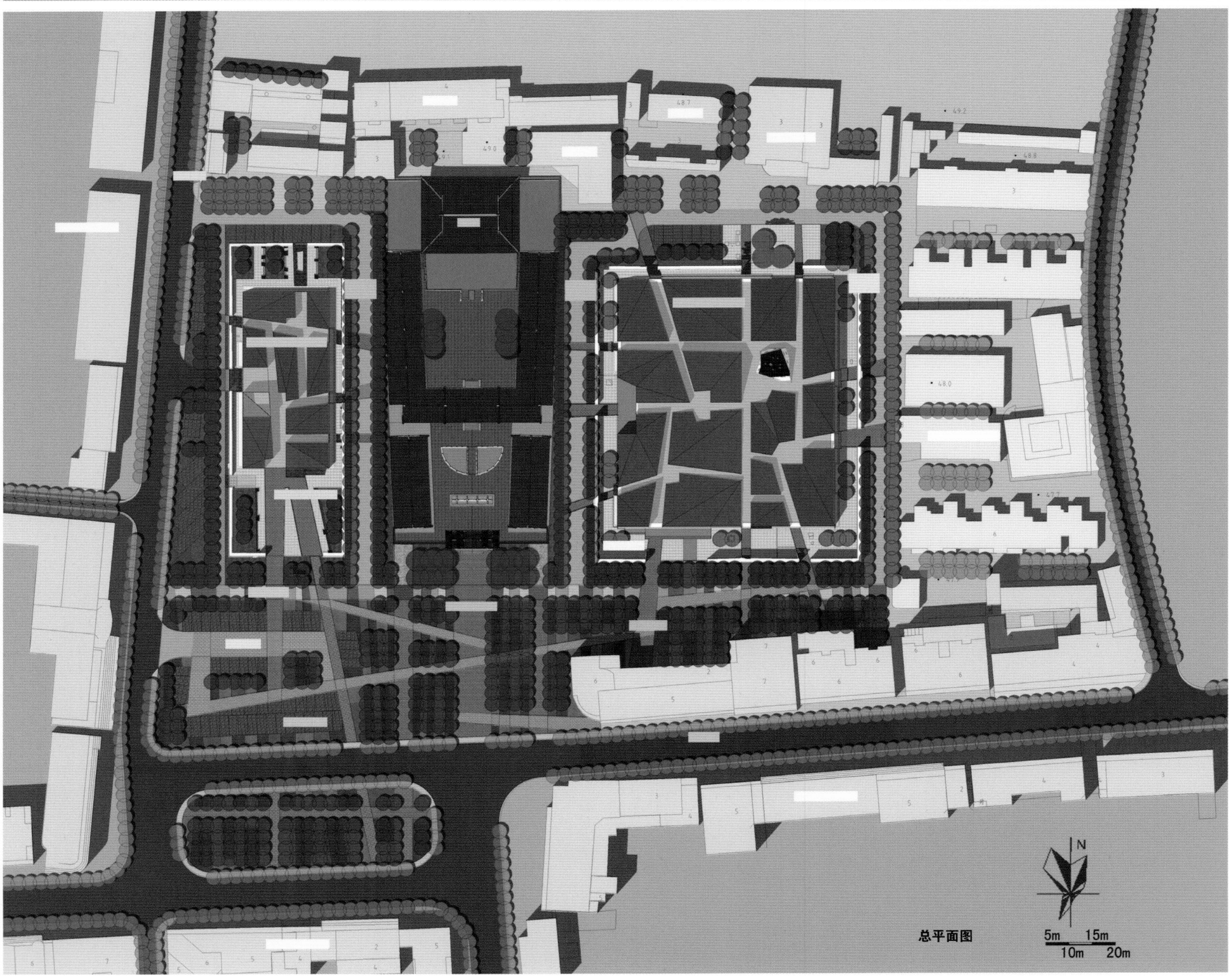

总平面图

坐落于深圳东南部大鹏半岛的国家地质公园，地形地貌类型丰富。大鹏半岛是1.35亿年前由火山爆发而形成。千百年来的沧海桑田使大鹏半岛形成了完整的生态系统，物种之间的和睦共处为建筑师们设计国家地质博物馆带来了源源不断的灵感。

以它靠山临海的微妙地理位置，地质博物馆在云雾缭绕的美景中慢慢呈现它独特的庄严在游客们的眼前。曲曲折折的地质博物馆设计看似不拘小节，但设计师们却细心的采用了周边小镇曲折街区的排列，为了引起人们对周边美景和人文的注意和探索。

博物馆的建筑设计不仅为了体现它庄严的外观，更为延伸大鹏半岛完整和良好的物种生态关系。大鹏半岛国家地质博物馆的设计建造考虑到了半岛的茂盛植物生长，馆外设计的开口为了鼓励当地植物生长，为馆内的游客提供更加原生态的游玩体验。

大鹏地质博物馆是公园的核心部分，建设面积8104平方米，外形别致。局部立面通过五种不规则窗的随机组合，外墙采用干挂石材幕墙和玻璃幕墙，石材的色彩和质感贴近火山岩，表达出天然火山岩多孔疏松的特质，同时也能在室内形成丰富的光影效果。隐喻为古火山喷发所遗留下的几个熔岩礁石，搁置于大鹏半岛古火山地质公园中，与环境和谐共生。局部立面通过五种不规则窗的随机组合，表达出天然火山岩多孔疏松的特质，同时也能在室内形成丰富光影效果，并因此荣获多项建筑设计大奖。根据展览的需要，室内较暗的灯光照明与日光相互交替带来了独特的室内空间感受。

博物馆设置了序厅、地球探秘厅、大鹏半岛厅、矿物厅、城市与地质环境厅、临时展厅共6大展厅和1个科普影视厅。大量采用多媒体、幻影成像、裸眼3D等声光电高科技手法，内容丰富，互动性强。其中，大鹏半岛厅是地质公园博物馆的核心展厅，以展示地质公园的古火山和海岸地貌科普知识为主要展示内容。深圳展区通过展示深圳地区的岩石和矿产标本，介绍了深圳地区的地质特点。融地形沙盘、投影屏幕、触摸屏和灯光定位技术于一体的大鹏半岛电子互动沙盘，让观众通过亲自操作，直观认识大鹏半岛地貌格局、景观特点和著名景区分布。而地球探秘厅则以地球的形成、地球的结构和内外部地质作用以及地球的生物演化历史为主要展示内容，全方位动态展示了宇宙的诞生以及银河系、太阳系、地球的演化过程。海蚀窗造型内的多媒体影片和DNA双螺旋链详细演示了海洋形成及生命起源于海洋的过程，澄江动物群化石标本、不同阶段化石模型展示了远古生命演变形式及古生物世界。

深圳，大鹏半岛

大鹏半岛国家地质博物馆

National Geological Museum of Dapeng Peninsula

LeeMundwiler建筑所 / 设计　彭煜江 / 摄影

博物馆占地面积
6,200平方米
研究所占地面积
2,800平方米
设计顾问
BLY景观设计，华艺设计

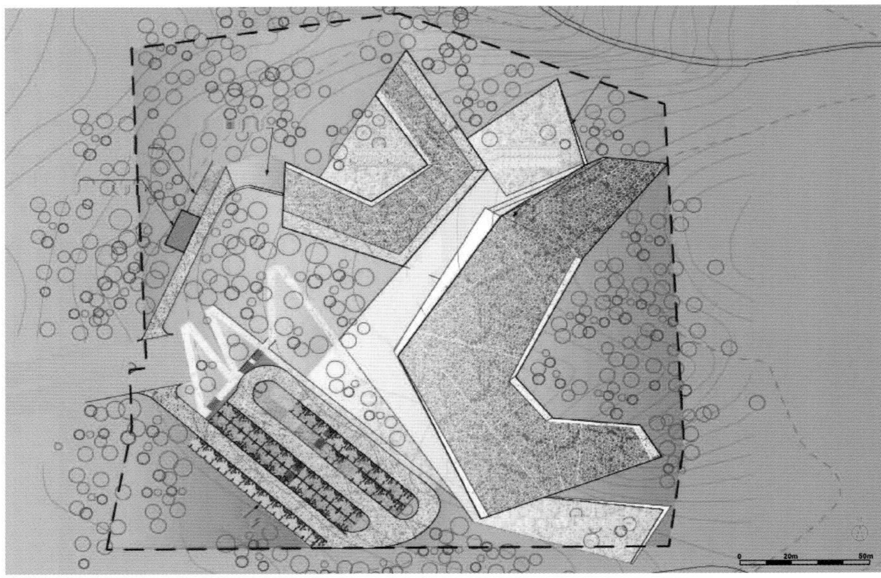

总平面图

鸟瞰图

立面图

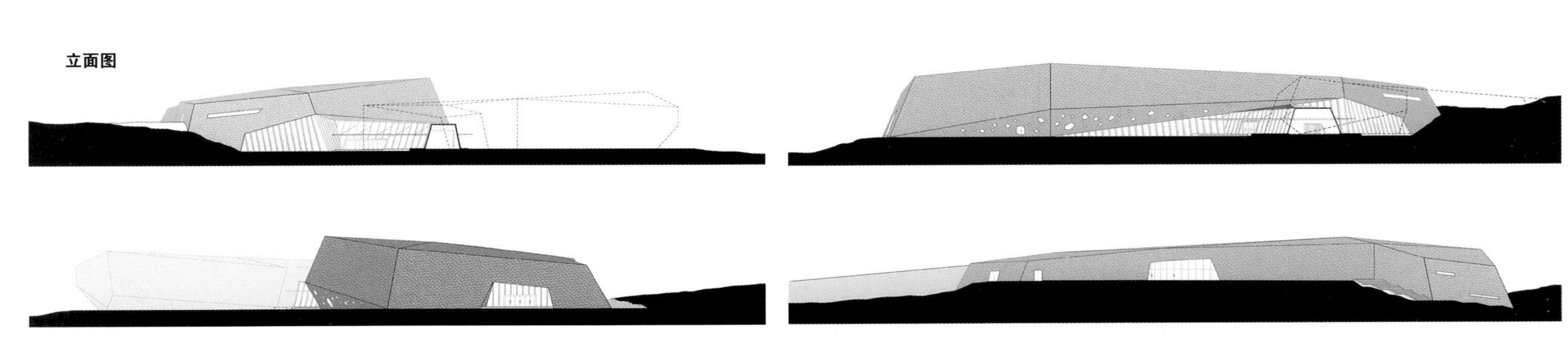

古火山岩泡　　火山岩　　多孔材质　　墙壁开口

地质学的定义

地质学是研究地球、地球的物质组成、物质构造及其相互作用过程的知识体系。它包含对我们星球上有机生物体的研究。地质学一个重要的分支就是研究地球的物质、结构、进程和生物体的演化。

地质学取决于时间对所研究物质的影响。地质博物馆的设计同样呈现了这种影响。由隔热混凝土构成的多孔表面将随着时间的流逝长满各种天然苔藓。多年以后，博物馆的表面将融入其所在的环境，成为一个鲜活的结构。正如大鹏半岛的每一块岩石一样，博物馆也会随着地质不变演变。

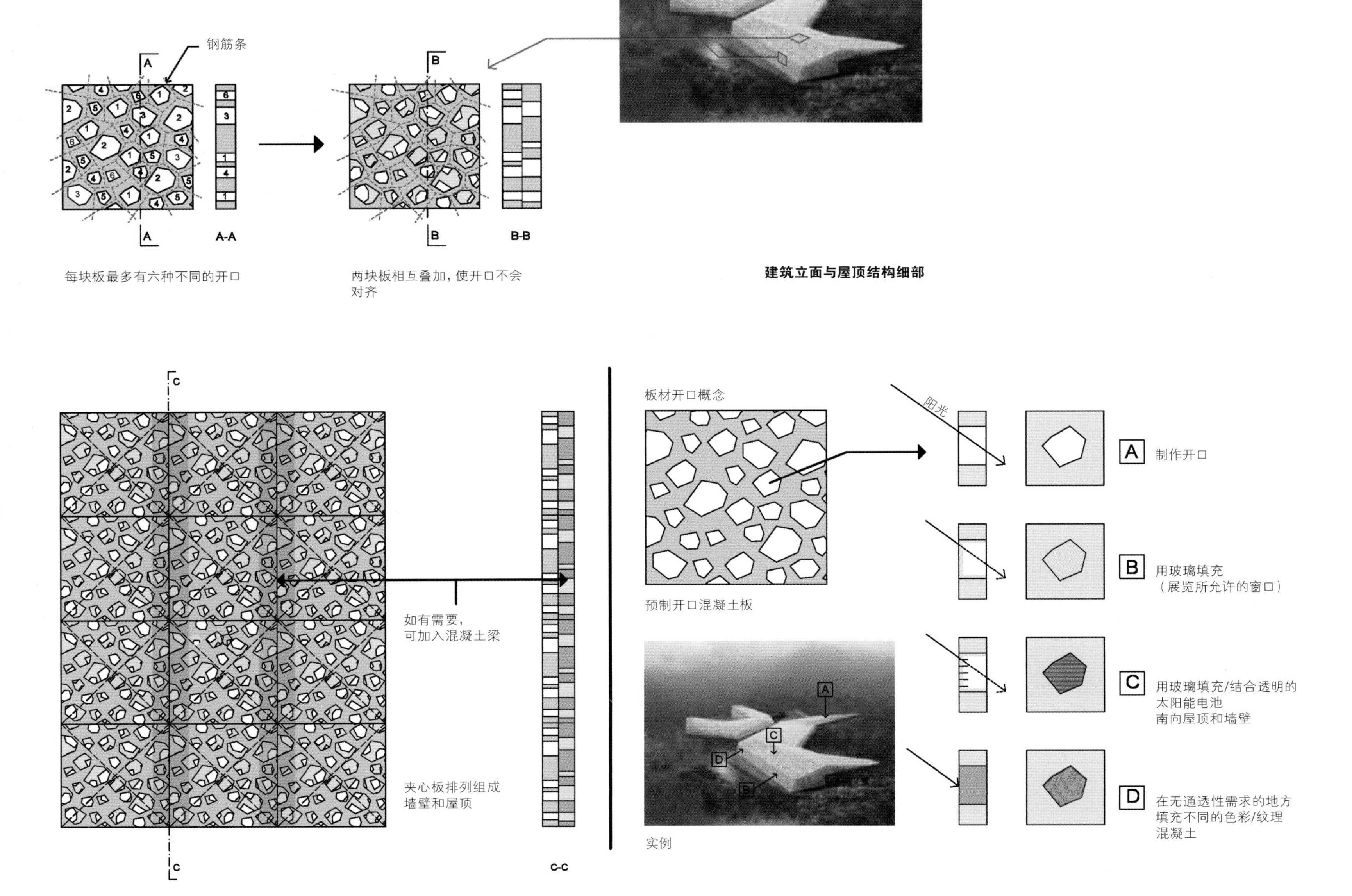

每块板最多有六种不同的开口

两块板相互叠加，使开口不会对齐

建筑立面与屋顶结构细部

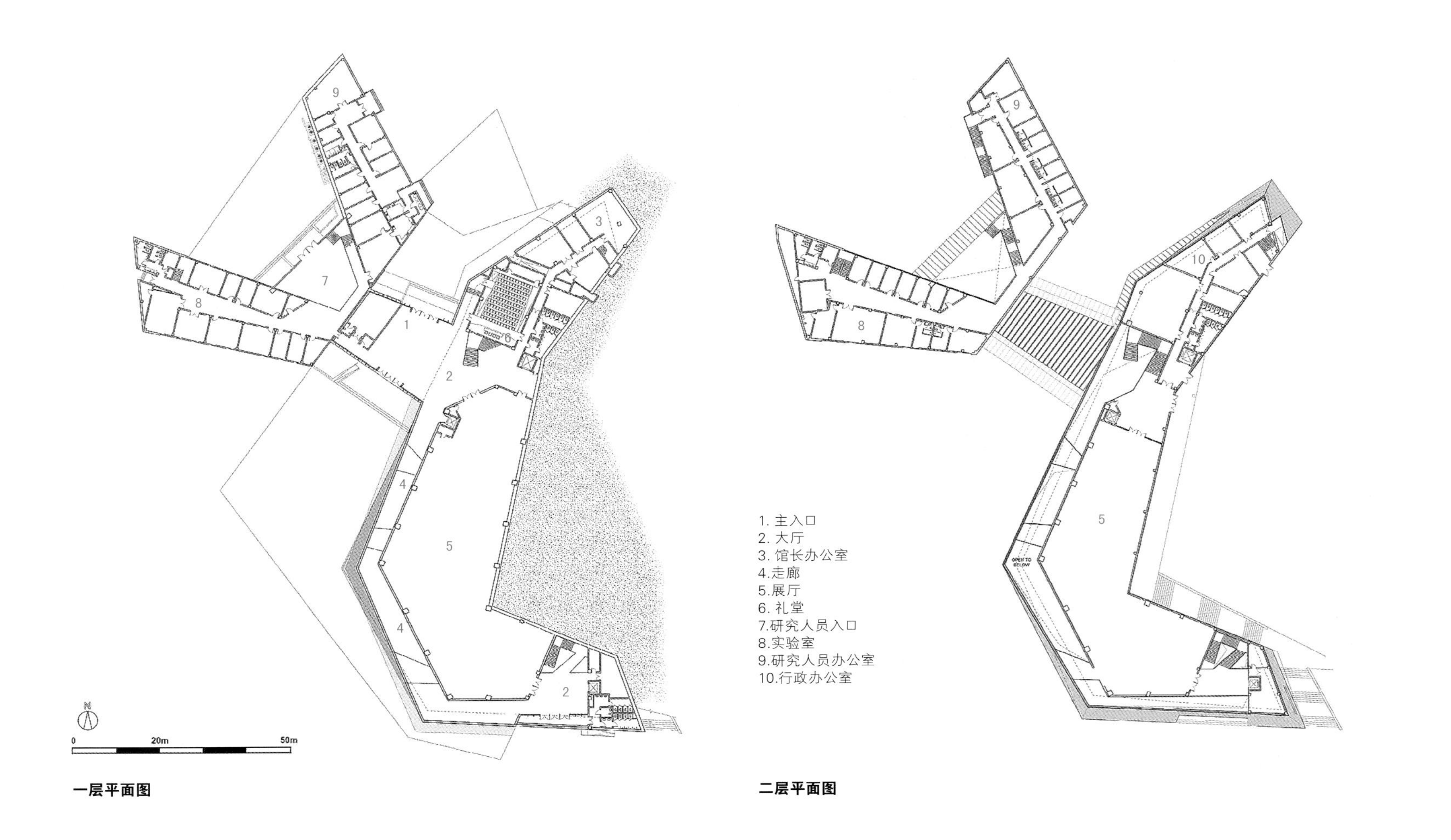
1. 主入口
2. 大厅
3. 馆长办公室
4.走廊
5.展厅
6. 礼堂
7.研究人员入口
8.实验室
9.研究人员办公室
10.行政办公室
0
20m
50m
N

一层平面图

二层平面图

客户名称
深圳市宝安区建筑工务局
占地面积
16,800平方米
建筑面积
18,680平方米
容积率
0.69
建筑高度
27.8米
完成时间
2014年
获奖
2009年国际竞赛一等奖，中标方案
2013年香港两岸四地设计大奖
卓越奖

深圳，宝安区

中国版画博物馆——雕刻时光

National Scratchboard Museum of China

朱雄毅（CCDI东西影工作室）/ 主创设计师

进入21世纪以来中国艺术发生了重要变化，不仅仅是艺术观念、风格、样式的变化，而且也是整个艺术生态结构的变化。特别表现在美术馆的迅速发展，艺术市场、画廊和艺术拍卖会的活跃，艺术家工作室、各种非盈利机构和空间的增长。这些种类的组合已形成一个新的生态结构。同时，又表现出相互交叉混合的特征。作为艺术载体的博物馆和美术馆可以通过各类功能的交融复合，空间的渗透使各种事件与活动在此发生，中国版画博物馆就在这样的大环境中应运而生。

深圳观澜版画基地位于深圳市宝安区观澜街东北部，西面比邻观澜高尔夫球场。中国版画博物馆就位于版画基地中部。中国版画博物馆是观澜版画原创产业基地整体规划建设的重要组成部分，是全国首个专业版画博物馆，也是全球规模最大、设施最齐全、功能最完善、学术最权威、运作最规范的专业版画艺术博物馆，具有作品展示、学术研究交流、文化艺术教育等功能的国际化平台。在2009年的国际竞赛中，CCDI主创建筑师朱雄毅击败Zaha Hadid、Aedas、都市实践等知名设计机构获得第一名。

建筑立面处理以灰白色调为主，营造出纯净的艺术氛围。外墙采用清水混凝土，屋顶上则以绿化处理。设计包含了两条重要的轴线：其一是由现有村落（一条客家古街和一组旧厂房）向内延伸，形成一条贯穿基地南北的“时光轴”，以示历史文脉的留存，旧建筑前的月牙形水塘正代表了客家文化的特征；其二是与基地上两座山丘制高点连线垂直的“景观轴”，遥望高尔夫球场。美术馆主体被抬高架设于两个山丘之间，美术馆形体折起，形成虚空的体量，让出时光轴，使之延续和山体相连。架空的建筑下是一个开放的共享空间，主入口广场选择靠近古碉楼与水塘的地方。站在这个入口广场上，可以看到左边旧建筑与右边新建筑的戏剧性碰撞。设计中，参观、交易、教学、办公、藏品等流线都相对独立，视线却彼此渗透，建筑师特别设计了一条公众流线，提供给不去参观美术馆的游客。人们在大厅漫步后，通过中央坡道与楼梯可直达屋顶花园，欣赏高尔夫景观和周边的自然风光。

中国版画博物馆建筑内部功能齐全，容纳了艺术展厅、影视厅、书店、咖啡餐饮等多种功能，建筑好比开放的公园，人们来此既是参观展品，也是观光休闲，相互交流。设计的策略恰恰是通过人的活动来激发场地的活力，利用项目中的美术展览、交易、教学等多种功能，创造出一个开放度很高的空间。在此空间中，经营、展览、表演，各类人群互相被观望，从而激发各种活动的潜能，创造出一个开放、生动、灵活的公共空间。中国版画博物馆是一个大众休闲、消费交往的容器，它容纳了多种事件、信息和人流。场景化的开放空间融合了新与旧、自然与人工、展览与交易等多种元素的碰撞。以版画为主题的活动和极富雕塑感的建筑造型带给人们感官的震撼，使这栋建筑及场所最终成为深圳特有的文化景观。

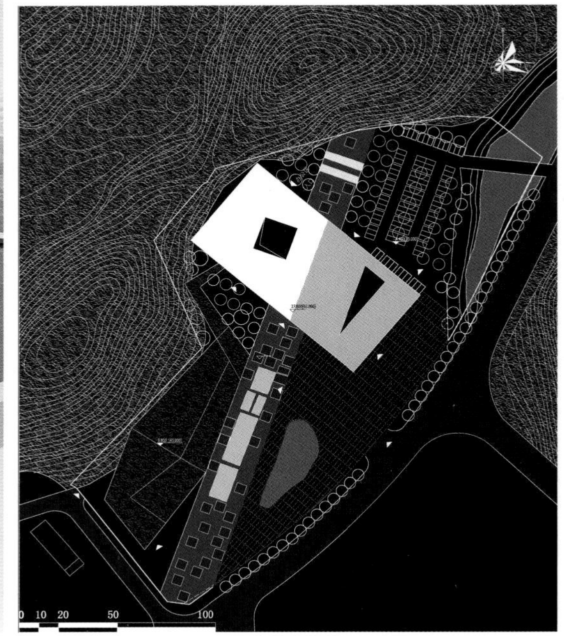

场地平面图

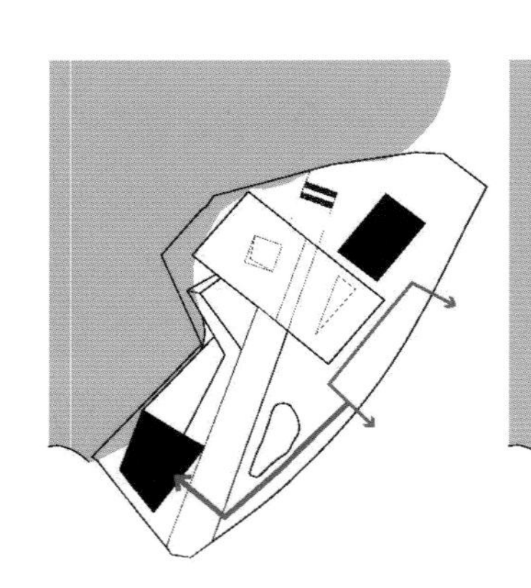

机动车流线图

美术馆流线图

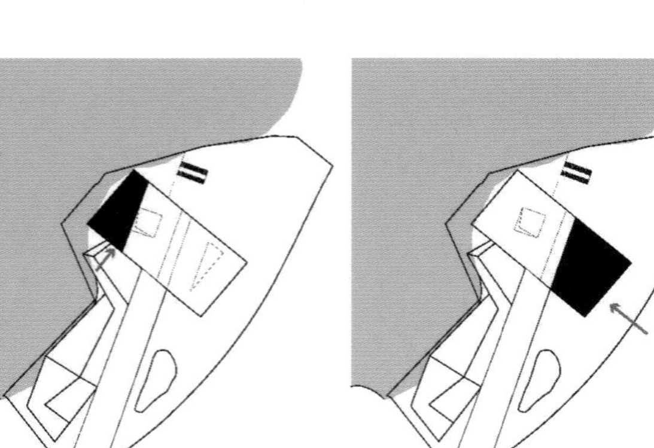

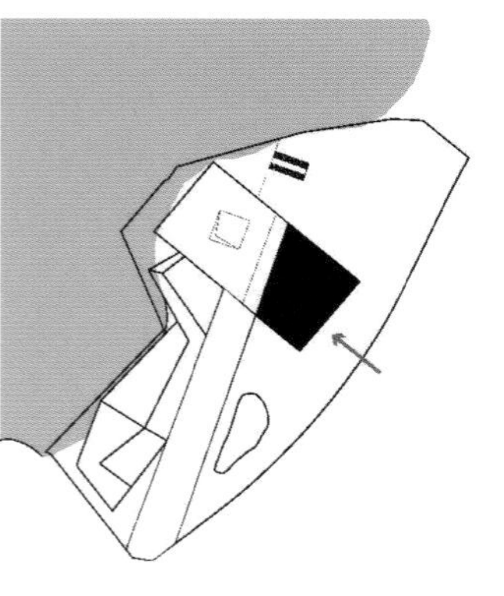

业务科研办公流线图

教育中心流线图

科研办公流线图 从东北侧二层进入办公科研空间

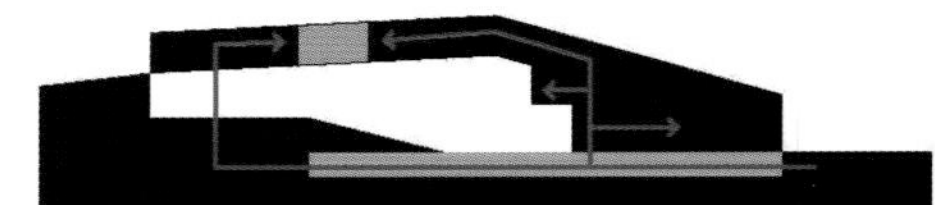

藏品流线图 藏品库位于地下一层，通过货梯运达各层展厅

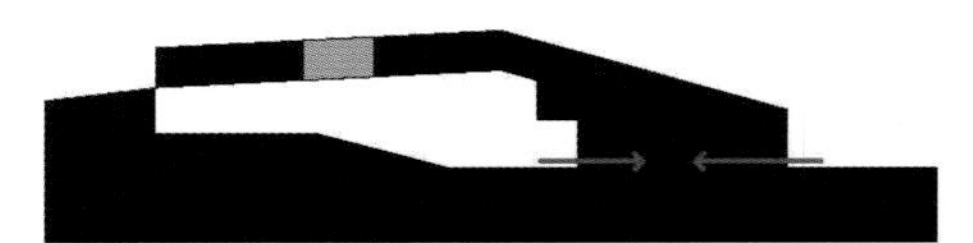

文化服务区流线图 文化服务区位于首层东南角，可从东南侧或"时光轴"进入

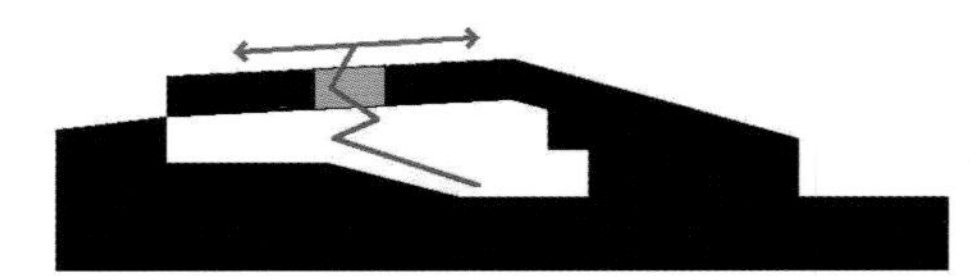

公众流线图 创造免费自由穿越的人行流线，体现博物馆的公众性

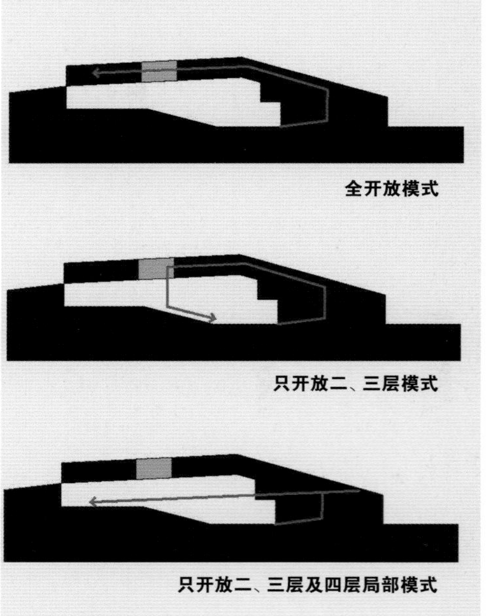

全开放模式

只开放二、三层模式

只开放二、三层及四层局部模式

博物馆从时光轴由通过台阶进入二层大厅，使展厅可大可小，满足不同规模的展览要求

ChinaPrint Art Museum

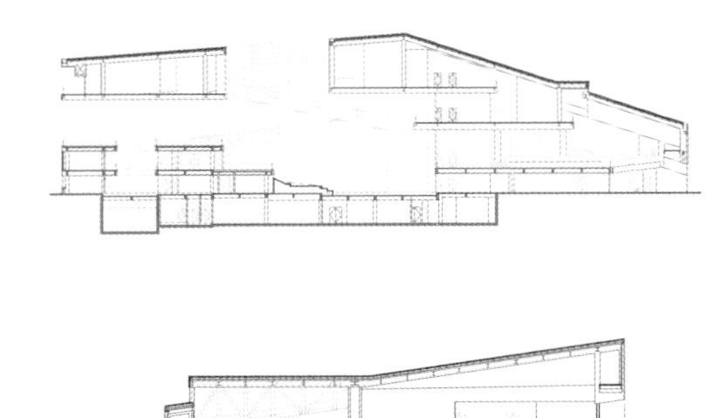

剖面图

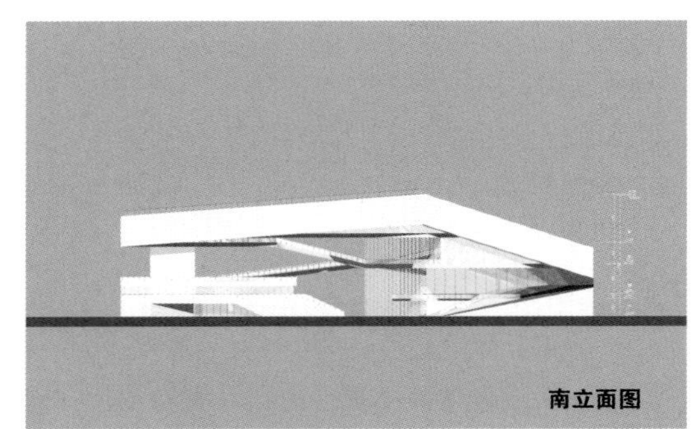

南立面图

北立面图

东立面图

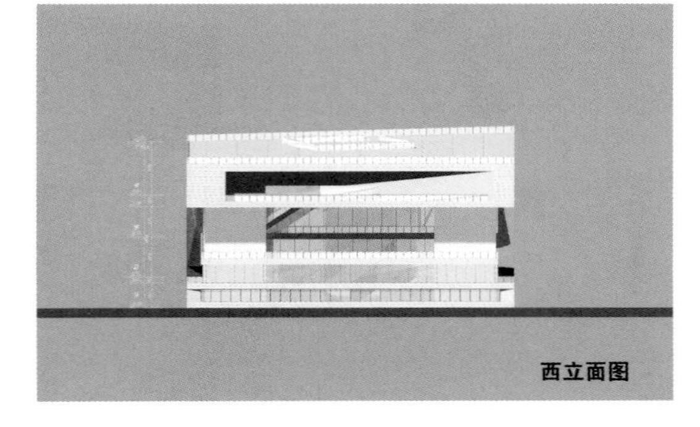

西立面图

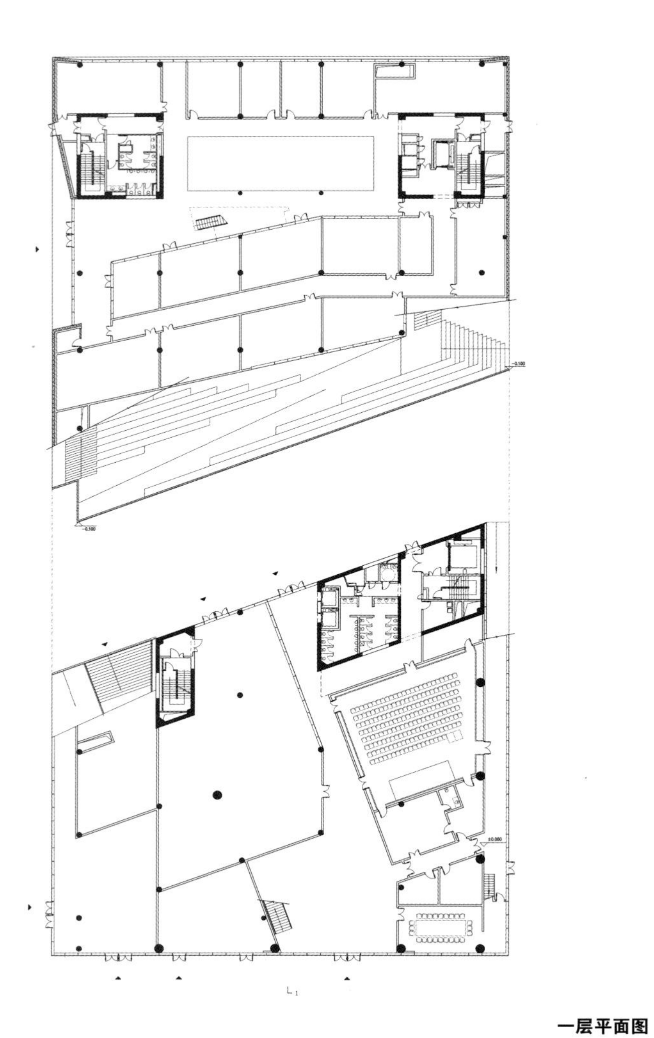

一层平面图

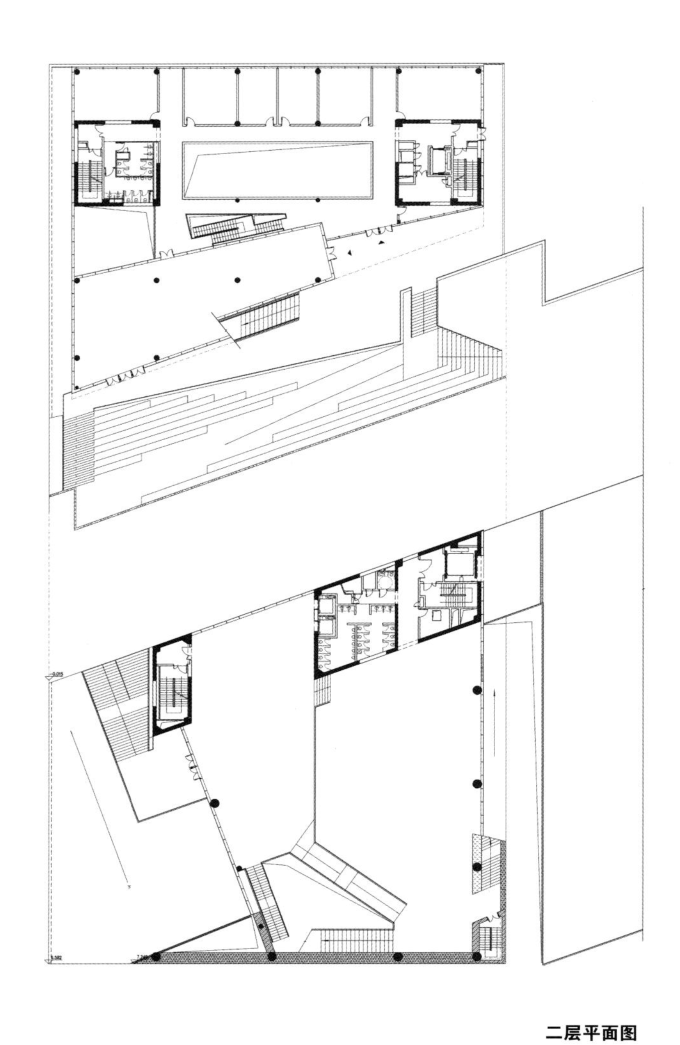

二层平面图

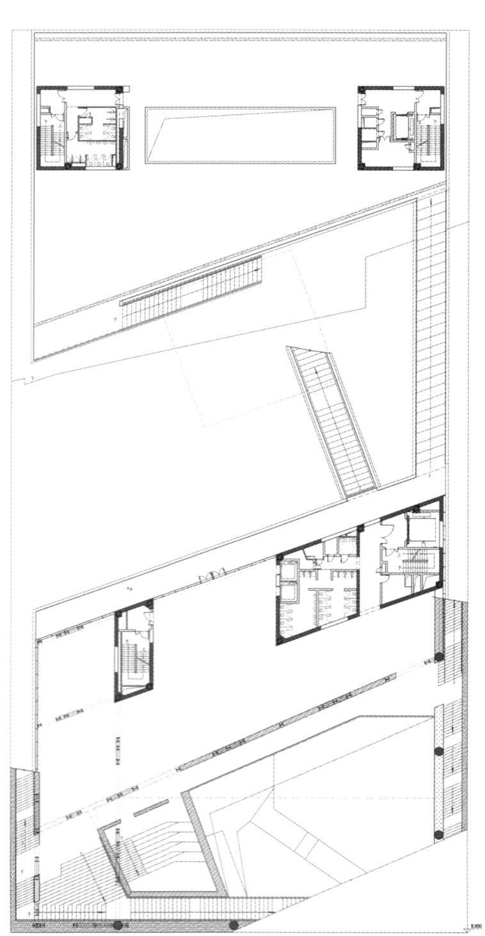

三层平面图

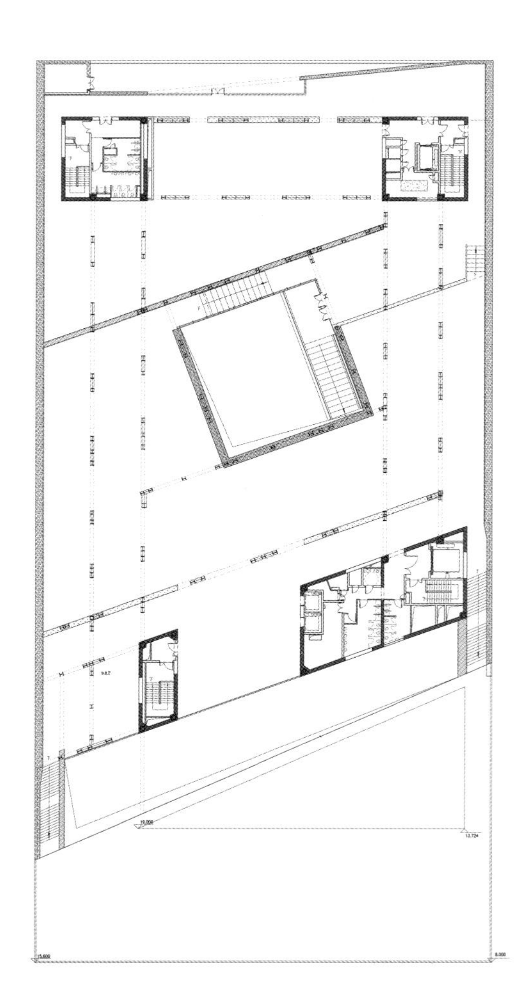

四层平面图

项目构成

设计将项目划分成南北两个部分。中央广场的入口一侧有一个巨大的开口。两个屋顶相对应的曲线吸引着宾客进入剧院的中心。

正中央的带顶走廊让宾客们可以轻松地穿过大剧院前往旁边的商业楼。

两个屋顶在中央相互靠近，使得商业楼和大剧院在重心上实现了平衡。这个文化艺术中心已经成为了济南西部新城的中心，并帮助西部新城从中心向济南乃至山东省辐射发展。

文化环境与设计理念

项目简单而又复杂。它抽象而实际，融合了建筑、城市规划、艺术和象征意义。项目是一件“完整的艺术品”，在现代社会中，根据不同的想象，它可以有多种不同的解读方式。

山东省文化艺术中心广场体现了它在该地区出众的地位。

大剧院的三个屋顶外壳呈弧线延伸，朝向三座塔楼。所有建筑的建筑语言共同赋予了场地和整个济南西部新城强烈的形象。建筑令人过目不忘，具有地标效果。公共生活将集中在综合体的中央，从而产生丰富的文化交流。

青山

“青山碧海”可以巧妙地概括出山东省依山傍海的地理景观和文化历史。它突出了山海融合之美以及作为孔夫子家乡的山东文化。

“青山”之名源于泰山，诗意地向人们描绘了高耸入院的翠峰景观。巍峨的泰山是齐鲁文化的象征，它代表着齐鲁人民自强不息、奉献社会、勤奋智慧的品质。

碧海

碧海象征着山东省对沿海地区的充分利用，他们全面开发海洋经济、科学整合海洋资源，打造了山东半岛经济区。

立面设计

大剧院的立面设计突出了单一建筑综合体的特点。不同的功能区有不同的立面需求。底座是一条巨型石带，与上方的体量造型相同。大剧院的三个外壳和坐落在底座上的侧楼主要由不透明的金属包层系统覆盖，中央有一条玻璃带。商业楼的立面主要是玻璃幕墙，越过底座楼直达街面之下。中央广场的设计延续了景观设计。

石座楼的设计灵感来自于台词，而窗口就好像是配乐中的音符。商业楼和大剧院的立面都具有象征性图案：商业楼采用植物图案，表示自己是青山；剧院外壳则采用更为抽象的有机图案。这些图案作

山东，济南

济南大剧院

Jinan Grand Theater

保罗·安德鲁／主创设计师　菲利普·卢奥特／摄影

建筑师

保罗·安德鲁建筑设计事务所、雷切建筑事务所、北京市建筑设计研究院

委托方

济南西城投资开发集团有限公司

布景设计

杜克斯舞台布景设计公司

音响设计

卡勒音响设计公司

涂料、色彩和艺术设计

阿兰·博尼

建筑公司

中孚泰、中国建筑工程总公司

为一种过渡元素，在视觉上将建筑与旁边公园里的绿植景观融合起来。

底座和外壳上的玻璃镶嵌采用极简的抽象设计，主要在夜间呈现出来。

公共环境

连续的高地景观将大剧院的交货区隐藏起来。交货通道和演员通道被一座人行天桥所覆盖。景观设计也参与到了通道和安全概念中。除了街道通道、观演车辆通道之外，其他部分的入口全部设在高处。

中央公园集中了腊山河河畔公园和新地铁线绿地轴线的特色。宾客穿过浓密的树木，从河畔或高处的天桥通道进入剧院。在路上，他们可以体验到不同的风景。

歌剧厅门厅

走进门厅，眼前的歌剧厅呈现为一个立方体。立方体的矿质立面上覆盖着一层薄薄的水幕，赋予了整个结构闪烁的光线效果。

歌剧厅的两侧各设有楼梯、天桥和玻璃电梯。螺旋形设计让观众更贴近屋顶外壳和歌剧厅的立方体结构。

歌剧厅顶部是一个接待厅。它可以独立运营，接待观众。电梯通道设在侧楼。接待区既享有屋顶外壳的宏大景象，又能看到下方的观众席。

歌剧厅

金色的歌剧厅在有限的立方体空间内整合了所有技术需求和艺术表现形式。观众从歌剧厅的两侧或是包厢楼层的侧面进入。两个包厢层形成了光带，所有光带都通过舞台两侧的边柱连接起来。边柱起到了侧向照明的作用，同时也是舞台和观众席的音源。

包厢层采用略微不对称的造型，与正观众席方正的设计形成了对比。包厢层的外围边缘照明充满了动感，柔化了整个空间。观众在进场或离场时都能感受奇妙的灯光效果。

音乐厅门厅

音乐厅是椭圆形的。从入口大厅就能看到它的蛋形空间，观众可以环绕音乐厅漫步体验。整个空间被外壳的木制天花板所包围。外壳是独立的，与音乐厅的空间相分离，就像一个穹顶。音乐厅外部随形镜面将外壳反射到蛋形空间上，并且给人以一

大剧院——入口大厅

公众从高于街面的中央广场进入大剧院。入口大厅是他们步入观众厅的第一步。每个观众都将受邀体验入口大厅作为过渡，然后再通过三个不同的门厅进入各自的表演厅。

入口大厅沿着建筑的外墙一直延伸到两个横向的建筑空间，内部设有售票处、旅游信息咨询台等核心功能。

门厅与观众席相连，观众从表演厅的后部或侧面进入。三个门厅各具特色，观众席的设置也十分精心。观众将发现自己置身于一个巨大的封闭空间，屋顶外壳将不同的表演厅整合起来。

多功能厅

多功能厅的内部设计采用极简风格，以深蓝色为主调。各种各样的舞台配置和坐席配置让多功能厅适用于各种表演和活动。

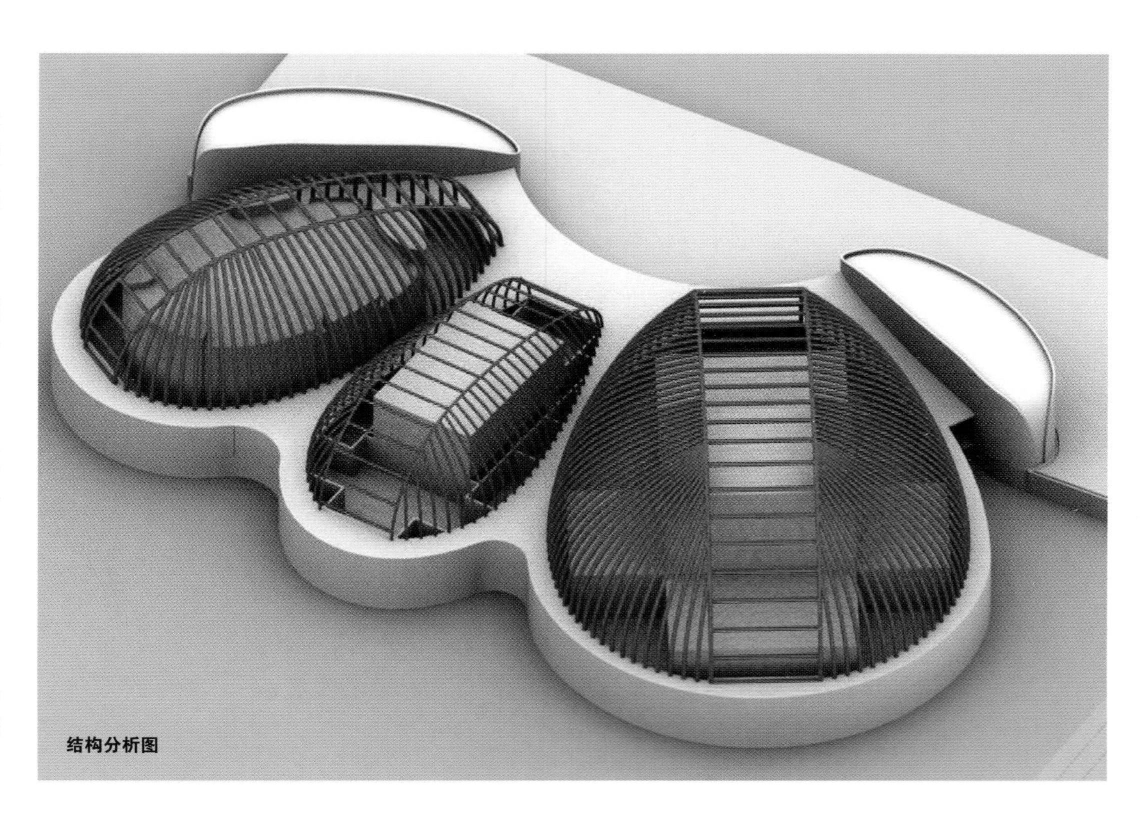

结构分析图

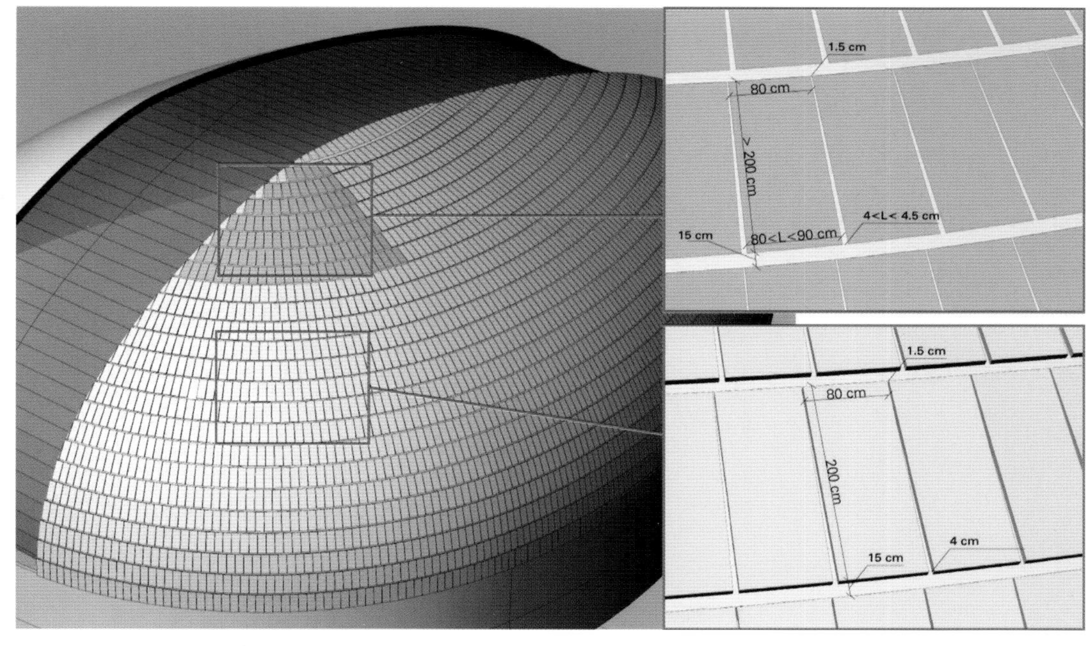

壳体立面的三维视角

种错觉，好像空间没有明确的极限。夸张的照明设计给人以动感天空的印象。

后面的大面积玻璃装配呈现出腊山河和公园西南角的景色。音乐厅顶部是一个类似于歌剧厅门厅的接待厅。它可以独立运营，接待观众。电梯通道设在侧楼。接待区既享有屋顶外壳的宏大景象，又能看到下方的观众席。

音乐厅

音乐厅的独特之处在于外围由一圈走道，观众可以先在外面体验一下观众席，然后从侧面进入自己的座位。主观众席可以由后方进入，并且与走道相连。环绕舞台和主观众席边缘是各种大小不一的圆形，每个圆形对应一组坐席，坐席的围挡采用与地板和舞台一样的木材。

墙壁采用统一的外观，给人以环绕的效果。金属网起到了透明隔音帘的作用，金属网后方安装必要的隔音架。墙壁的照明主要有两种模式：从前方照亮金属网使大厅笼罩在金属网的光芒中；从后方照亮金属网使其变得透明，从而呈现后方的隔音架。光照的色彩可以根据音乐厅的氛围进行调整。

天花板与所有的木结构形成了对比，上面的凸起有独特的音响效果。天花板上的边缝赋予了舞台后方的管风琴惊人的效果。

壳体／主要结构原则

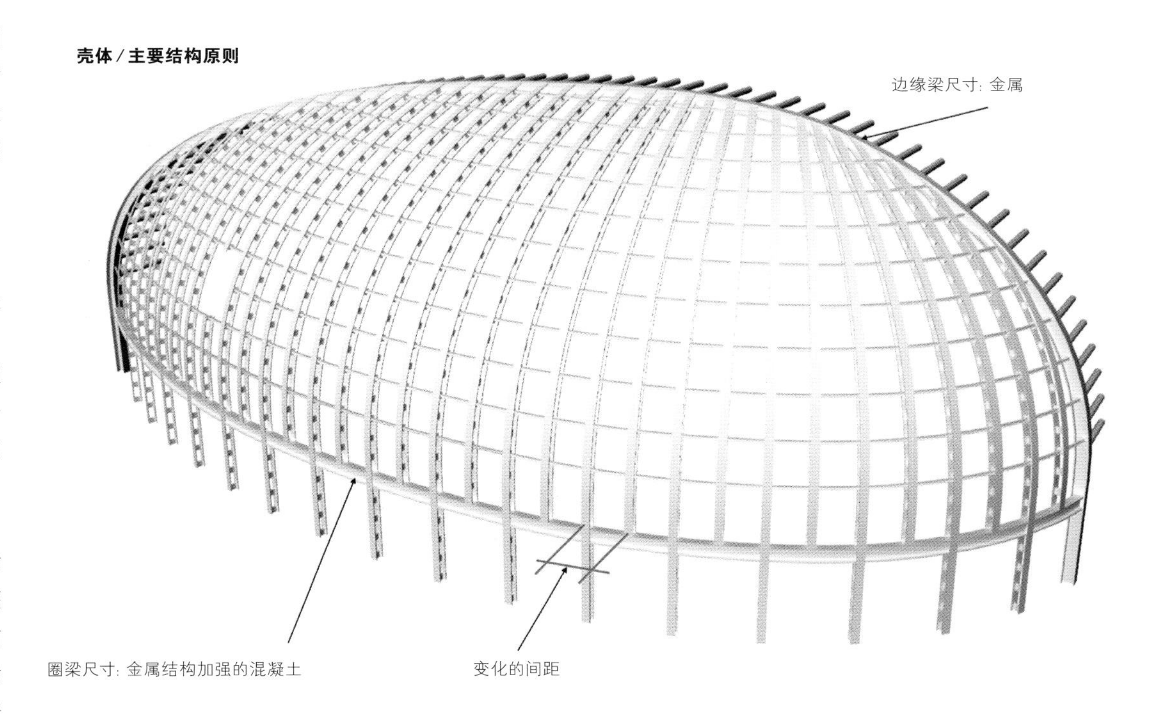

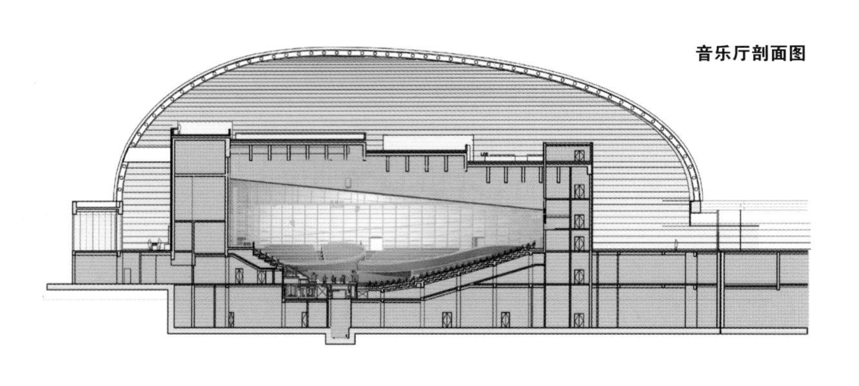

音乐厅剖面图

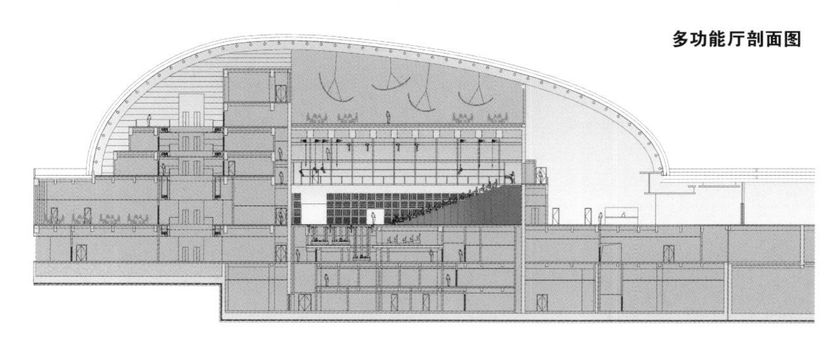

多功能厅剖面图

一层平面图

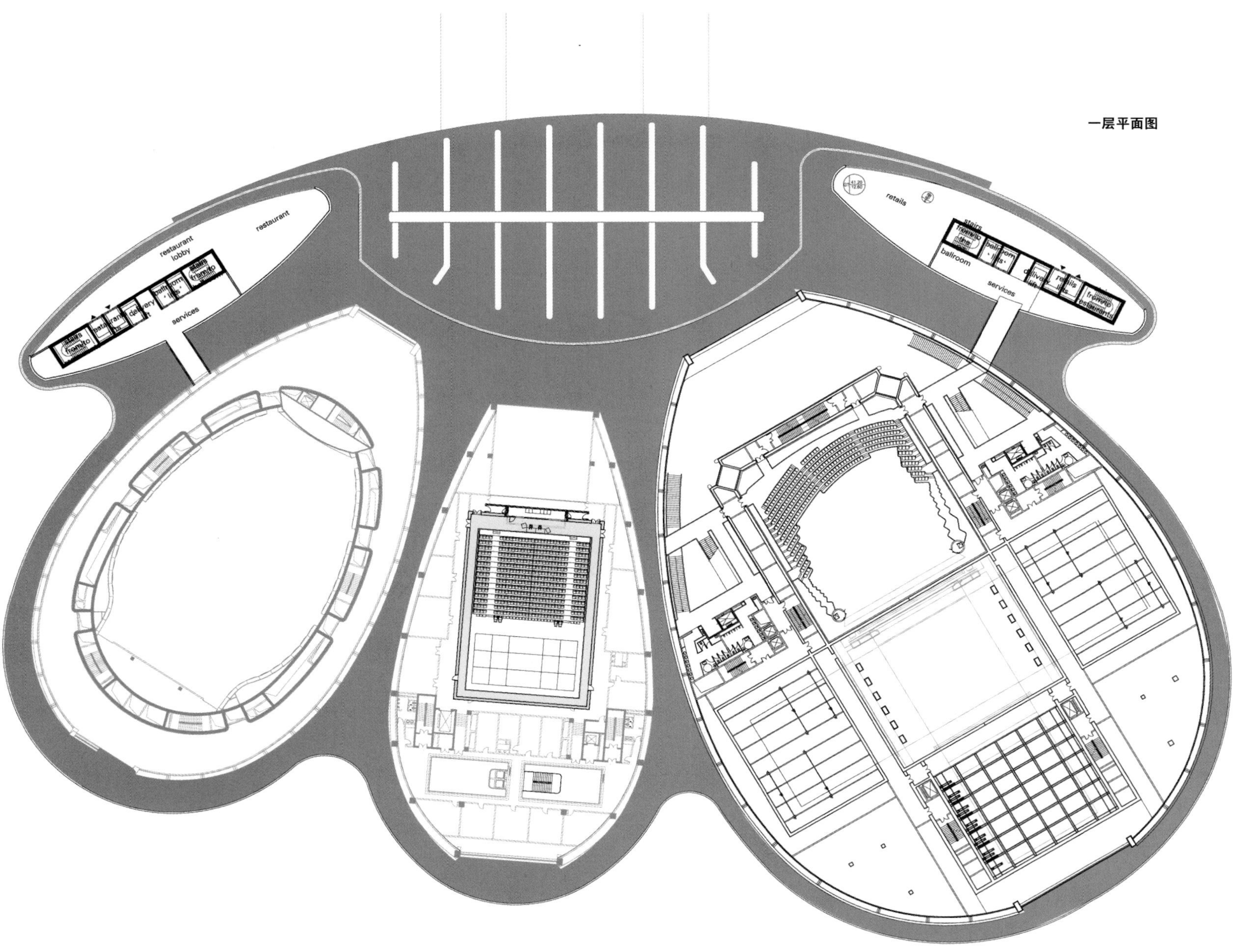
restaurant
restaurant
lobby
services
retails
stairs
ballroom
services

设计单位
南京大学建筑规划设计研究院有限公司
青岛市旅游规划建筑设计研究院
（合作设计）
业主
2014青岛世界园艺博览会组委会
工程主持
傅筱、陆春
建筑施工图设计
施琳、李辉
结构
陈佳
电气
朱小伟
暖通
王成、孙建国
给排水
丁玉宝
完成时间
2014年3月

山东，青岛

2014青岛世界园艺博览会梦幻科技馆

Red Brick Contemporary Art Museum

傅筱 / 主创设计师

2014青岛世园会梦幻科技馆位于全园的最高点，俯瞰全园，景色尽收，青山隐隐，延绵数里。建筑功能是科技馆，旨在通过高科技手段让人们体验大自然的变迁。

建筑规模：2850平方米

设计概念：结合地形，呼应自然

设计策略

1. 衔接：充分利用地形原有高差，降低建筑高度，削弱建筑体量，形成覆土建筑，与自然山体形成较好的衔接。

2. 形式：建筑虽然名为梦幻科技馆，但设计并未采用奇特的高科技形象，在自然面前，“顺应自然”就是最适宜的高科技。

3. 节能：充分利用被动节能方法减低能耗，具体包括种植屋面、通风天井、采光通风器、光导管、雨水收集系统、透水性地面。

4. 明暗：结合场地高差形成参观流线，通过明-暗-明的空间转换实现与自然的结合。参观流线为室外广场——向下通道——梦幻科技展厅——4D厅——地表开口拾级而上——返回地面，豁然开朗，全园尽收。

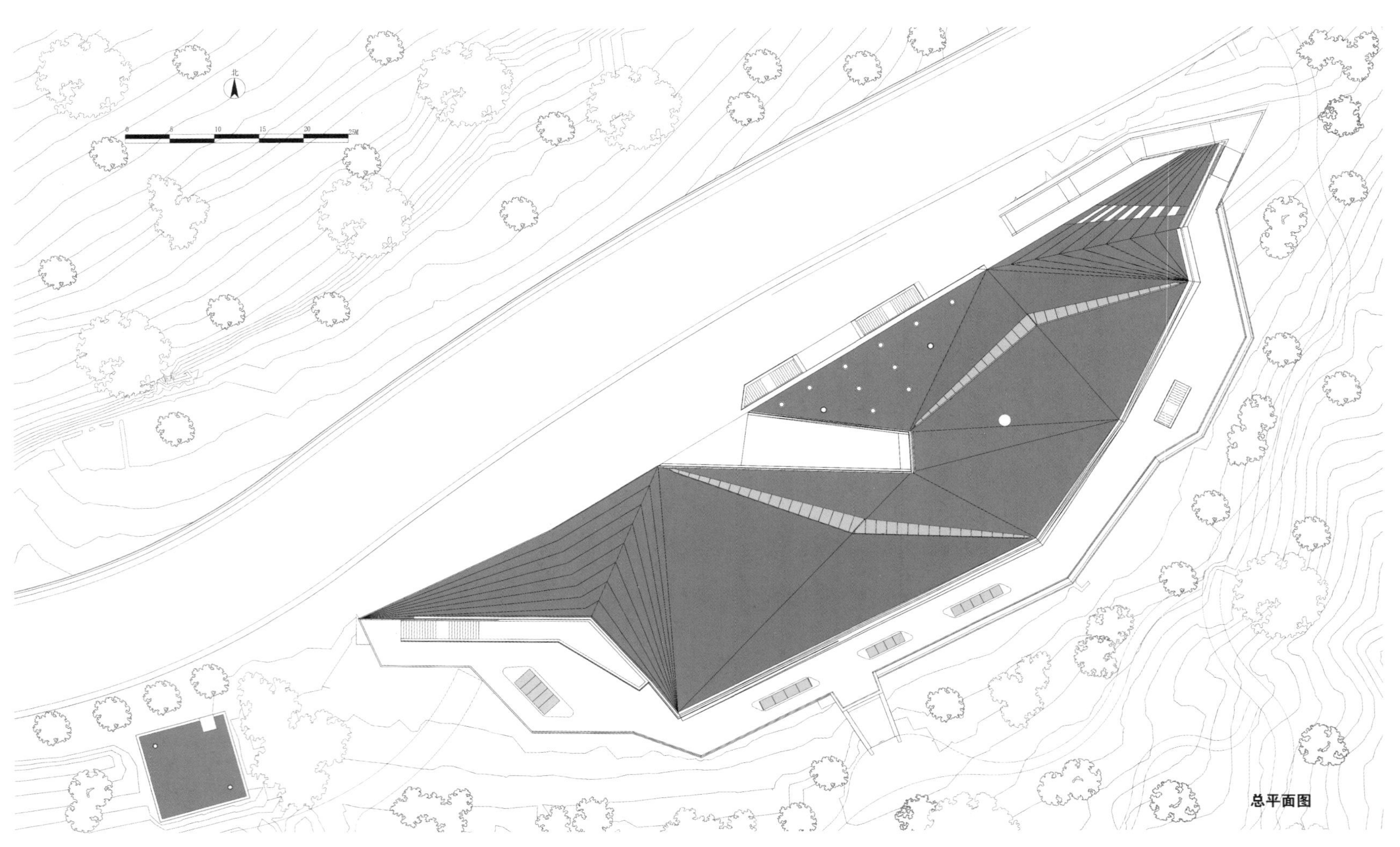

总平面图

剖面图

剖面图

立面图

节能采光通风器

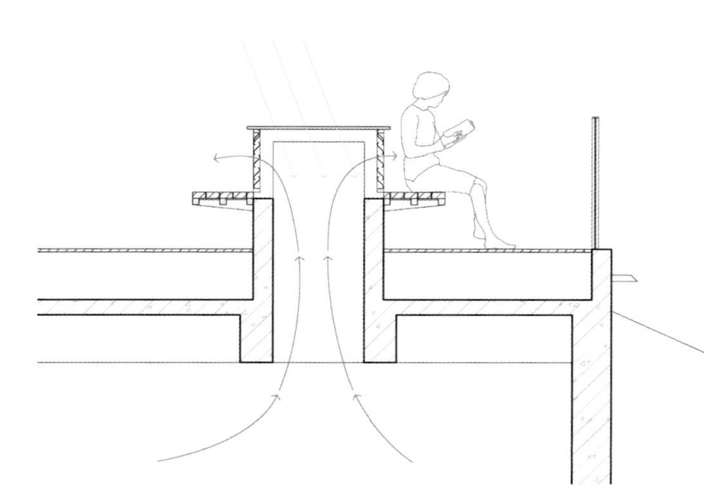

节能分析图

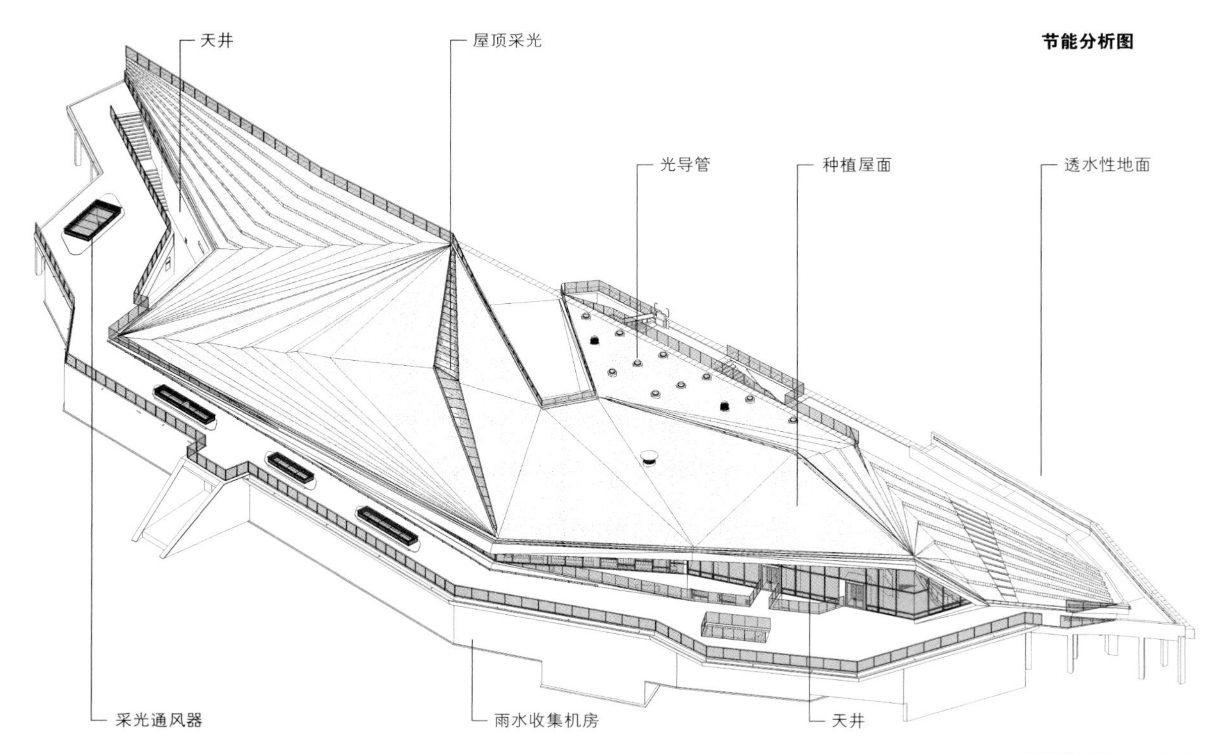

设计公司
UNStudio
委托方
2014青岛世界园艺博览会执行委员会
建筑面积
35,000平方米
景观设计
!melk景观建筑事务所（纽约）
结构设计
奥雅纳工程顾问公司（阿姆斯特丹）
机电设计
奥雅纳工程顾问公司（香港）
结构工程
青岛建筑设计研究院
机电工程
青岛建筑设计研究院
立面工程
沈阳远大铝业工程有限公司
完成时间
2014年3月
照明设计
清华同方
总建筑面积
3900平方米
预算
1500万元人民币

山东，青岛

青岛世界园艺博览会主题馆

Theme Pavilion of Qingdao World Horticultural Expo, 2104

本・范博克／主创设计师　埃德蒙・梁／摄影

2014世界园艺博览会于2014年4月至10月在中国青岛举办，吸引了来自世界各地的1,500万名游客。本次世园会的主题是“让生活走进自然”，致力于促进文化、技术和园艺知识的交流。世园会的总占地面积近500万平方米，100多个国家参与展览，每天的客流量超过6,000人次。本次世博会是青岛城市发展的催化剂，从整体上提升了城市的品质。

主题馆

在主题馆的设计中，UNStudio综合考虑了物流、空间组织、类型学、未来的灵活应用、功能规划、外墙智能设计、用户舒适度以及可持续设计。这些方面叠加起来，加上以用户为中心的设计方案，让世园会的游客获得了独一无二的体验。

总面积28,000平方米的主题馆由主展厅、表演大厅、会议中心和媒体中心构成。主题馆的设计概念借鉴了青岛市市花——月季花的造型，将其转化为了设计的平面布局。四个场馆，或者说是“花瓣”通过内外走道相连，在中央形成了一个光传给你。这种布局凝聚了UNStudio丰富的博物馆和剧院设计经验，中央广场可以成为游客的“舞台”，是被各种视角所环绕的动态焦点。露天垂直度大厅的设计将走道变成活动必不可少的一部分。它们提供了基础结构的连接，提升中央广场的视野，并且是具有辨识度的节点，有利于寻路。

立面设计

主题馆整合了多个层次：它将世园会中各个不同的主题花园整合起来。此外，它还是每月和每季度主题活动的平台，春赏花，夏乘凉，秋品果，冬观叶。“彩虹丝带”为世园会提供了路线和基础设施，它穿过整个周边景观，凸显来自世界各地色彩斑斓的花卉。这一色彩主题进一步反映在由竖纹铝板构成的立面上。四种主题颜色（绿、黄、橙、蓝）呈现在竖条纹上，随着不同的视角时隐时现。柔和的彩色下射灯与立面结合起来，保证了在夜晚或是光照欠佳的日子里，建筑立面仍然能为各种活动呈现出活泼的背景。核心图案中的绿色突出了生态、绿色能源和环保意识的重要性。

主题馆的整体建筑还反映了四周环绕的群山，在屋顶上添加了精致的屋顶景观。这些屋顶被想象成景观中的高原，每座“高原”都通过不同的斜坡和台阶代表整体项目中的不同部分，从而为人们呈现出一种深入周围景观之中的延续美感。

易辨识的路线和集合点

在参观人数众多的大型活动中，不仅是旅游团，家庭和个人游客也需要独特的集合点。同时，路线的设计也必须能满足大型团体和小型团体的需求。易辨识的集合点应当为人们提供主要的乘凉、休憩场所，或是能够让给人们观看特殊的活动或表演。因此，设计所面临的特别挑战就在于如何

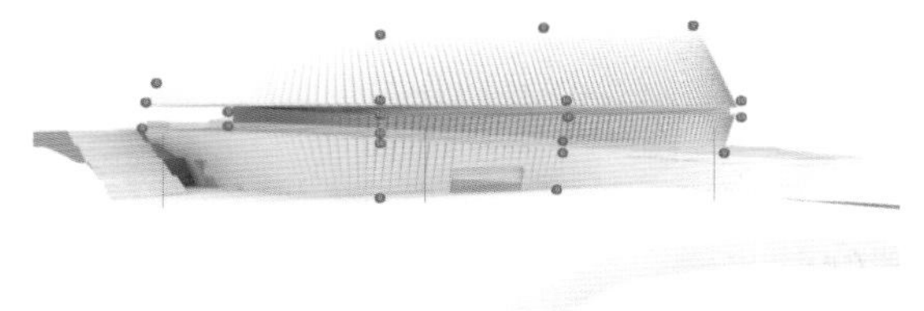

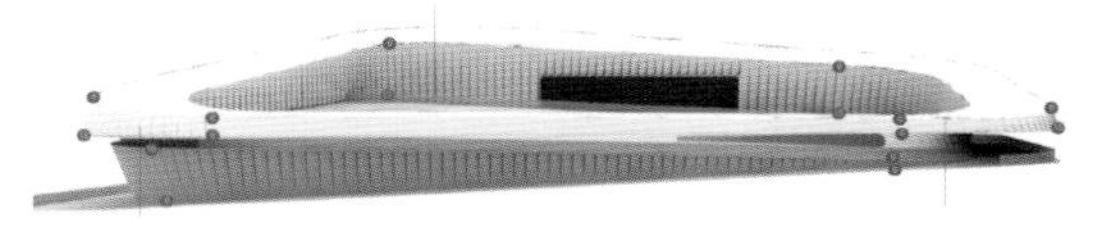

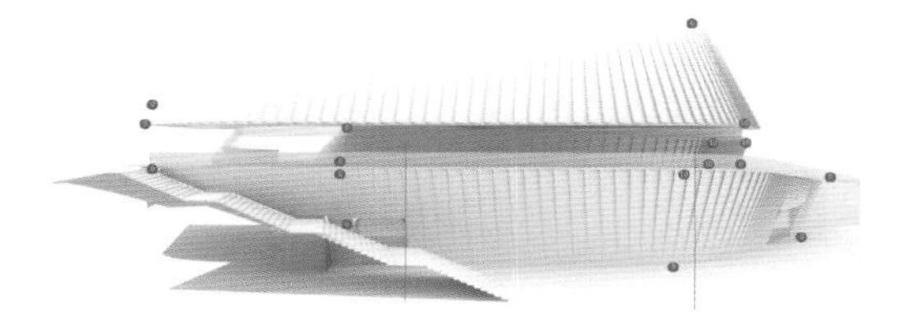

立面图

实现安全的引导和设计出具有辨识度的节点，并使它们与建筑自然融合。

未来的灵活应用

2014世界园艺博览会的举办地点是青岛李沧区的百果山森林公园，是第一个在中国山区和沿海城市举办的世园会。青岛空气清新，气候宜人。为了促进城市发展，世园会采用了环保设计，将环保意识作为活动宣传的重点。宜人的环境与城市的欧洲风情和国际化特色融合起来，联合推动了未来青岛生态旅游业的发展。

在2014世界园艺博览会闭幕后，世园会主题公园将成为生态旅游的新景点，将青岛的旅游焦点从观光转化为休闲。因此，活动空间和展览场馆将被再次利用，被赋予全新的功能。与组织者一起，UNStudio已经为主题馆设计了未来的新功能，它可以被改造成一个酒店并融入各种会议和教学设施。

与培育新植物一样，建筑的改造也需要精密的工程设计，同时又不能使其丧失原有的设计风格。主题馆的未来规划同样还围绕着建筑的未来价值展开。因此，场馆底层的物流策略已经为未来的功能设置做好了准备。作为设计流程的一部分，主题馆的未来功能已经融入了设计的基因之中。

知识共享与合作带来的鼓舞

世园会主题馆的设计十分复杂，未来的灵活应用、政治价值、建造能力和宏大的规划都需要丰富的创造力。因此，建筑师与顾问、客户和承包商之间的合作至关重要。UNStudio的经验表明，找到能激发创造力的正确方式是开发高品质项目的重点。UNStudio的内部知识交流平台鼓励员工们相互帮助，透过眼前的项目寻求新的合作、挑战和创新方案。

在世园会主题馆项目中，创新组织平台让设计师们重新审视了剧院与博物馆的设计类型，将其转化为可控制客流的舞台式展馆。此外，建筑可持续平台还研究了轻质立面的潜力，弧形波纹立面结构的应用对设计极具价值。

UNStudio的研究项目不仅限于单个项目，而是在多个现实项目中得到了检验，从而为客户和终端用户打造了直接的附加价值。同时，这些研究项目也鼓励团队成员们共同思考，相互帮助，以开发出最佳的解决方案。这些合作在设计团队中、工厂里、施工场地上随处可见。UNStudio通过世界园艺博览会的设计参与到了鼓舞青岛和青岛人民打造更美好城市的愿景中。

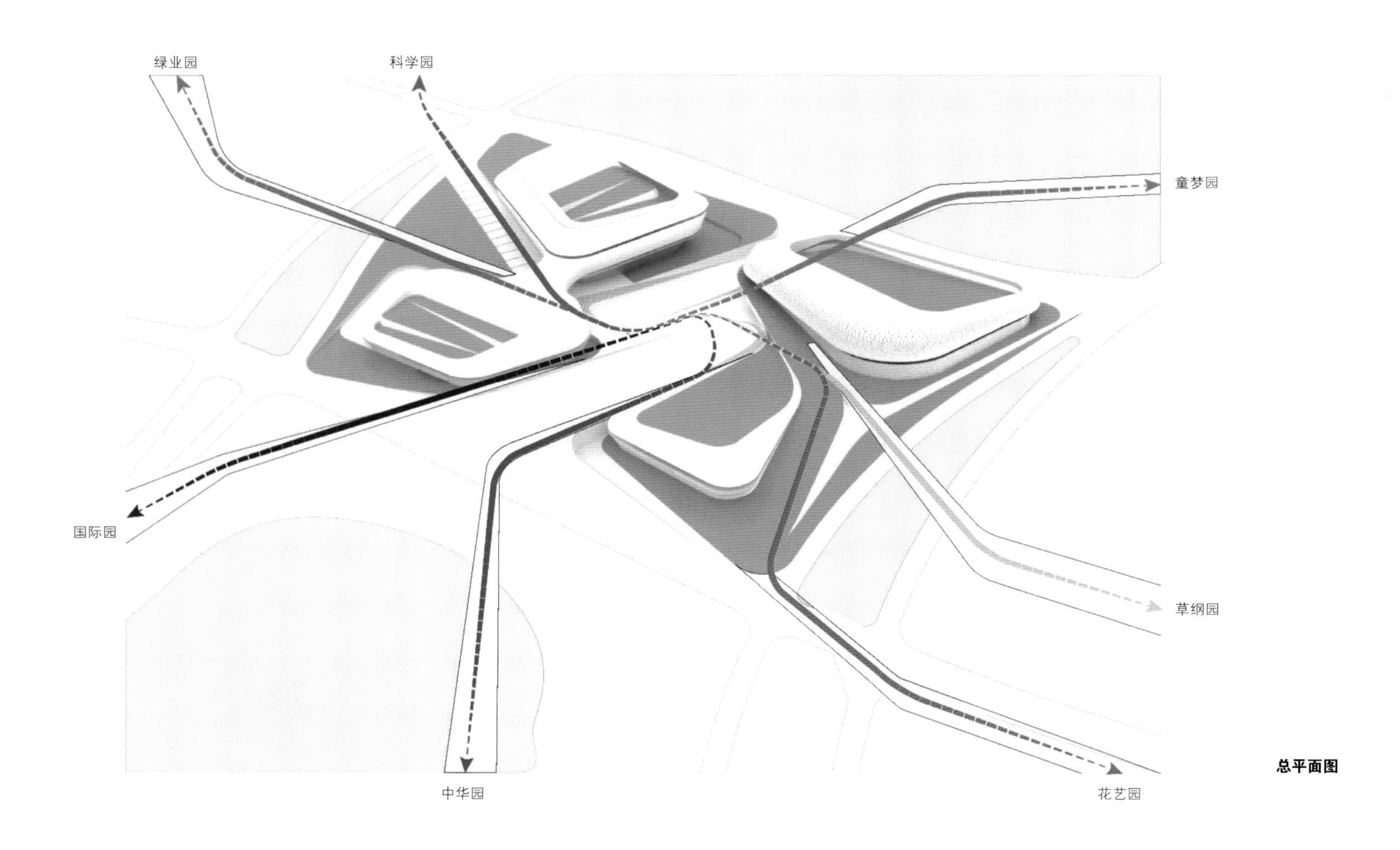

总平面图

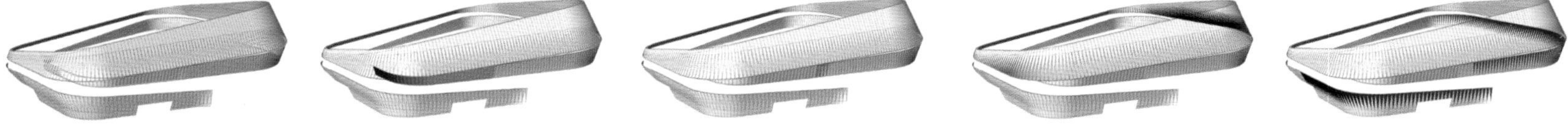

表皮分析图

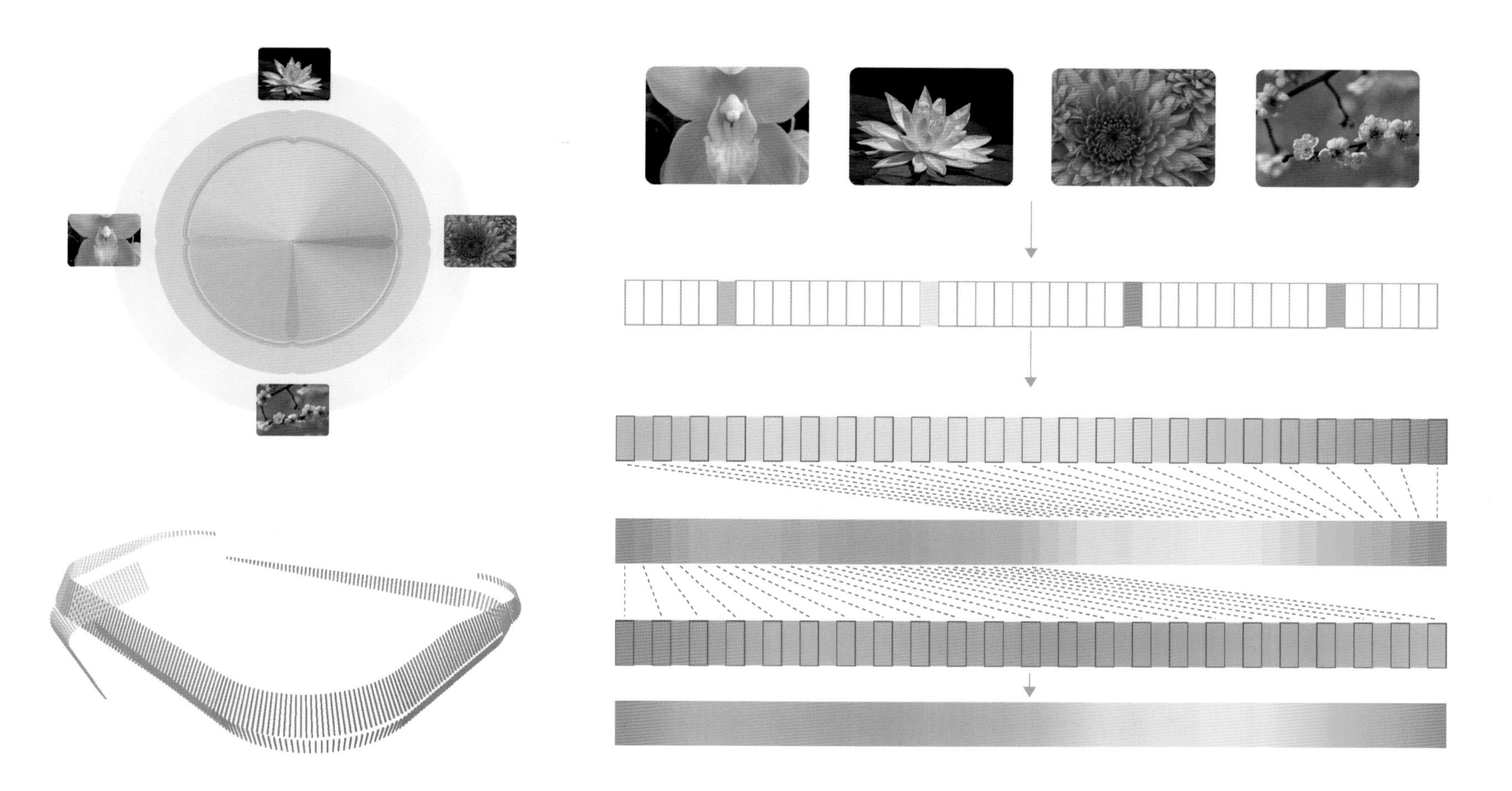

表皮色彩概念图

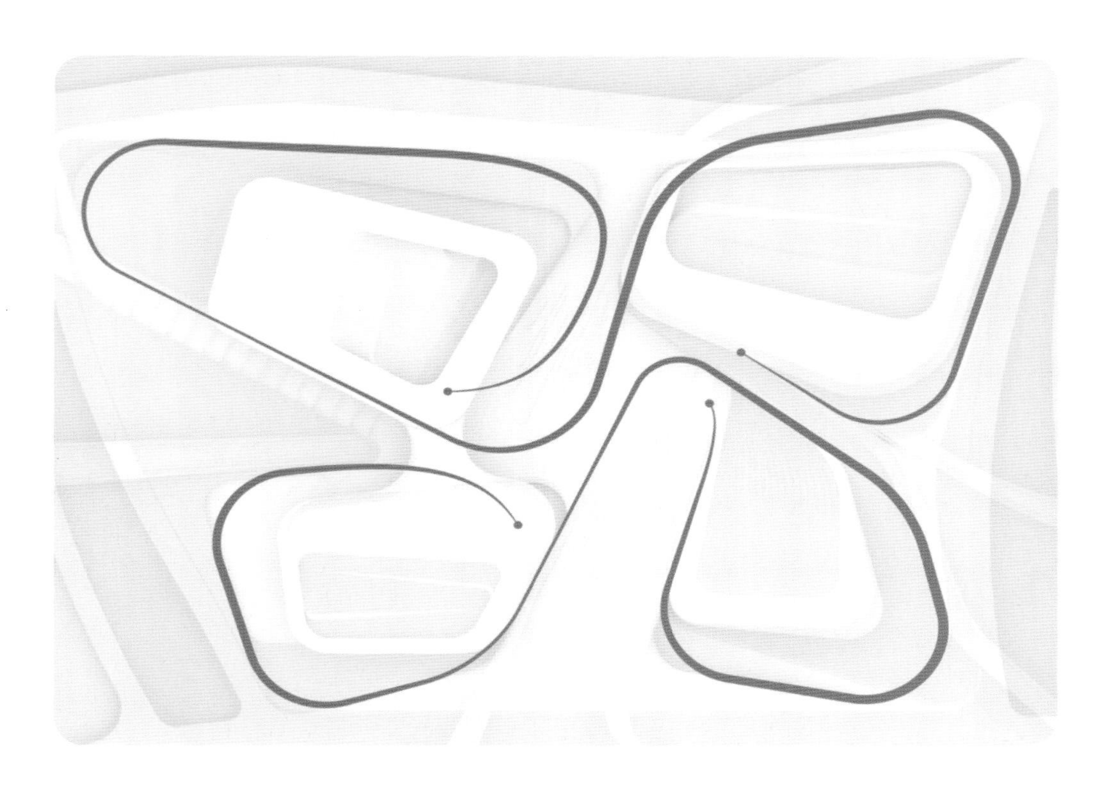

设计指向性分析
花朵造型

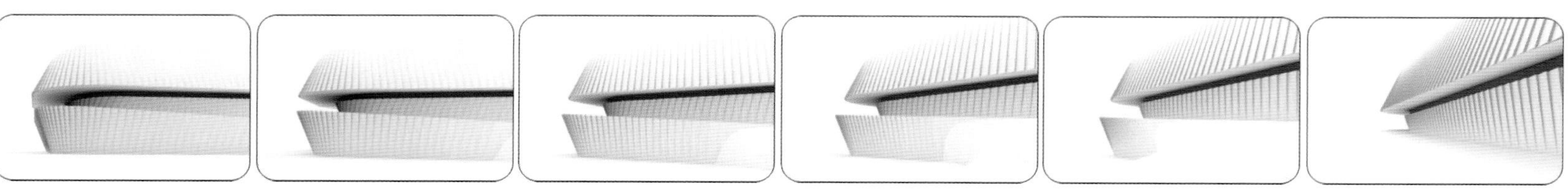

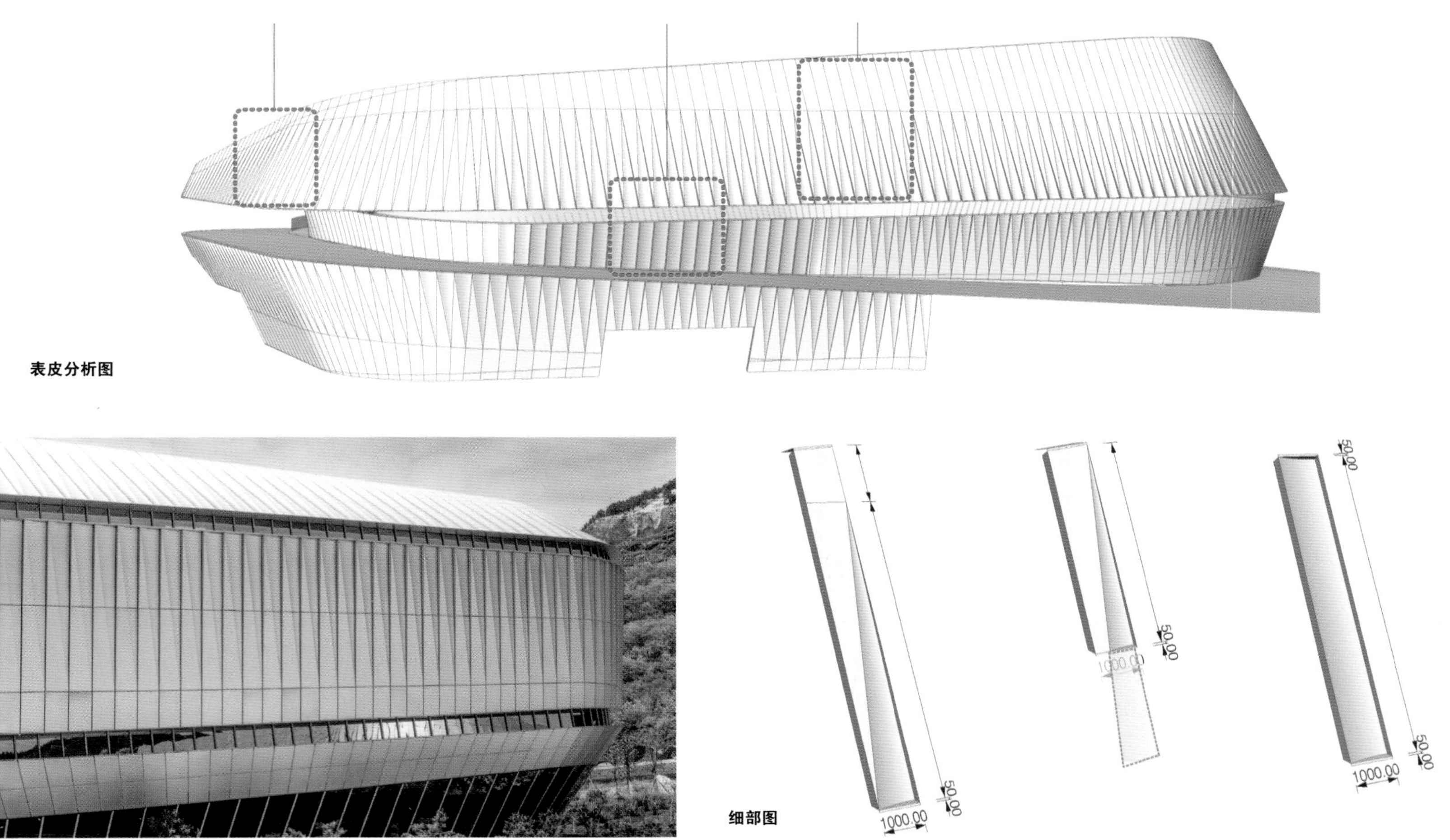

表皮分析图

细部图

设计总负责人
凌克戈
建筑总负责人
张琪琳
室内总负责人
秦迪
景观总负责人
刘轶佳
设计团队
徐琦、张亚超、张嘉琪
业主
南京白云亭文化发展有限公司
项目面积
25,000平方米
建筑合作设计
南京市建筑设计研究院
室内合作设计
上海大登室内装饰设计有限公司
幕墙顾问
上海睿柏建筑外墙设计咨询有限公司
灯光顾问
KGM瑞国际照明设计
设计/竣工时间
2013年／2014年

江苏，南京

南京白云亭文化艺术中心
Baiyunting Cultural and Art Centre

上海都设建筑设计有限公司／设计　苏圣亮／摄影

现在炒得最沸沸扬扬的莫过于上海市和深圳市提出的"城市更新"了，而在两三年前，都设就已经开始实践了。在南京一个新近落成的案例中，上海都设将一座1999年落成的副食品市场更新成为了全新的文化艺术中心。在本案中，都设为业主提供了建筑、室内、景观的一体化设计服务，这是继江阴嘉荷酒店之后都设在城市更新和旧建筑改造设计领域的又一个代表作。

客户对于这个项目的设计要求应该说非常简单，就是要做一个集城市规划展览馆和市民活动中心、图书馆为一体的公共建筑，设计的难点在于是拆掉重建还是在现有基础上改建。这栋建筑是1999年建好的副食品批发市场，拆掉吧挺可惜，但是不拆掉，一是没有地下室解决不了停车问题，二是原来运货的汽车坡道占了很大的面积，不知道拿来做什么用；但是由于上部有高压线，拆掉后如何处理高压线是个难题，北侧有居民楼，新日照规范下拆了就只能盖10来米高。最后我们做了一个概念设计，把汽车坡道改成了图书馆，正是这个想法让政府下定决心进行改建，同时规划了二期来解决停车问题。项目的重点是如何把一个旧建筑塑造成文化地标。

拆与不拆

南京白云亭副食品市场曾经是南京市重要的菜篮子工程，在功能转移后，拆与不拆是摆在决策者面前的难题，最终都设通过前期策划成功的与政府达成了一致：将其改造成为一个文化艺术中心而不是拆除之后重建一个文化艺术中心。

功能置换

白云亭文化艺术中心在一栋改造建筑内整合了城市规划展示馆以及区级的图书馆、美术馆、小剧场等功能，通过对原建筑中庭空间的放大和改造，得到一个贯穿五层的中庭空间以及一个城市规划展览馆。

最为引人瞩目的部分是将原有的汽车货运坡道改造为了图书馆，挖掘了特殊形式交通空间的使用价值，暗合了"书山有路勤为径"的寓意，被当地媒体誉为"最美图书馆"。

外观改造

文化艺术中心的外形设计理念，来源于全新的设计文化以及当代的先锋包裹艺术。设计师从"白云亭"名称中得到灵感，通过对建筑遮阳体系的重塑，打造出如"飘浮的白云"一般具有艺术气质的新立面。新生的立面犹如一张折叠的画卷被打开，又如一架正在演奏的手风琴，夜晚华灯初上之时又宛如一盏传统的纸灯笼，赋予了建筑新的活力。

从技术层面上看，外遮阳体系隔绝了项目西侧的高架噪声和西晒，同时单元模块的安装满足了快

南京
文化

南京白云亭
文化艺术中心

速施工时控制效果的要求。东面是图书馆的主要采光面：彩釉玻璃与透明玻璃相间的玻璃幕墙，化解了坡道对立面的影响。北面引入垂直绿化的概念，提高了北面居民区的景观品质。

南京白云亭文化艺术中心是江苏省内规模最大的区县级公共文化惠民设施，也是新鼓楼区成立后首个完工开放的重点工程。仅6000不到的单方造价和9个月的施工周期都创下了同类建筑的纪录，中国大量近现代建筑面临改造升级，南京白云亭文化艺术中心无疑是探索出了一条很好的出路。

文化艺术展厅
Culture & Art Hall

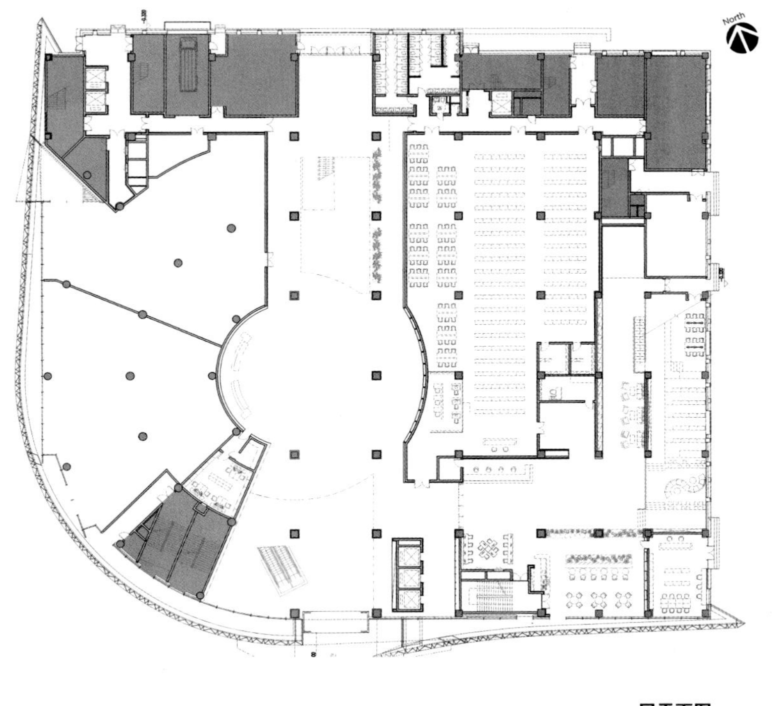

一层平面图

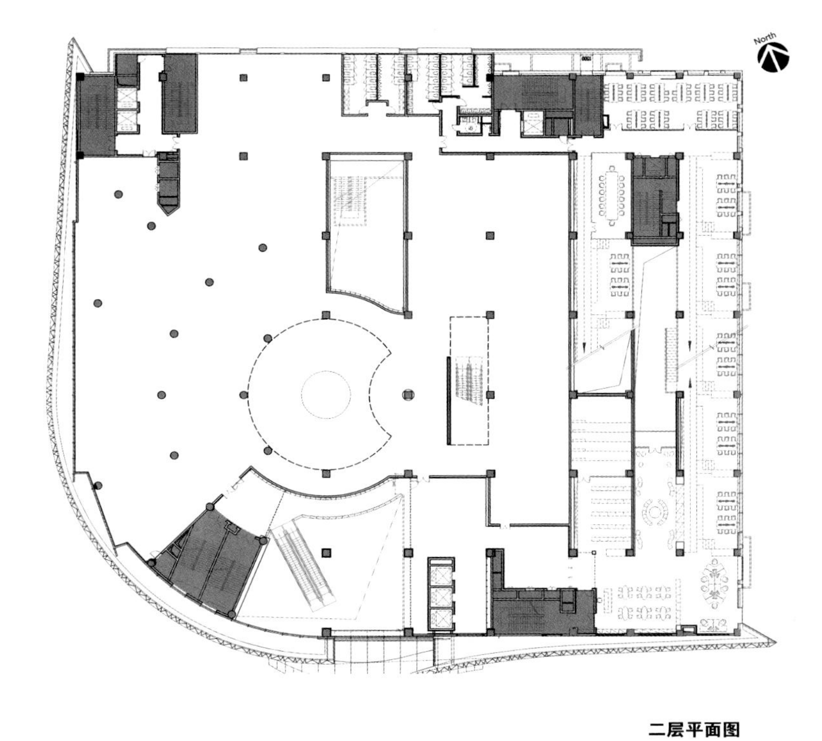

二层平面图

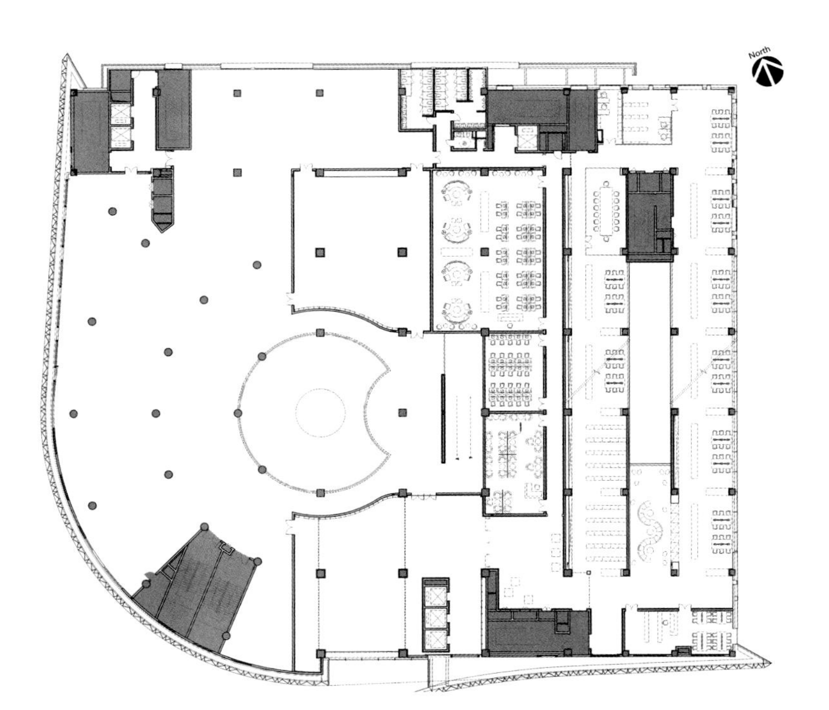

三层平面图

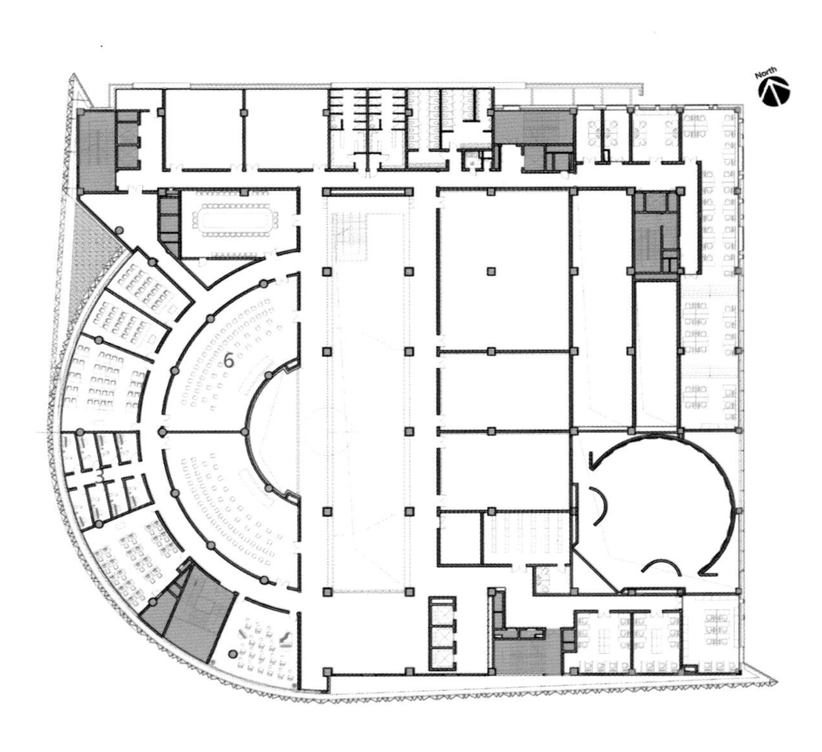

五层平面图

设计单位

UDG联创国际杨征工作室

项目成员

周松、刘艳林、钟凯

业主

昆山周市镇政府

建筑面积

31,387平方米

江苏，昆山，周市

昆山周市文体中心

Zhoushi Cultural and Sport Centre

杨征、张煜 / 主创设计师

昆山周市文体中心项目是集文化馆、篮球馆、游泳馆、多功能演播厅、文化与艺术展示等功能于一体的综合性文体中心。项目位于城市新区，周边高层住宅环绕，新的文体中心应该以怎样一种方式介入，才能为周边平淡的城市空间带来新颖而独特的体验，同时又能体现江南地域特色，是设计的首要切入点。

层层叠叠的青瓦屋顶，灵活多变的空间序列，交错灵动的水系形成了江南建筑独特的美，我们在设计中采用了折叠错落的大屋面，在满足大型场馆功能要求的同时与江南建筑连绵起伏的青瓦屋面产生通感。粉墙黛瓦，绿影婆娑是江南的色调，文体中心采用深色铝镁锰屋顶、灰白色毛面石材幕墙、半通透的丝网印刷玻璃幕墙，木色铝合金吊顶，局部辅以丝网印刷玻璃与深灰色穿孔铝板，再配入绿色植物，形成黑、白、灰、木色为主的色彩，以现代材料，通过写意的方式表达对江南传统建筑与文化的敬意。依据宜人游走的步行视觉逻辑，在建筑的不同功能之间插入灰空间广场、敞开的游走平台、以及各类形态的中庭、边院、下沉庭院、空中庭院，使游走在建筑中的人能得到与江南园林空间类似的多层次空间体验。这些共同形成了本次设计的主题——“江南映象”。

文体中心应当成为城市空间中的亮点，它应当具有大气动感的形态，同时对城市呈现一种开放的姿态。我们的设计将文体中心的文化馆、篮球馆、游泳馆、多功能演播厅、展厅等几大功能块作为一个整体集中布置，统一在折叠大屋顶之下。集中化的处理为整个项目节约了三分之一的用地，同时使建筑更加整体大气，成为一个充满动感的城市雕塑。

深灰色的大型金属屋面通过折叠、倾斜、起伏，营造出建筑的轻盈，舒展而优美。配上精心点缀的天窗与庭院，在周围都是高层建筑的城市空间中创造出丰富的第五立面。屋面的形成服从于形式追随功能的原则，通过倾斜与折叠来满足入口空间、文化馆、篮球馆、游泳馆等功能对空间高度的不同需求，自然形成了动感的形态。

我们在屋顶之下引入“开放空间”的概念，设计有入口的灰空间广场，沿广场拾级而上的活动平台，以及各种尺度的庭院、下沉庭院，叠水、公共步道等，这些空间穿插于各功能体块中间，使它们相互独立，便于集中管理与各自独立运营。开放空间的引入带来了高低变化的空间，增加了场所的层次，人们可以在屋檐下、庭院中、平台上体验不同的空间形态，视线随着空间的转折而变化，景观随之而变，使文体中心成为一座“漫步式建筑”。这些空间的开放性使得文体中心在清晨、傍晚、夜间等没有开放的时间段也可以为市民提供不间断的使用，同时大屋面的存在又为这些空间带来了全天候使用的可能。杨征工作室近年来通过对一系列江南建筑设计的探讨，形成了一套以现代的建筑语汇、丰富的体量组合、材料的质感与色调、以及抽象传统的院落空间等来体现江南建筑神韵的设计方法，昆山周市文体中心便是这一系列作品上重要的一环，它不仅为市民提供娱乐和运动的场所，本身也是传播周市文化的载体，既传承传统又具有鲜明的时代特征。

野马渡文体中心

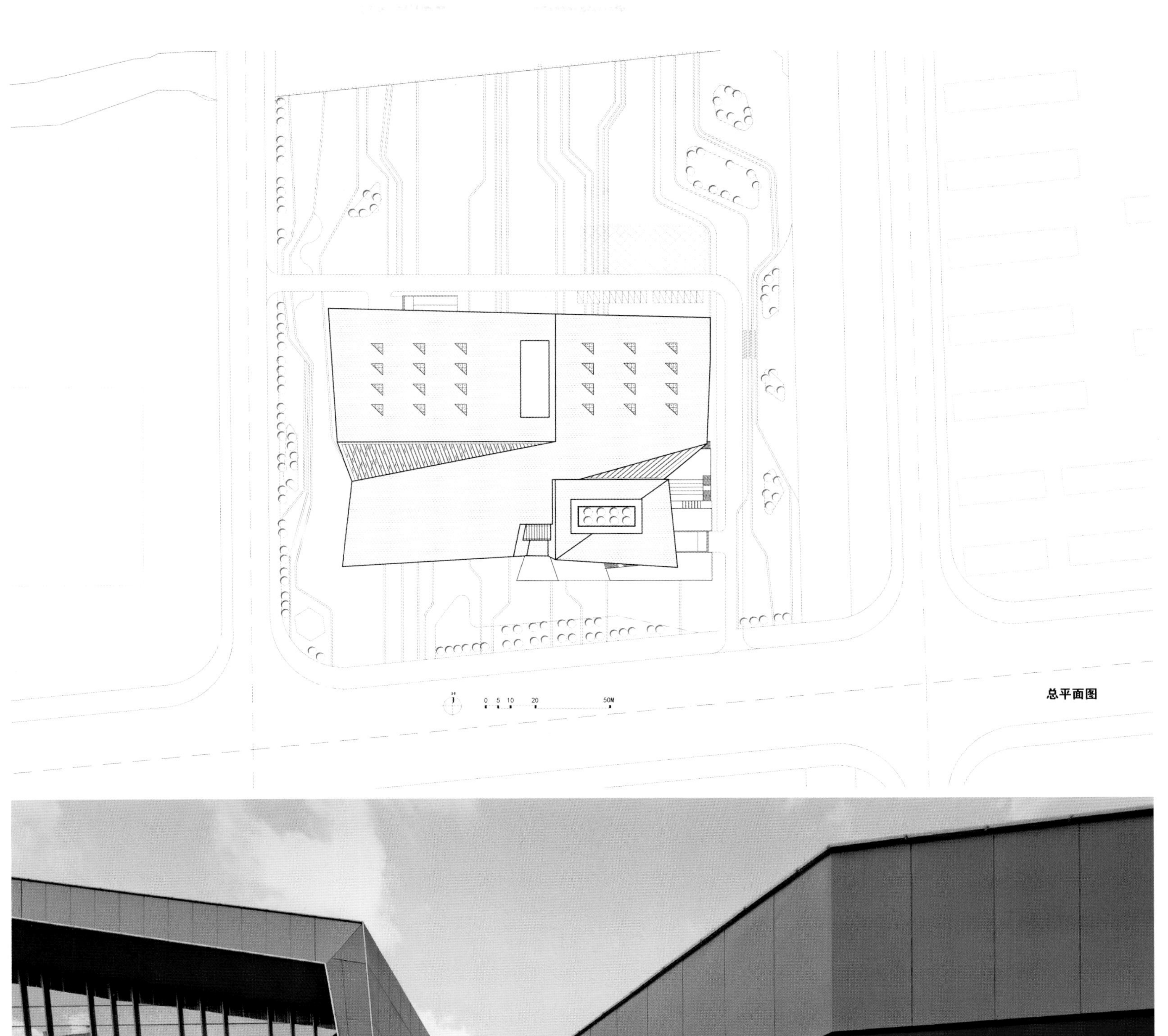

总平面图

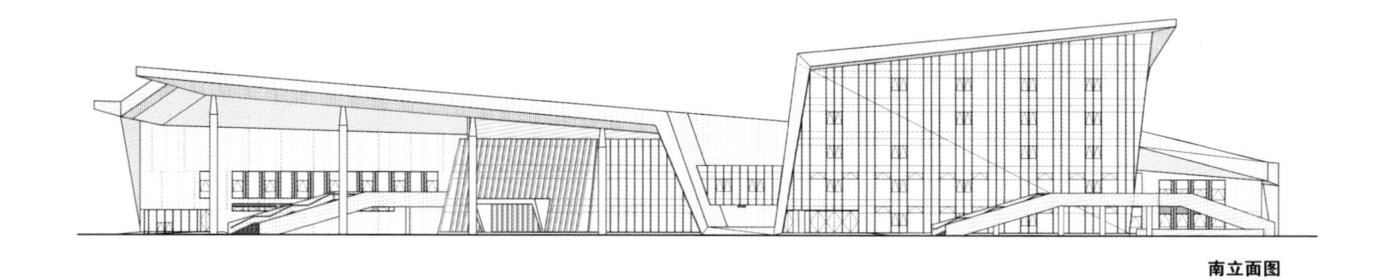

南立面图

北立面图

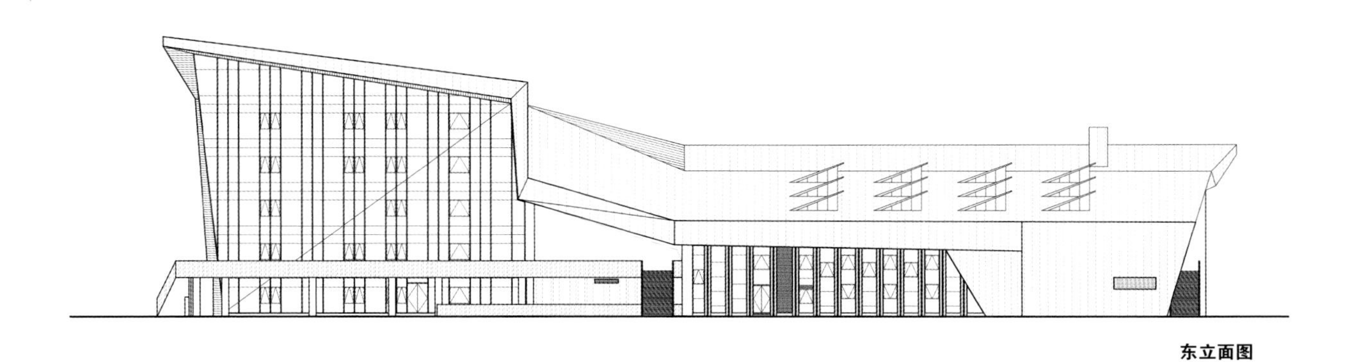

东立面图

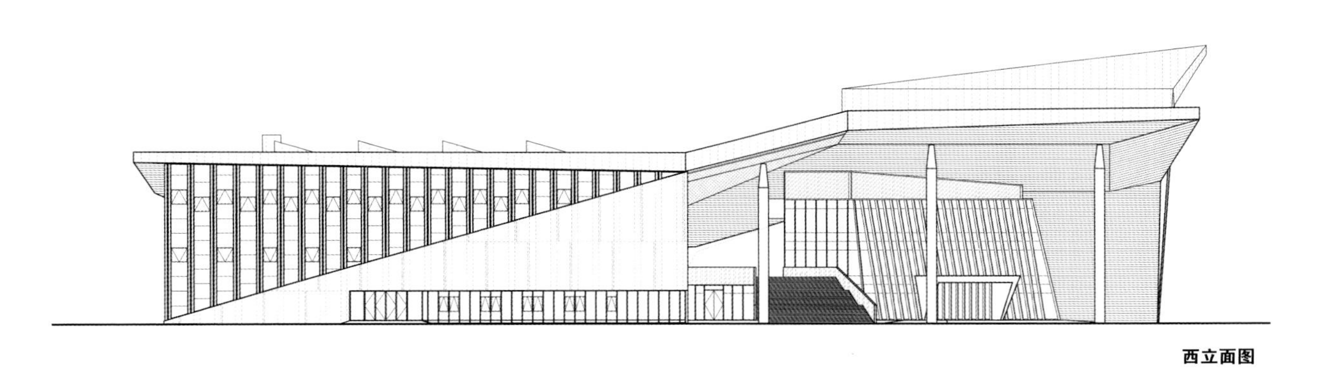

西立面图

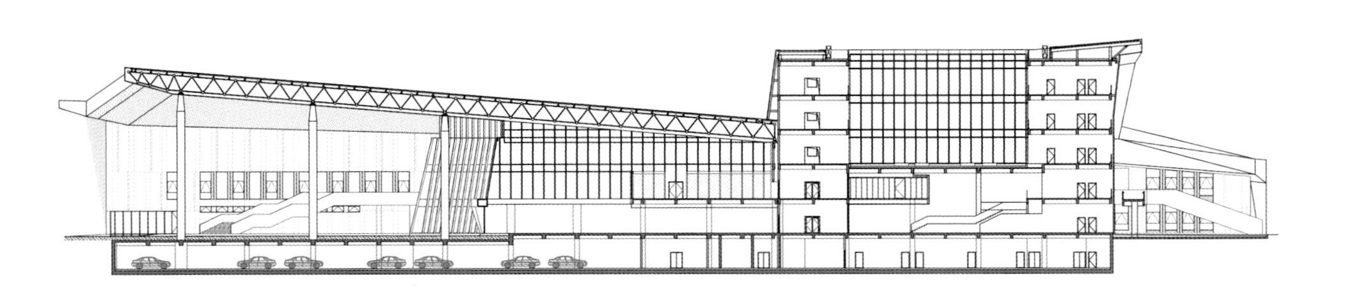

剖面图

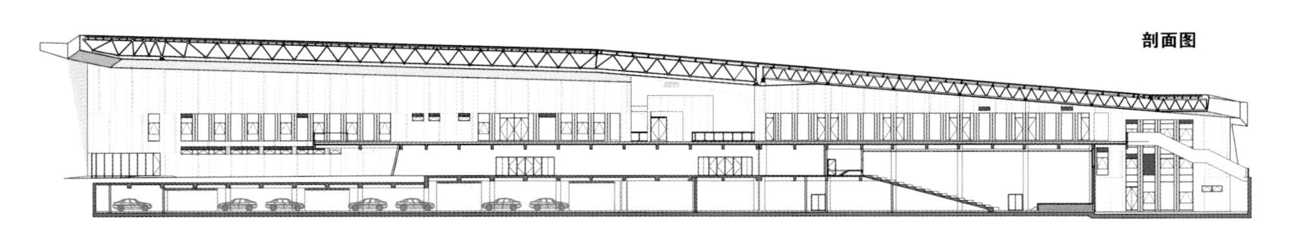

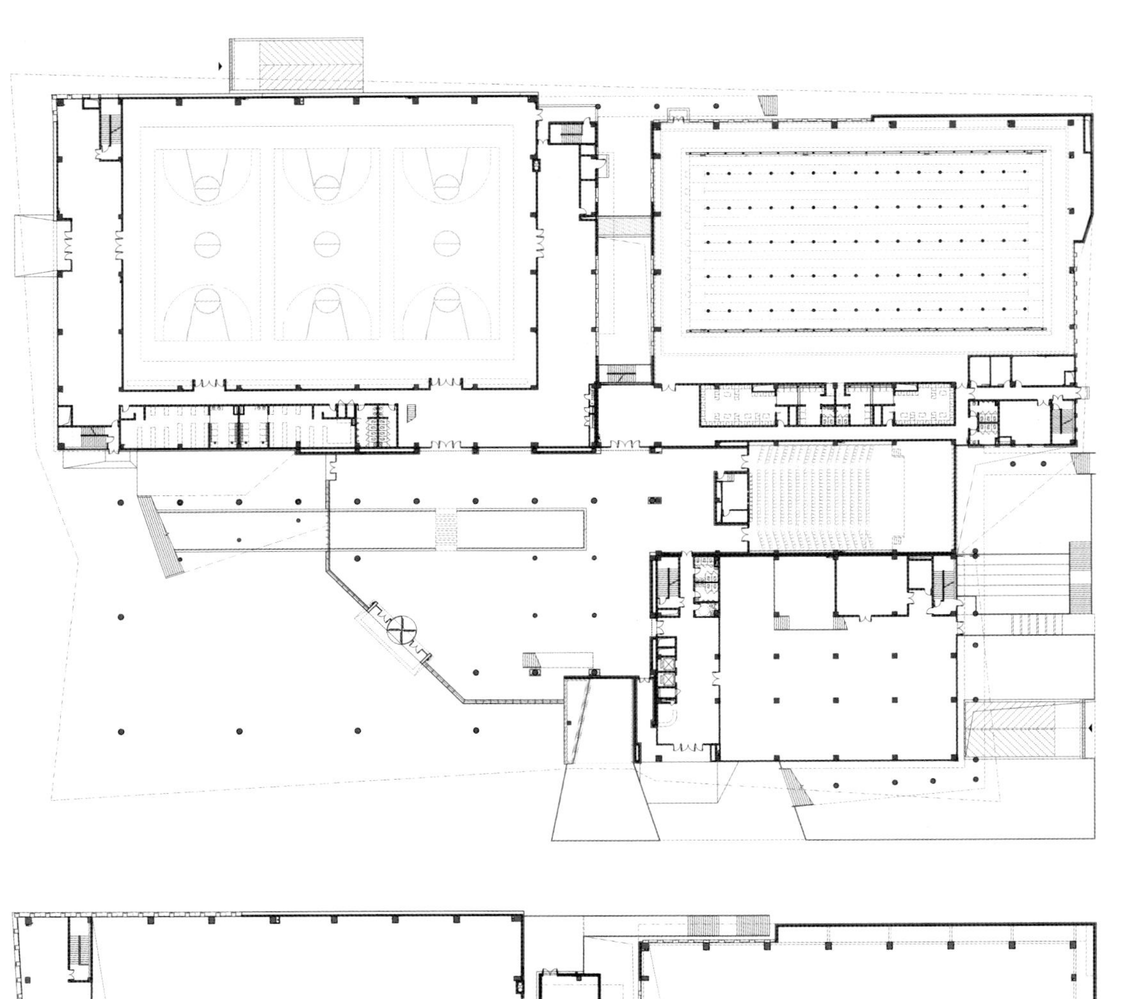

一层平面图

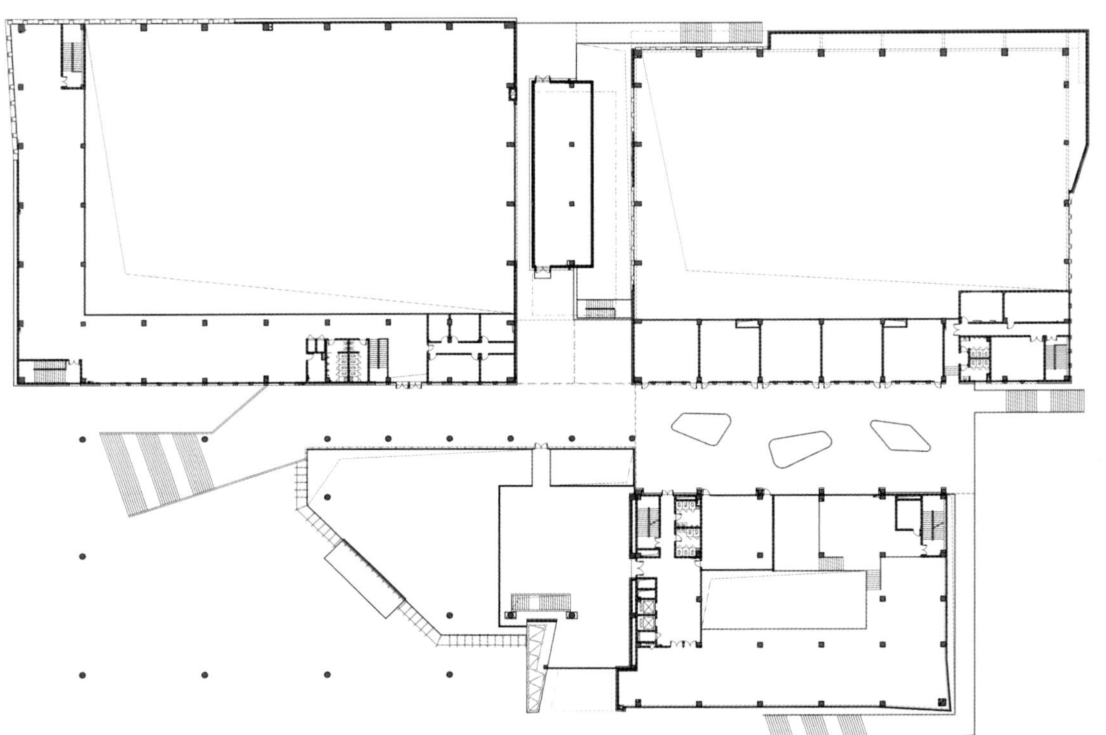

二层平面图

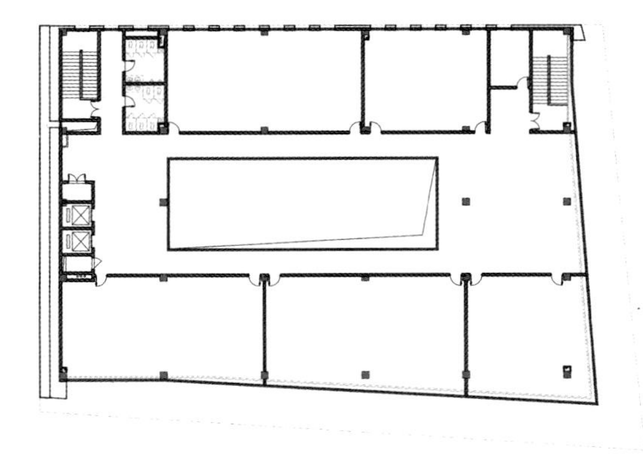

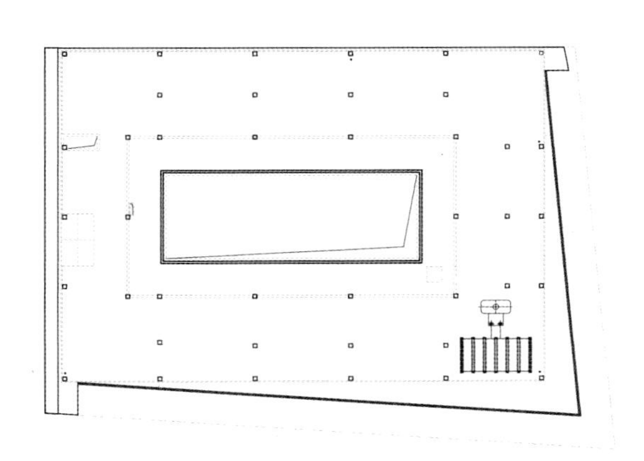

三至五层平面图+夹层平面图

业主
武汉联投置业
完成时间
2014年
项目面积
2,000平方米

北京，1号地北京国际艺术园区

联投花山郡社区文化中心

The Community Culture Centre of Huashan

上海都设建筑设计有限公司 / 设计

都设设计在武汉一个社区文化中心（先期作为售楼接待中心，后期改为艺术馆）的设计中，将“悬浮”的理想付诸实践。建筑分为陆上主体和水中茶亭两部分，之间以水下步道相连。主体建筑以“悬”的姿态，从陆地伸到水面之上。水中茶亭以明快通透为要，成为“浮”于水面上的视觉焦点。童话般的奇妙意境，让她甫一落成，就成为了花山新城板块皇冠上的明珠，被誉为“武汉最美售楼处”。

主体建筑呈简洁有力的条状，分为上下两层。上层为主要的功能空间，以铜板包裹成完整的体量，质感强烈。下层为贵宾接待，混凝土挂板墙面沉稳有力。上层体量悬挑出基座达8米之多，成为底层室外茶座的屋顶遮蔽，展现出“悬”的有力姿态。

水中茶亭则试图创造一个浮于水上的童话意象。从主体到茶亭的步道嵌在湖面以下，行走其间，犹如身临其境，亲水的感受十分奇妙。两个茶亭均为独柱悬挑雨篷结构，四面敞开，把酒临风，韵味独绝。茶亭屋面也设计为水面茶座，登临其上，远近水面相会并在此交融，长河落日水天一色，令人神清气爽。

都设建筑在室内设计中强调流线、体验和空间三者的转换，以简洁明快的语汇打造流畅而充满惊喜的空间体验。在立面材料选择上也精益求精，在造价控制范围内，通过精细的外墙设计把控项目的完成度。

都设以“设计定制”为目标，坚持“建筑、室内、景观”一体化设计的理想。悬浮在水上的童话，是都设全方位设计的第一个成果。

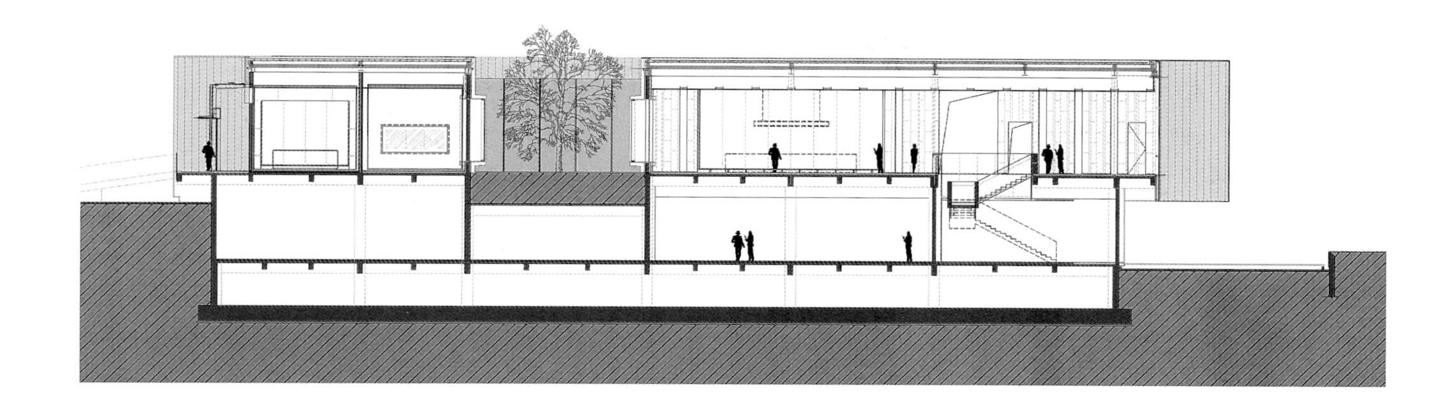

主体建筑剖面图

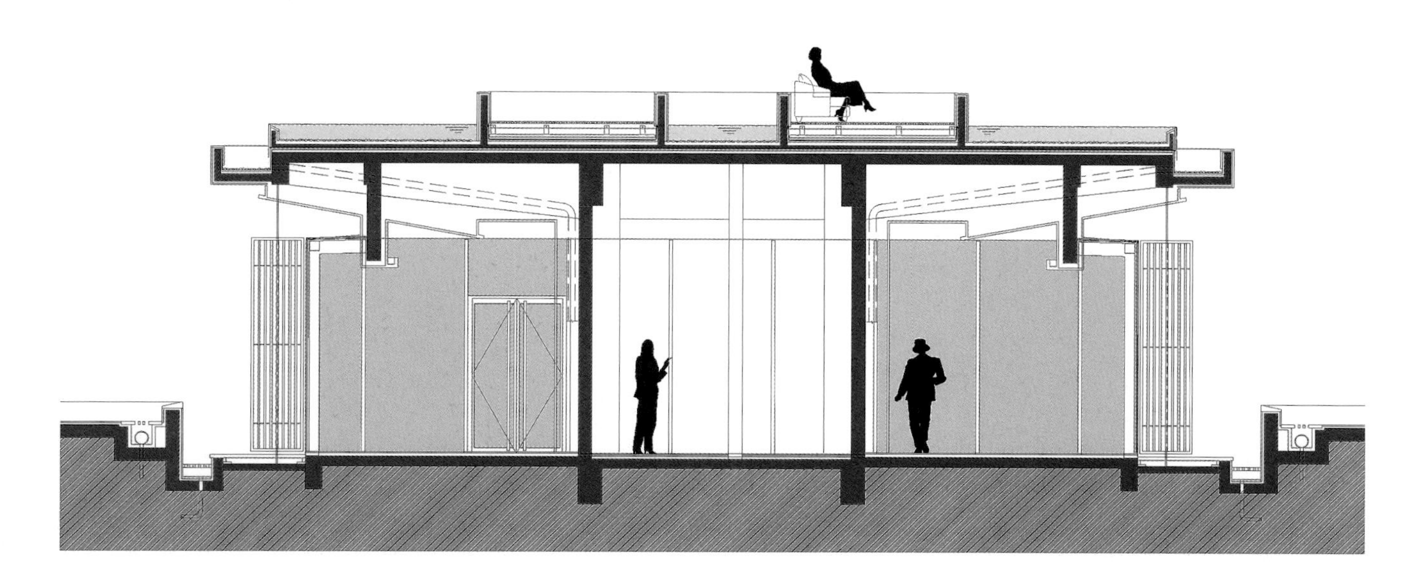

水中亭剖面图

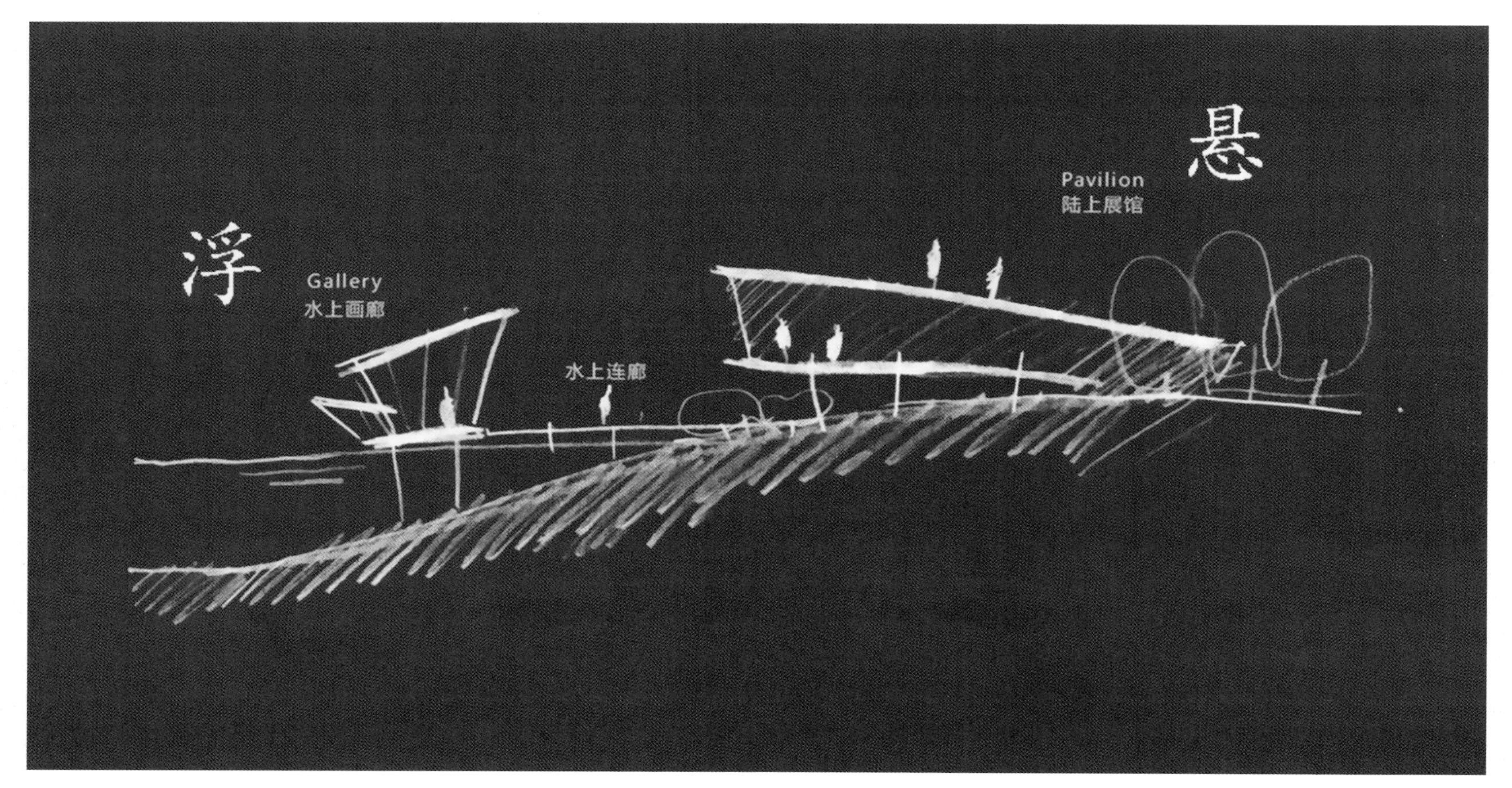

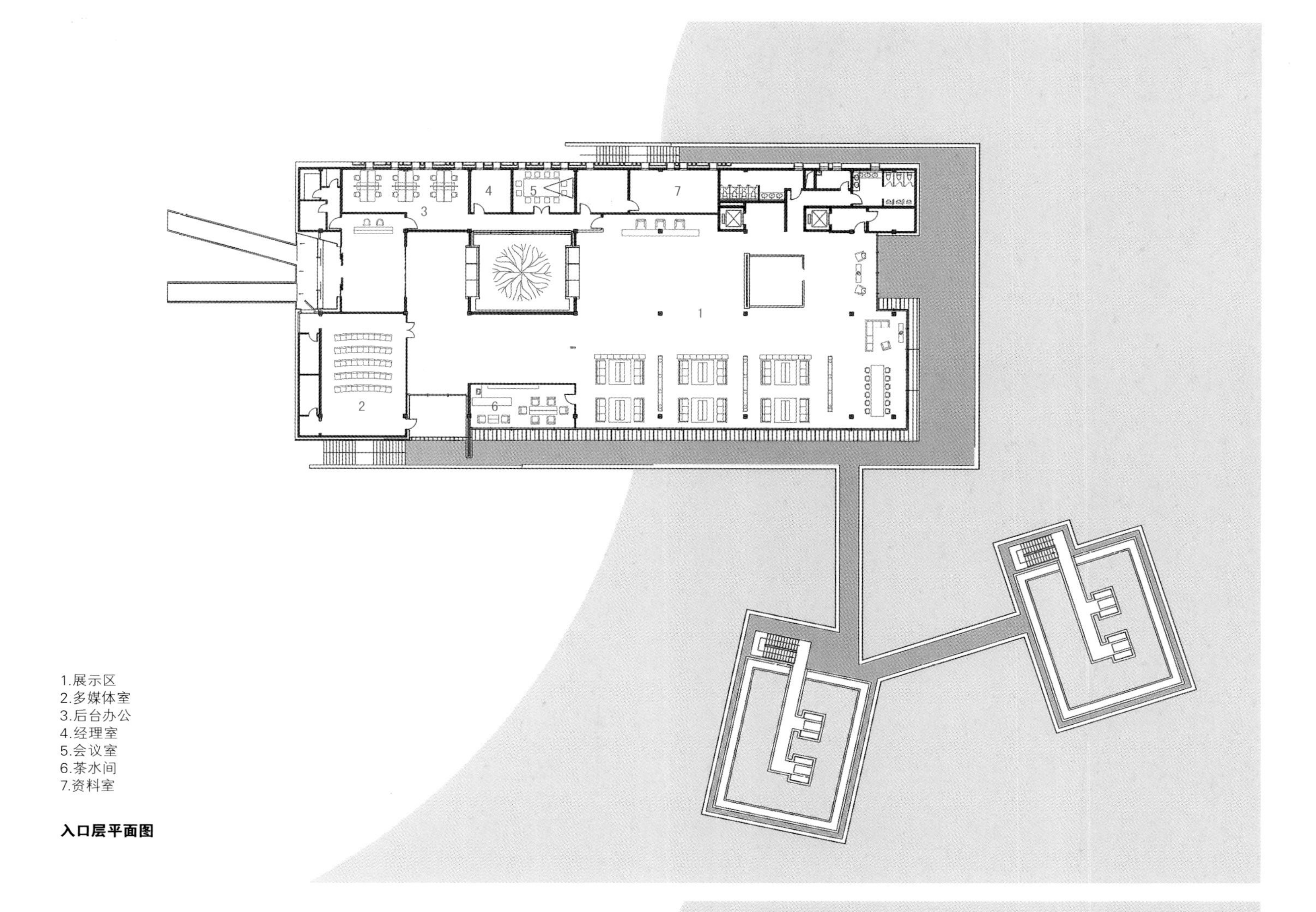

1.展示区
2.多媒体室
3.后台办公
4.经理室
5.会议室
6.茶水间
7.资料室

入口层平面图

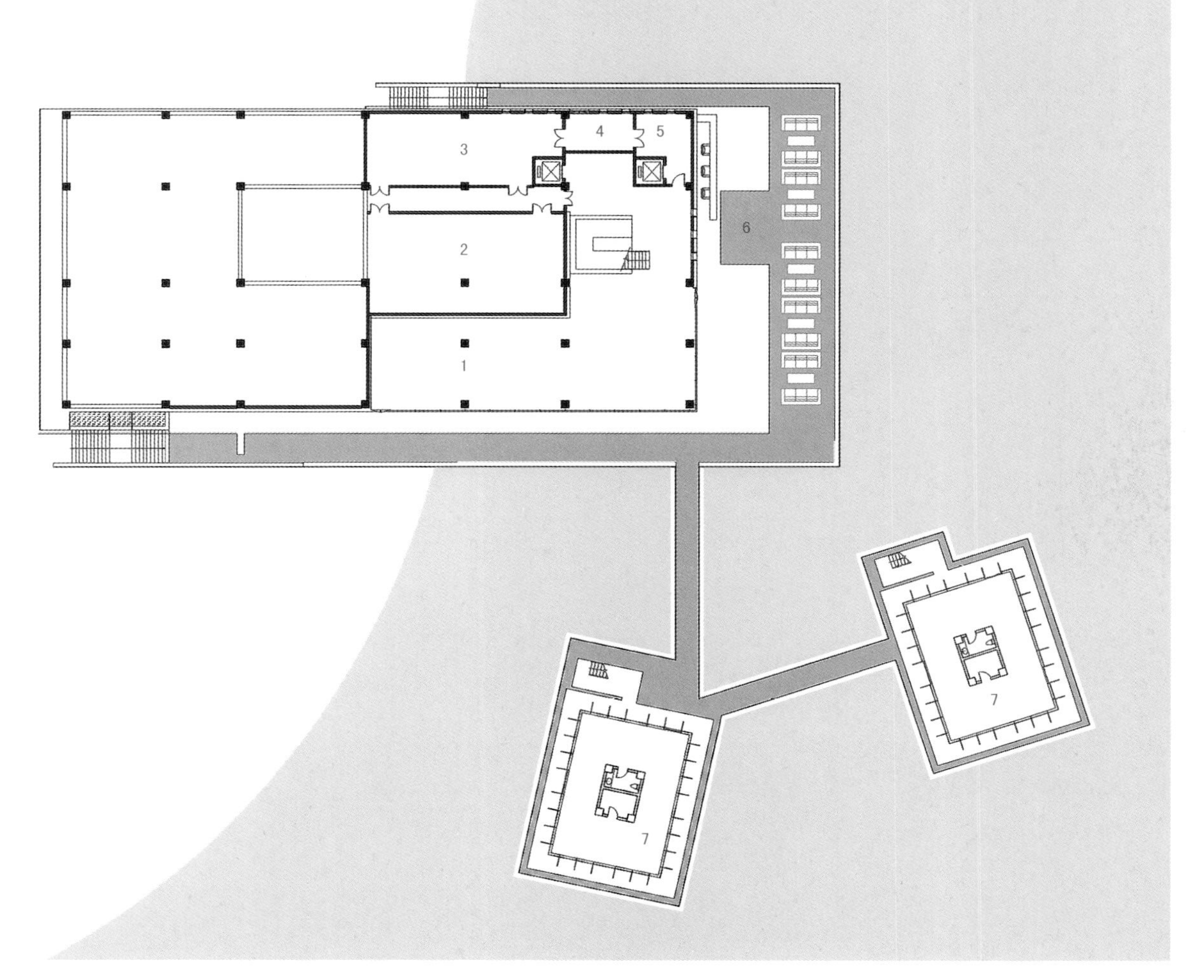

1.室内休息大厅
2.设备机房
3.厨房
4. 门厅
5. 备餐室
6.休闲室外平台
7.准备室

底层平面图

委托方

德清县城市建设发展总公司

规模

32,491平方米

建成时间

2014年

浙江，湖州

德清县图书馆、展示馆

Deqing Library

土人设计（Turenscape）/设计

基于绿色建筑的设计理念，两个建筑通过屋顶的遮阳格栅的大面积使用、多个通高中庭的插入、屋顶的采光及自然通风等一系列低技术的节能设计，在南方的湿热气候下，营造出了舒适的室内空间，同时呼应了作为市政中心的严谨和规整。

德清文化展示中心与图书馆位于德清行政中心区南侧，北至千秋街，西邻曲园路，东邻云岫路，南临市民广场。建设总用地面积36000平方米。总建筑面积2.85万平方米。场地的东侧为展示馆，地上建筑面积10054平方米，西侧为图书馆，地上建筑面积10234平方米，地下建筑面积3969平方米。建筑东西两部分地下一层、地上三层。一层层高4.8米，其他层层高4.5米，建筑总高度18.95米。每幢建筑包含不同的功能，为使不同性质的人流完全分开、互不干扰，各楼在一层和二层处分别设有各自独立的出入口。

建筑左右对称，强调轴线，使建筑南北区室外公共空间得以连续。

左右各体量中都包含通高中庭，其上部设计了可开启的采光天窗。在南方炎热的夏季，中庭空间起到拔风作用，使得周围水面及被大片树木覆盖的草地的冷空气进入室内，降低室温，从而减少能耗。

覆盖建筑整体的弧形铝制格栅同样为建筑在夏日过滤了阳光，降低了表皮温度，并在屋顶创造了适宜的休闲空间。

双层玻璃幕墙面降低了能耗，同时为建筑内部提供了全景的视野，使得建筑周围大面积的自然景观与室内取得视线的联系。

德清縣圖書館
DE QING LIBRARY

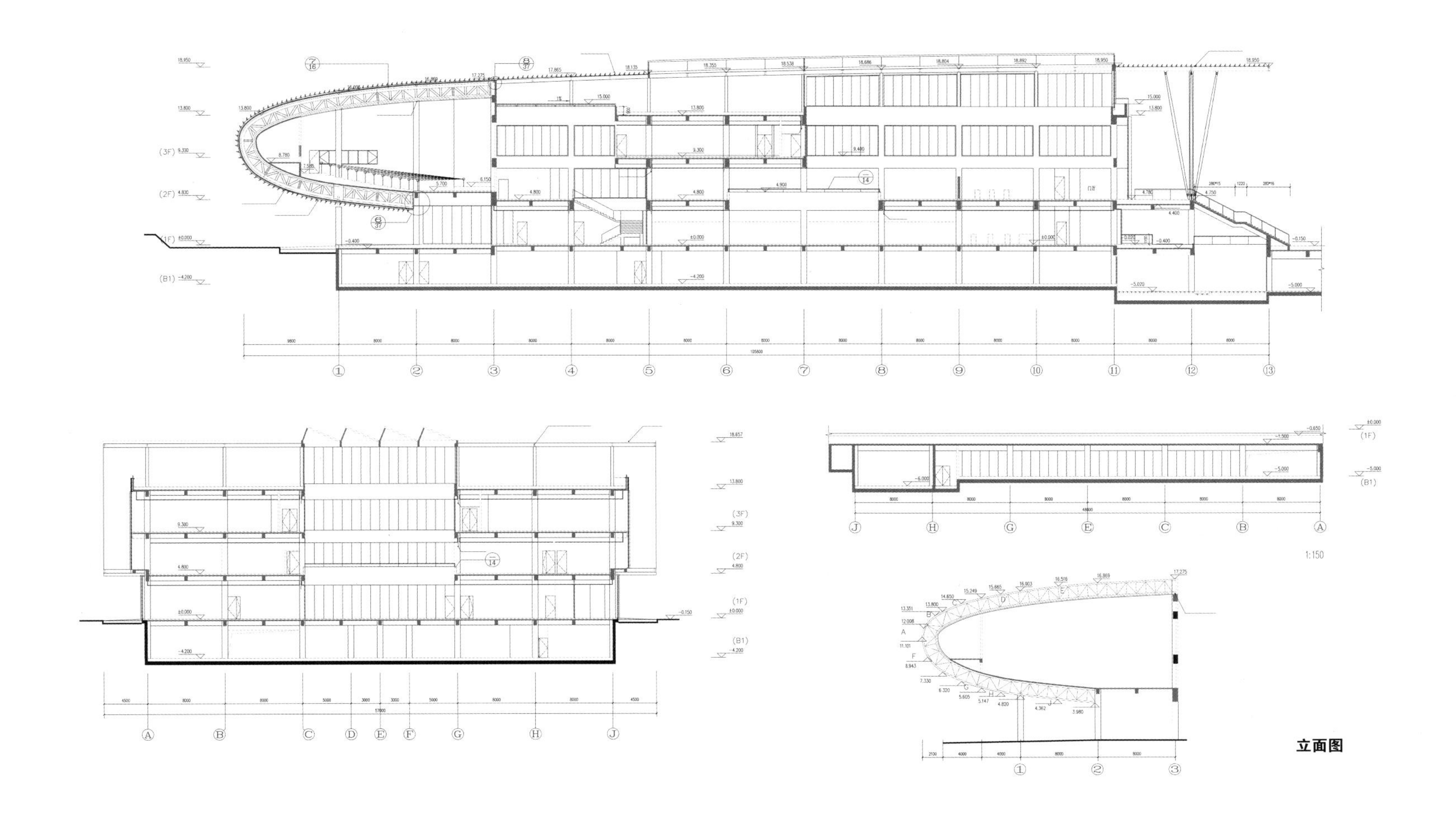

立面图

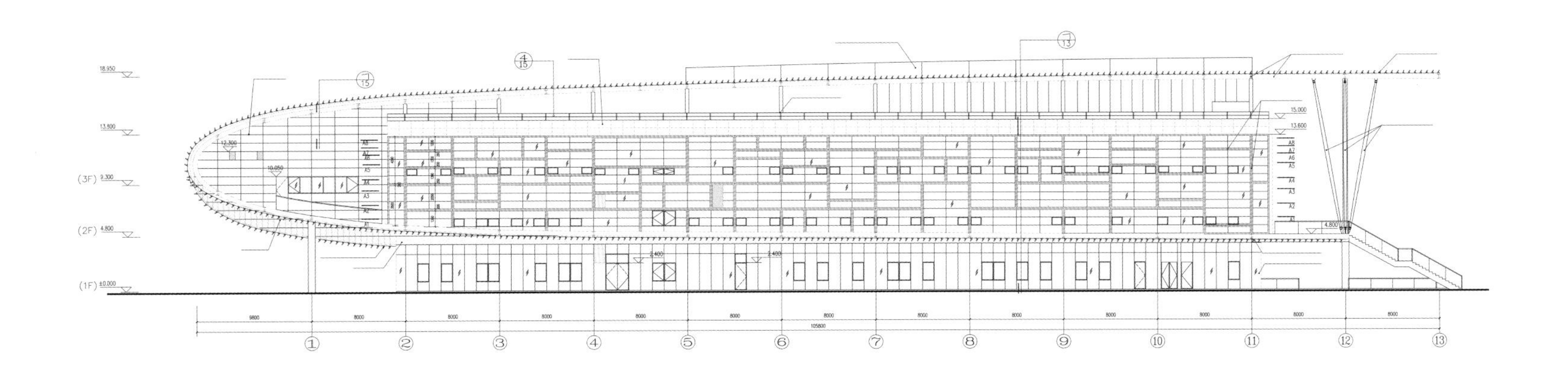

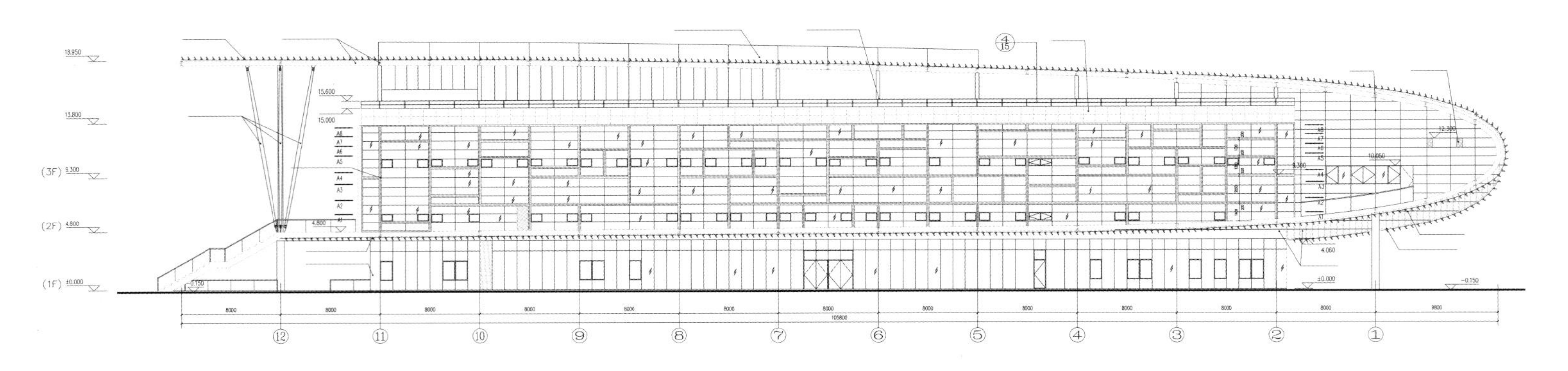

剖面图

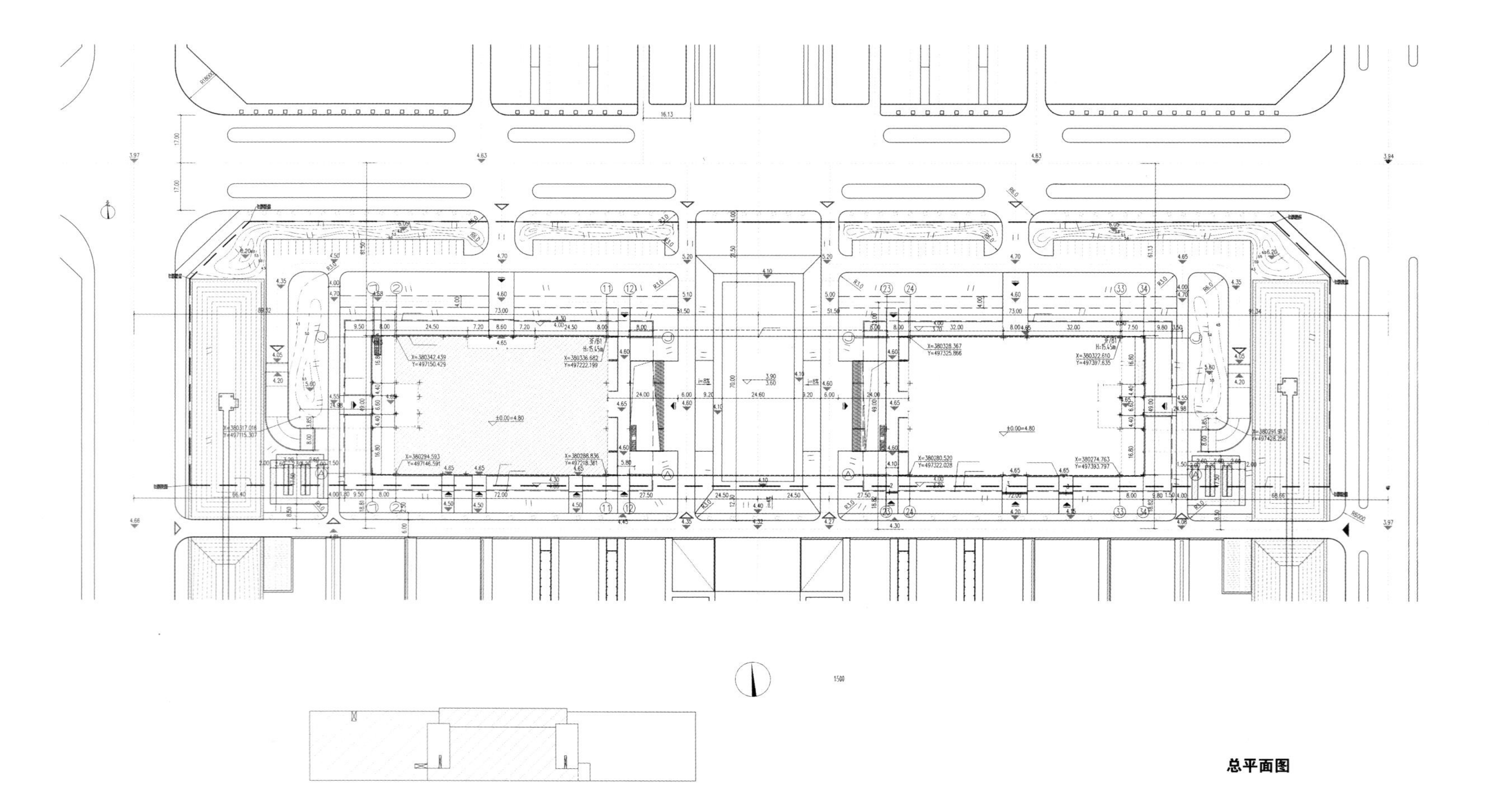

总平面图

图书借阅中心(少儿)
BOOKS CIRCULATION CENTER (CHILDREN)

设计团队

蔡嘉彬，温展俊，李全，冯雅莹，

黄博，杨卓立，潘俊深，伍亮

项目规模

建筑3500平方米

广东，佛山

佛山艺术村

Foshan Art Village

宋刚、钟冠球 / 主创设计师

作为数字化建筑设计的实践者，竖梁社(www.ateliercns.com)非常关注建造的问题。关于建造与数字的结合，这里想剖析三个概念：数控加工、数控建造、数字建构。简单来说，数控加工和数控建造就是通过使用数控设备对材料进行加工制造，而数字建构则是一个非常学术性的词，是将"数字"与"建构"概念的嫁接，当数字概念在学术界的广泛渗透，建筑师与学者们开始重新定义原有的建筑话语。数字建构是建立在建筑学自身话语体系和数控设备支持上的，是以"数控加工"和"数控建造"作为基础的。我们以数字建构的观念做了一系列的研究和尝试，如在本项目中，纷繁复杂的表皮体现了"数字建构"的思路。

根据规划确定的建筑体量原则，艺术村项目由十余个方形建筑体量组成，位于青少年宫南侧，佛山"世纪莲"体育场西侧。建筑沿河道两岸布置，分别设置艺术家工作室，画廊，艺术博物馆，艺术商店，艺术广场等功能，目的既是作为佛山本地艺术家的工作室，也为市民提供户外户内休闲娱乐陶冶情操的场所，同时这些功能作为周边文化设施的补充，在密度和空间形态上还是文化摩尔的一个重要的公共绿地节点。

建筑由于体量限定为方盒子，因此设计的重点着眼于表皮的营造。我们根据佛山本地的一些艺术作品，抽取一些具有特色的艺术符号，采用参数化工具，进行新的演绎。演绎出来的各种不同图案，考虑日照，空间使用等要求，进行相应的选择，最终形成富有变化的表皮，并且这些表皮还与室内空间的布置以及建筑性能相关。十个不同建筑，采用十组不同的表皮，这些表皮如同建筑的表情，增加艺术村的艺术特色。在生成表皮的过程中，非常注意表皮本身形成的体积感，通过表皮的凹凸，完成了从二维表皮向三维体量的转化。确定建筑表皮后，表皮的建造就成为一个考虑的重点，首先把表皮进行划分，表皮的结构形式采用简单的纵横龙骨结构，表皮的组件大小根据龙骨的尺寸确定。表皮的材料根据具体位置的不同，或采用金属，或采用玻璃钢。划分后的表皮再进行简化，以最为复杂的表皮为例，最终简化为5种标准模块。确定标准模块后，加工工厂根据材料的加工工艺进行相应制造。采用玻璃钢的表皮模块，工厂需要制作相应木模，木模制作完后，再根据木模翻模。工厂制作完后，进行标号，运到施工现场安装即可。

建筑周围的景观也考虑如何去体现建筑表皮最终完成后的形成的特殊效果，这种效果是一种由数字手段体现的本地艺术内涵。景观的营造则通过岭南的植被，通过数字几何的形态控制，形成富有特色的新岭南景观特点。这十个盒子和景观通过各种表皮，在佛山新城形成一组别具一格的风景线，是数字工具本地实践的一种尝试。

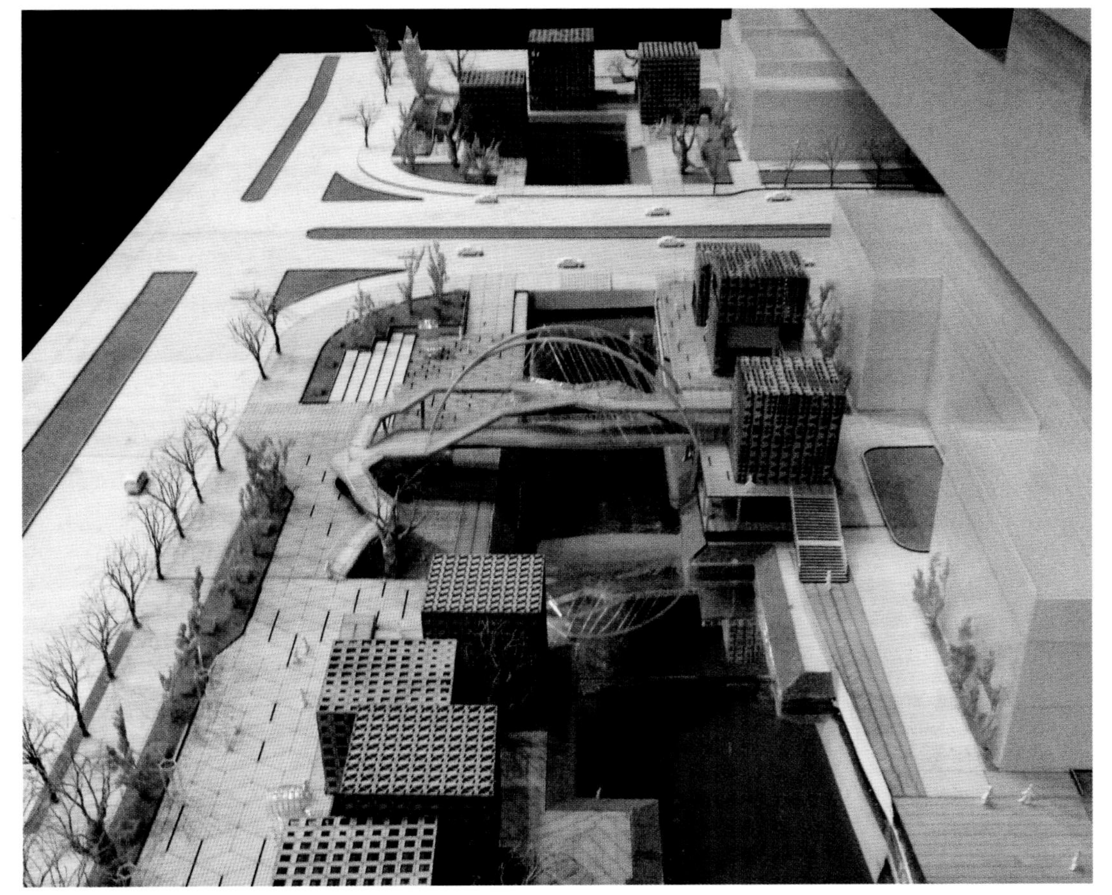

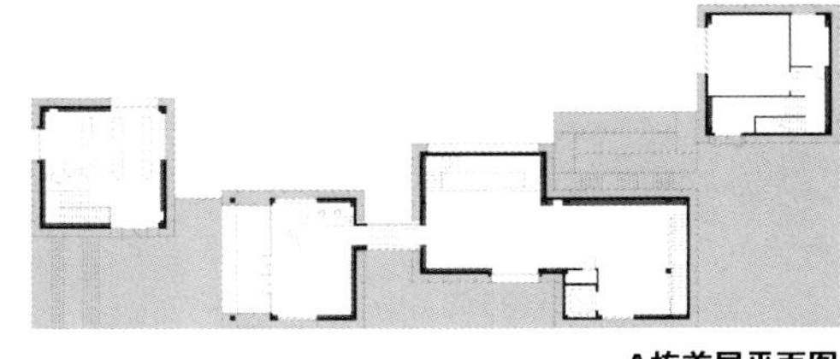

A栋首层平面图

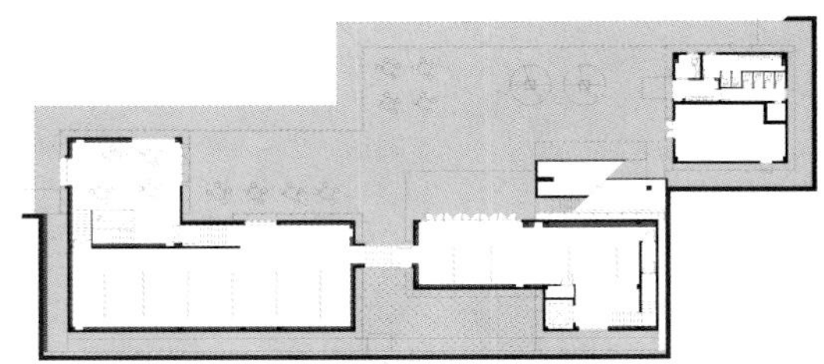

A栋负一层平面图

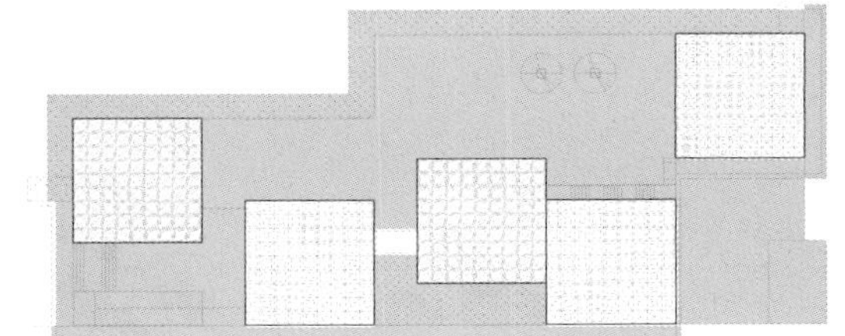

A栋总平面图

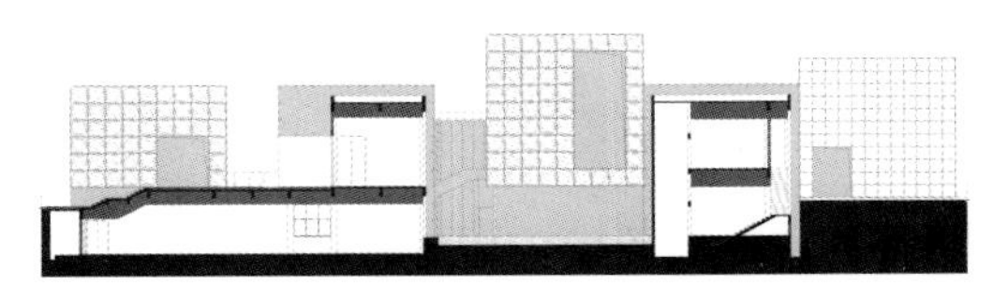

1–1剖面图

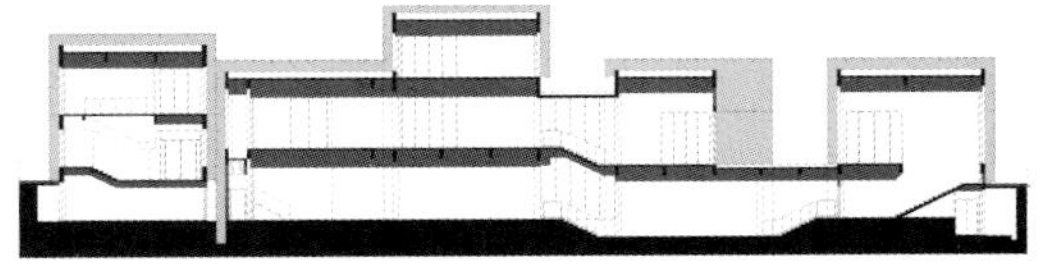

2–2剖面图

G剖面图

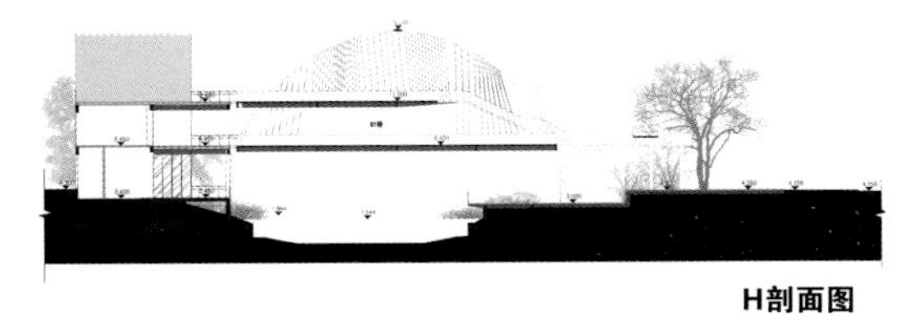

H剖面图

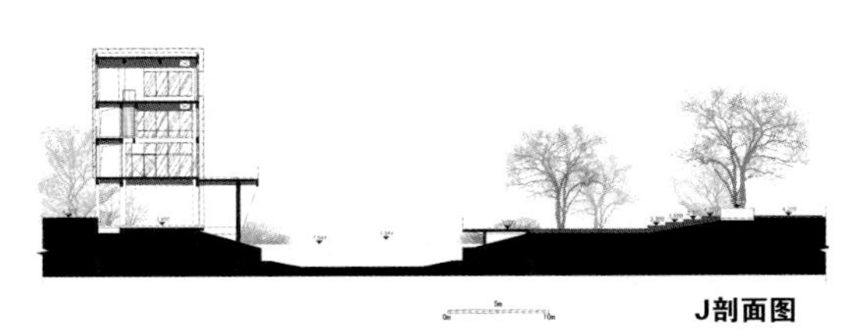

J剖面图

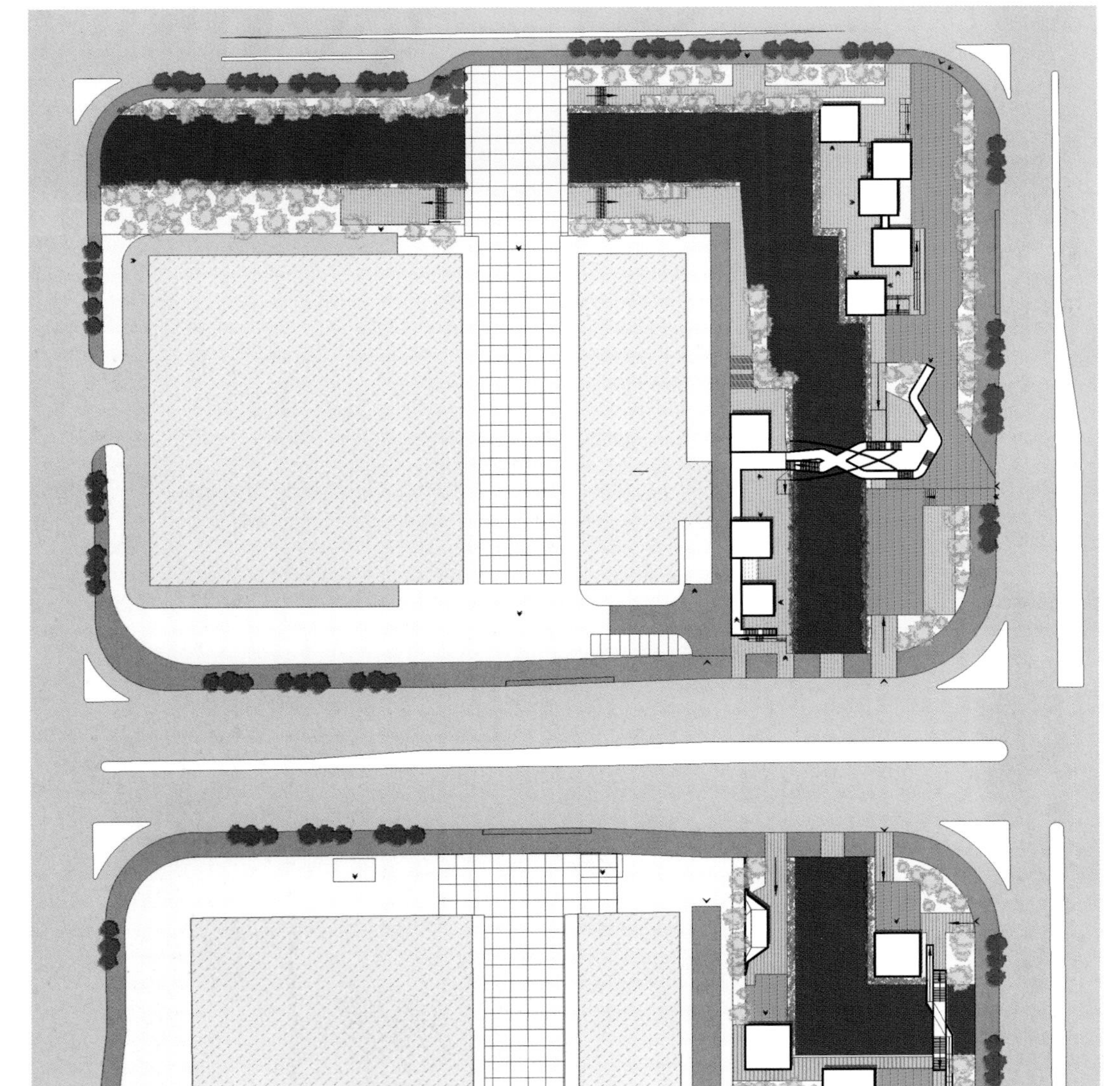

总平面图

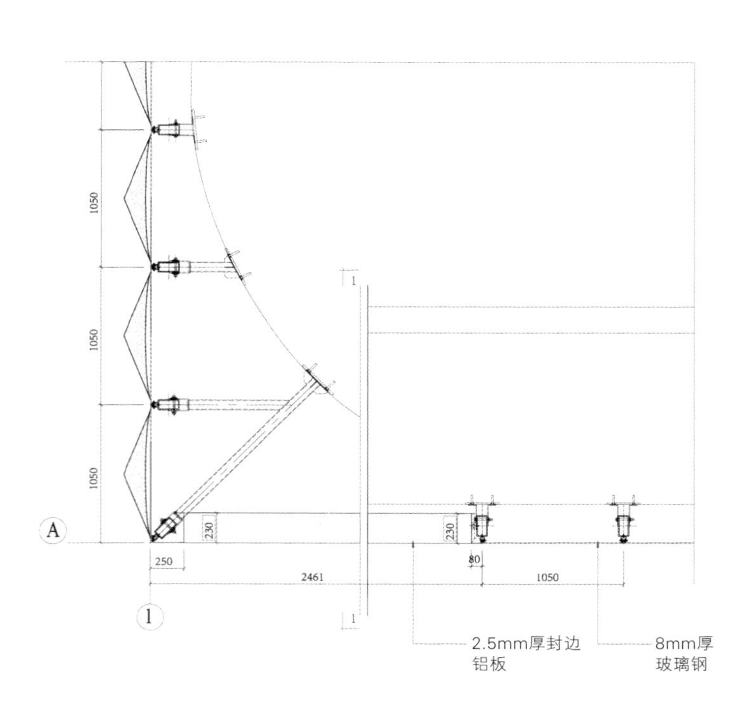

1050
1050
1050
A
230
230
250
2461
80
1050
1
2.5mm厚封边
铝板
8mm厚
玻璃钢

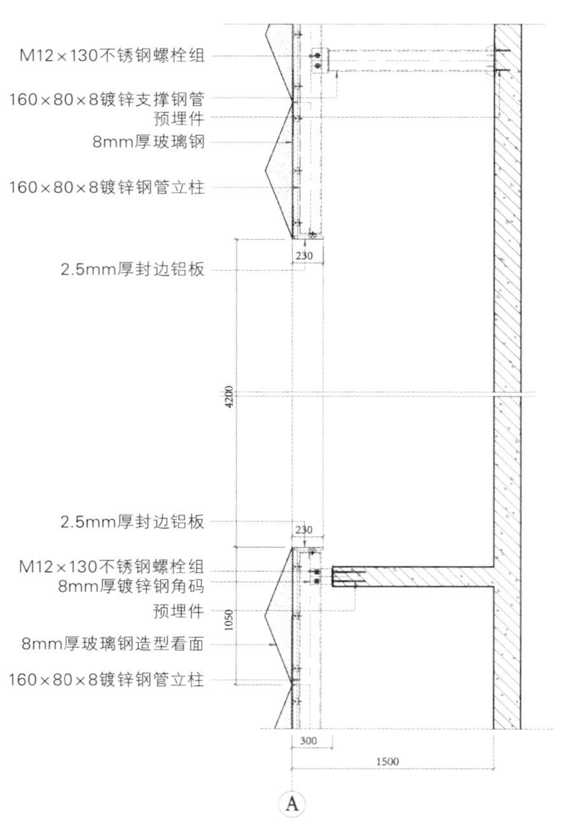

M12×130不锈钢螺栓组
160×80×8镀锌支撑钢管
预埋件
8mm厚玻璃钢
160×80×8镀锌钢管立柱
2.5mm厚封边铝板
230
4200
2.5mm厚封边铝板
230
M12×130不锈钢螺栓组
8mm厚镀锌钢角码
预埋件
1050
8mm厚玻璃钢造型看面
160×80×8镀锌钢管立柱
300
1500
A

外墙节点图

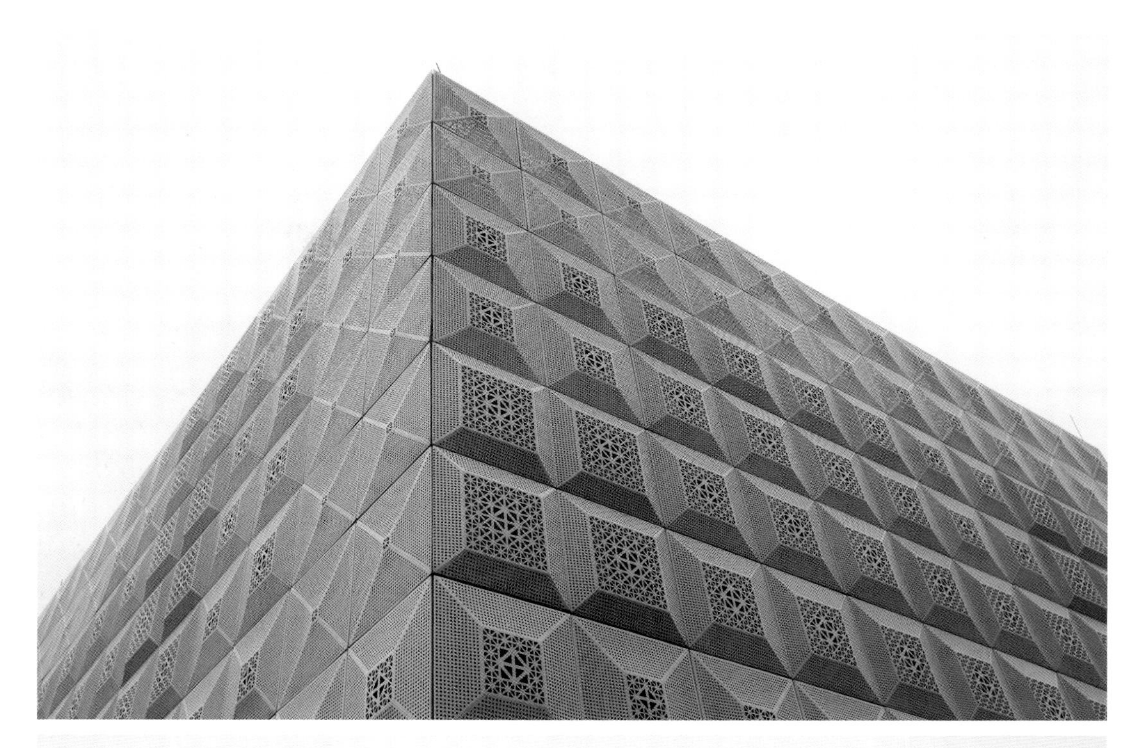

领衔设计承包商

ZDA建筑事务所

项目建筑师

乔鲍·西尔维斯特、佐尔坦·图里、
伊什特万·奥萨格

委托方

深圳南山区住房和建设局

完成时间

2014年9月

总面积

28,300平方米

建筑面积

6,300平方米

净面积

25,000平方米

中国，深圳

南山区文化体育中心与美术馆

Nanshan Cultural Centre and Art Museum

加博·佐布奇、诺拉·德米特 / 主创设计师　Tiani Wei and Zhang Chao / 摄影

深圳被誉为是“中国的纽约”，拥有着来自世界各地顶尖建筑师所打造的各种建筑，例如，大都会建筑事务所设计的深圳证券交易所、埃米利奥·福克萨斯设计的新机场、斯蒂文·霍尔设计的海滨办公大楼和扎哈·哈迪德在隔壁广州设计的歌剧院。尽管这个市场的竞争十分激烈，匈牙利建筑事务所ZDA仍然凭借着自身的态度获得了客户的尊重：他们对项目充满了尊重和热情。

“每个人都想进入阿拉伯和中国的市场，但是我们并不将其看作是出售产品，来去匆匆。在中国时，我们每天工作10小时，经常与三家本地的合作单位碰面，研究项目。” 加博·佐布奇如此形容他们的工作流程。

ZDA建筑事务所的设计位于南山区的主广场上，除了表演艺术设施和儿童剧院之外，ZDA还设计了美术馆的室内和外墙，并且参与了游泳馆和体育场的设计。此外，广场上还有一个露天剧院和一座图书馆。

项目对建筑师提出的最大挑战是在一座拥有1500万人口的工业城市打造一个公共广场。广场必须富有亲和力，让游客和艺术家都有宾至如归的感觉。

为此，独特的音效体验和先进的音响设计十分必要。建筑师首先说服市政部门将音乐厅的座位数从3000减到了1200，因为后者同样适用。在中国，扩音器的使用十分频繁，但是与布达佩斯的艺术宫殿一样，南山文化中心并不需要任何电子扩音器。这是建筑师与音效专家费德里科·克鲁兹·巴尼共同合作的结果。音乐厅的音响空间既适合演奏宏大的贝多芬交响曲，又适合演奏肖邦的奏鸣曲，都能实现最佳的音响效果。另一个独特的建筑和音响设施是可调节的天花板，它能在同一个空间内实现七八种音乐厅的效果。木制包厢的波浪式形态打造出独特的视觉体验。音乐厅的开幕演出是皇家利物浦爱乐乐团的演奏会。

小剧院
大剧院
Nan shan 2014

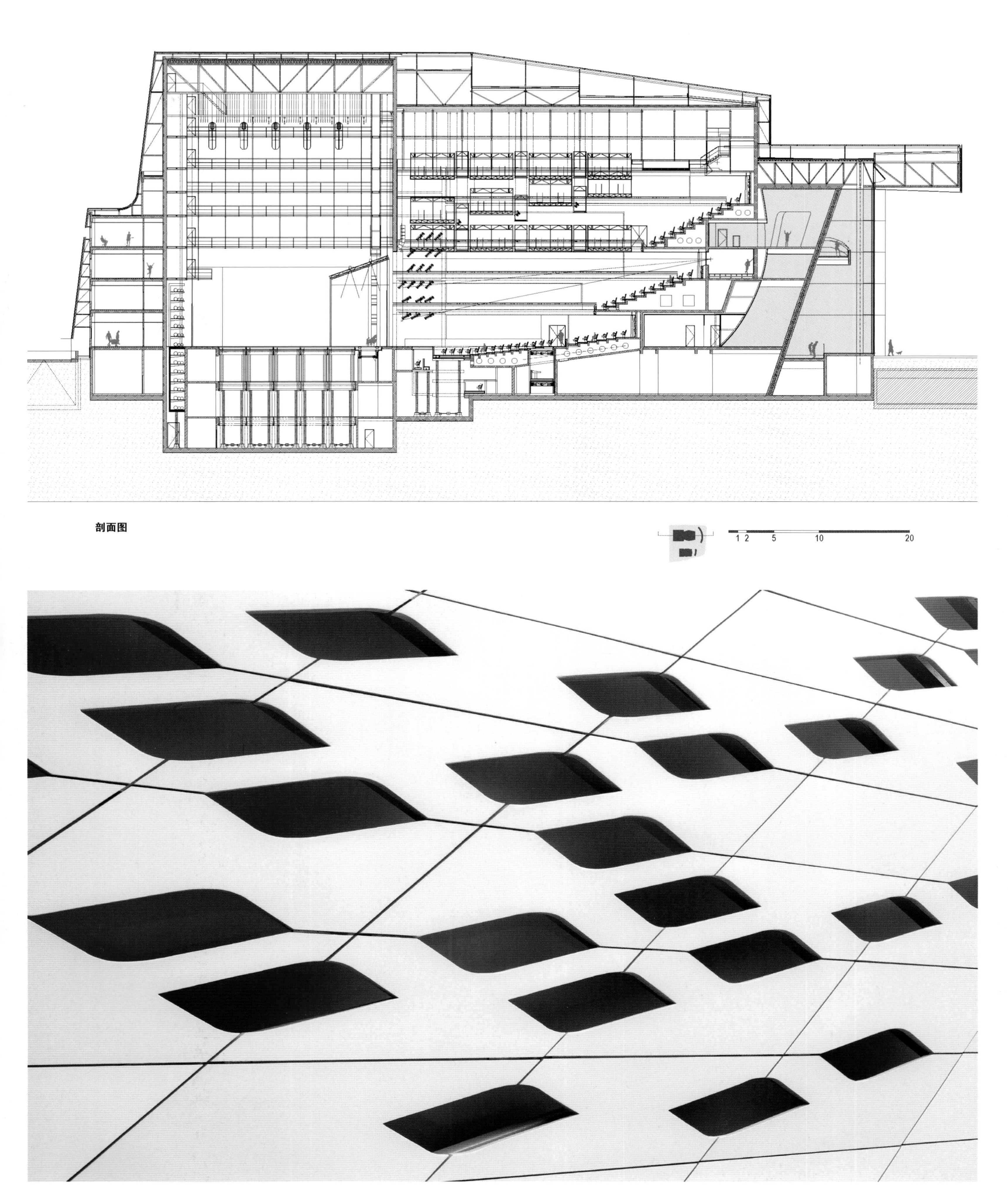

剖面图

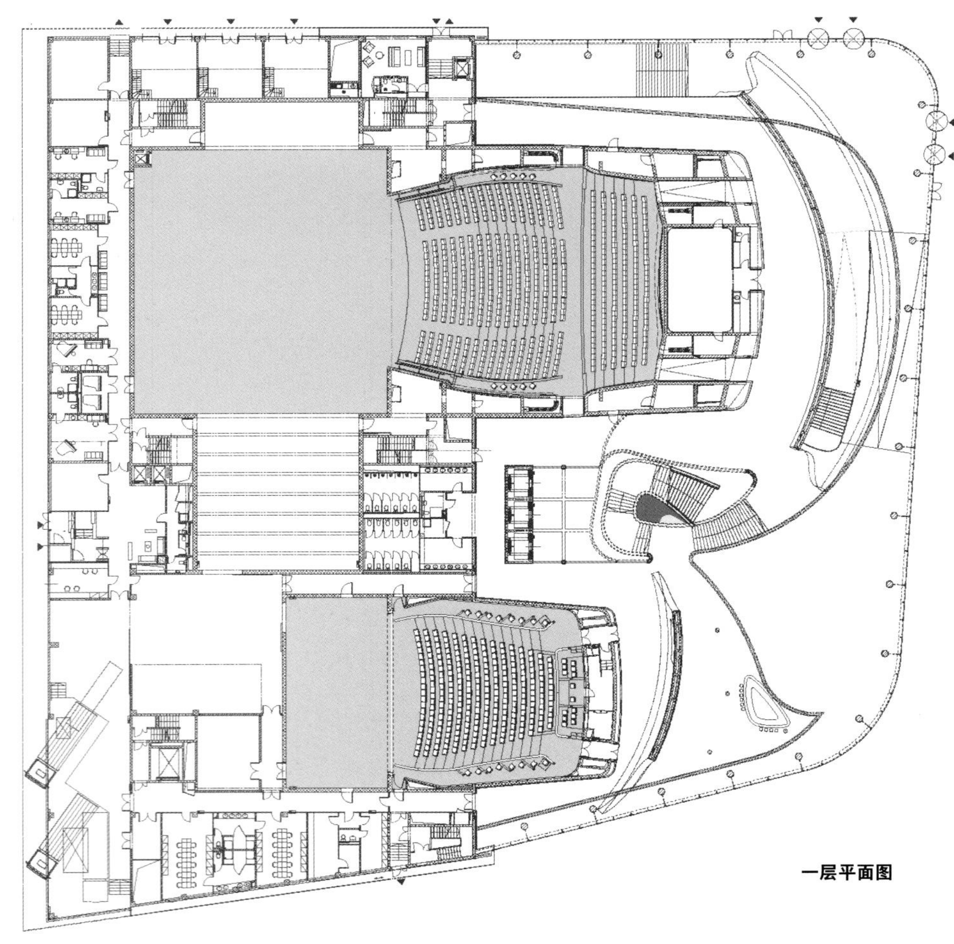

一层平面图

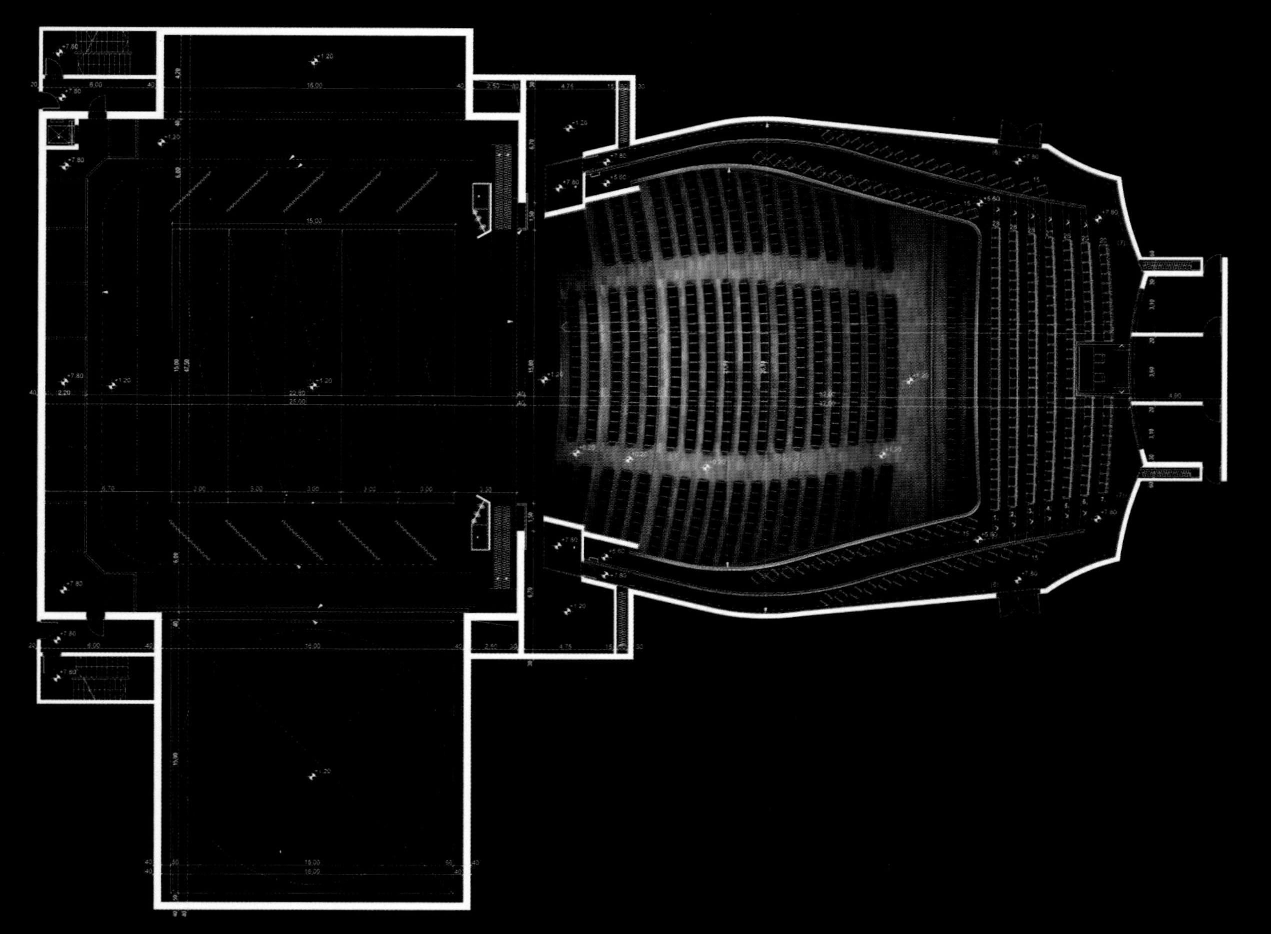

大剧院平面图

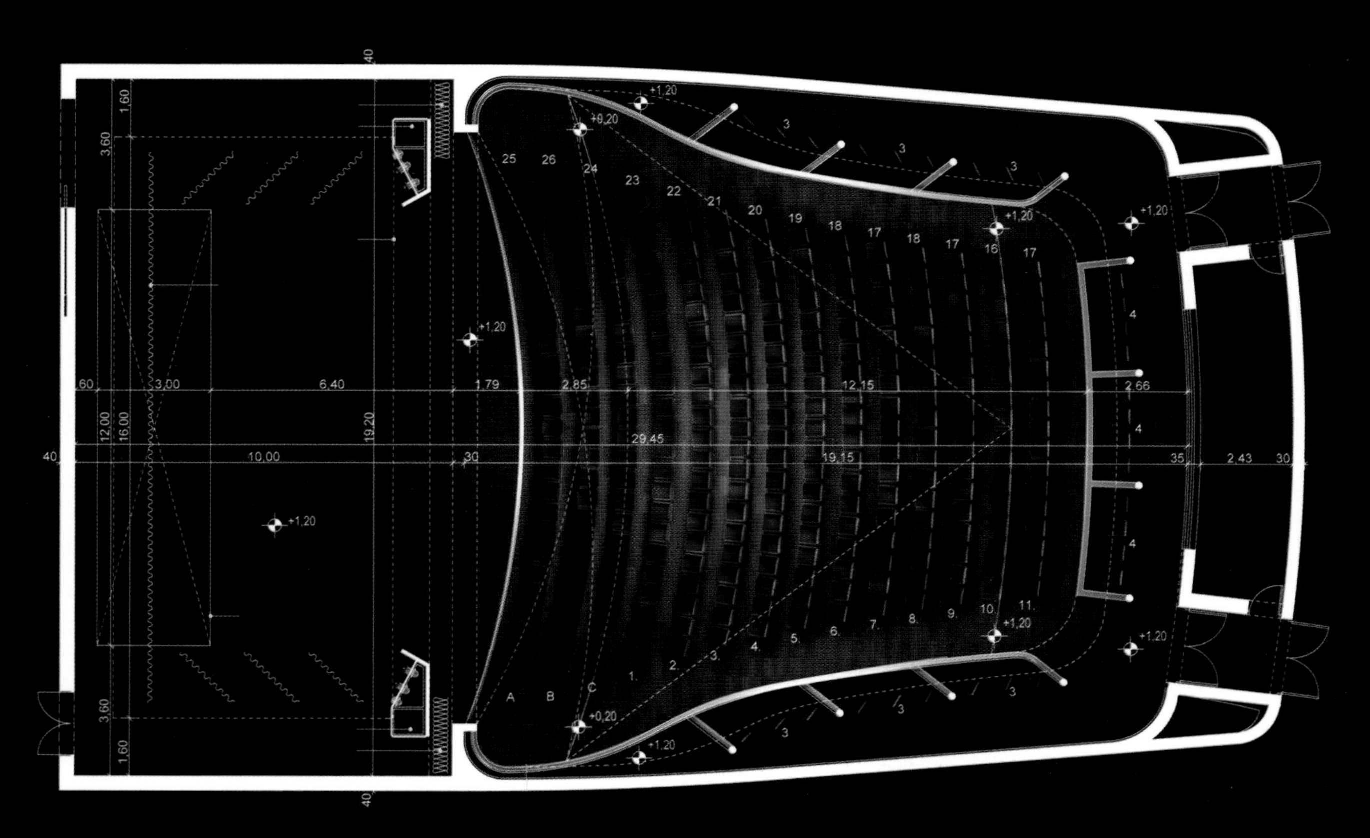

小剧场平面图

设计团队

建筑营设计工作室（ARCH STUDIO）

设计时间

2014年6月

完成时间

2015年2月

总建筑面积

3,000平方米

占地面积

3,800平方米

功能

文化教育设施美术馆

山东，淄博

淄博齐长城美术馆

The Qi Great Wall Gallery, Zibo

韩文强 / 主创设计师　王宁 / 摄影

项目背景

距离山东淄博火车站不远，在闹市的繁华背后隐藏着一片破旧的工业厂房。厂房始建于1943年，前身是山东新华制药厂的机械车间，为当时国家的特大型项目。随着城市化的进程，制药厂整体搬迁至新区，机械设备被尽数拆走，只留下这些巨大空旷的车间。荒废多年之后，如今这些厂房的命运迎来了新的转机。凭借大跨度的空间结构和朴拙原始的材料质感，这里成为艺术家们的向往之地，由此引发了一次从工业遗迹变身为当代艺术馆的改造过程。改造区域大约是一个占地面积约3800平方米规整的矩形，散布着3个厂房和大小不等的多处仓库。由于厂房地下设有人防设施，室内外地面均为混凝土，所以场地内鲜有树木。

设计理念

基于原厂房分散、封闭的外部环境特征，设计着力于建筑内外转换和场地关系的“关节”处理，加强艺术活动的公共性、开放性和灵活性，促进人与艺术环境的互动，使废旧厂房重现活力。一条透明的游廊重新整合原有场地的空间秩序，穿梭于旧厂房内外之间，改变旧建筑封闭、刻板的印象，新与旧产生有趣的对话。玻璃廊道的曲折界定了多功能的公共活动，包括书店、茶室、艺术家工作室、研讨室等，也使得一系列艺术馆的日常活动成为艺术展示的一部分。由镀膜玻璃和灰色花纹钢板构成的廊空间悬浮于室内外地面之上，勾勒出水平连续的内外中介空间。随着游人的参观活动，视觉场景不断变换，镜像、映像、虚像反复交替。厂房内部最大化的保存工业遗迹的特征，适当添加人工照明和活动展墙，保持原始空间的灵活性。室外场地以干铺和浆砌鹅卵石板来塑造成一个完整的环境背景，局部覆土种植竹林，使内外环境交相辉映。

项目意义

当前中国快速的城市扩张带来了诸多新的环境问题，因此对于被人遗忘的老旧建筑，也许除了拆除，还可以有更多的方式发掘和呈现其对城市的现实意义。而艺术恰好可以成为改变现实问题的一种力量。当代的艺术空间不仅是艺术品展示载体，更应该是包含居民多种公共活动与日常生活的丰富的场所。让城市更“好用”，让艺术更“生活”。

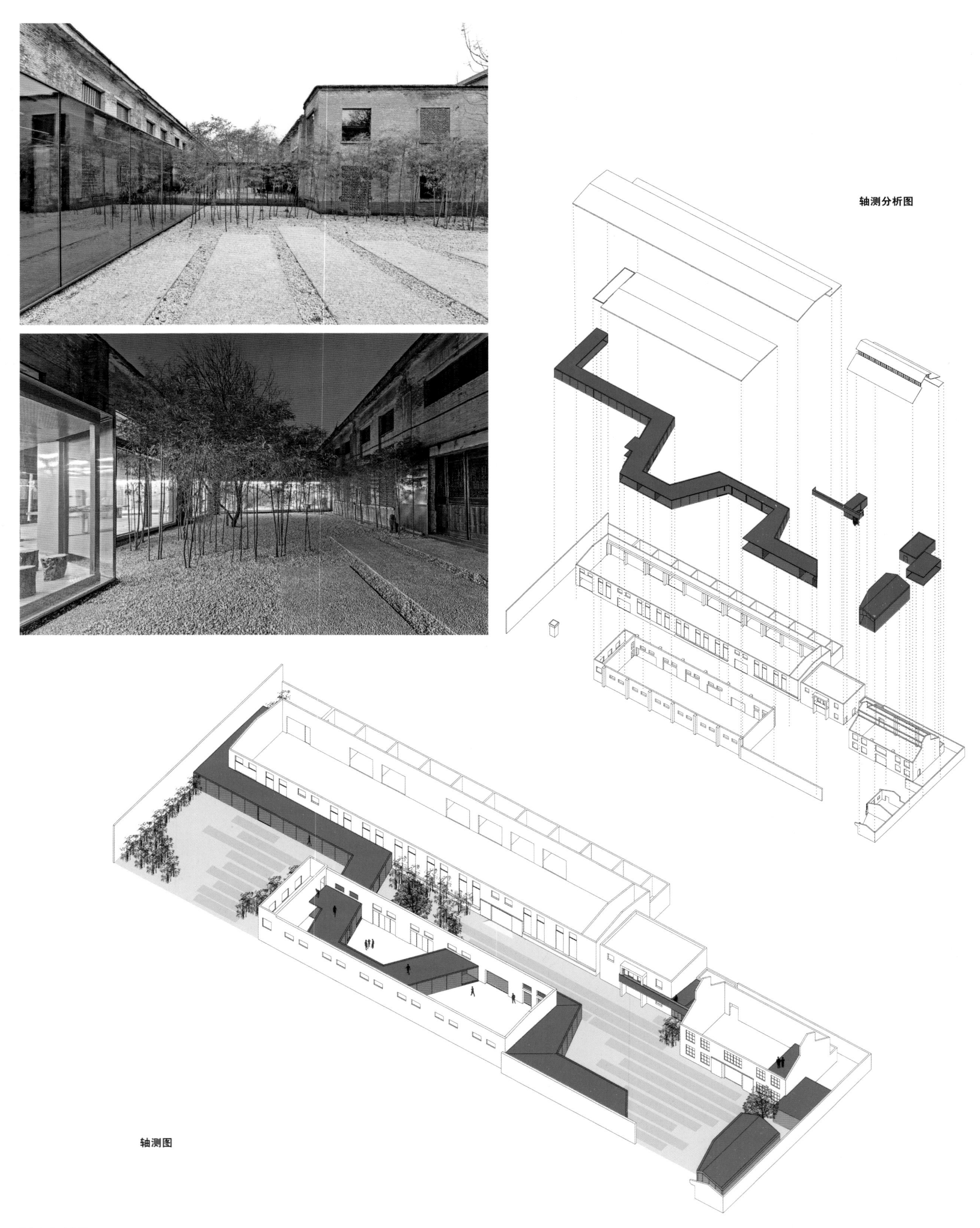

轴测图

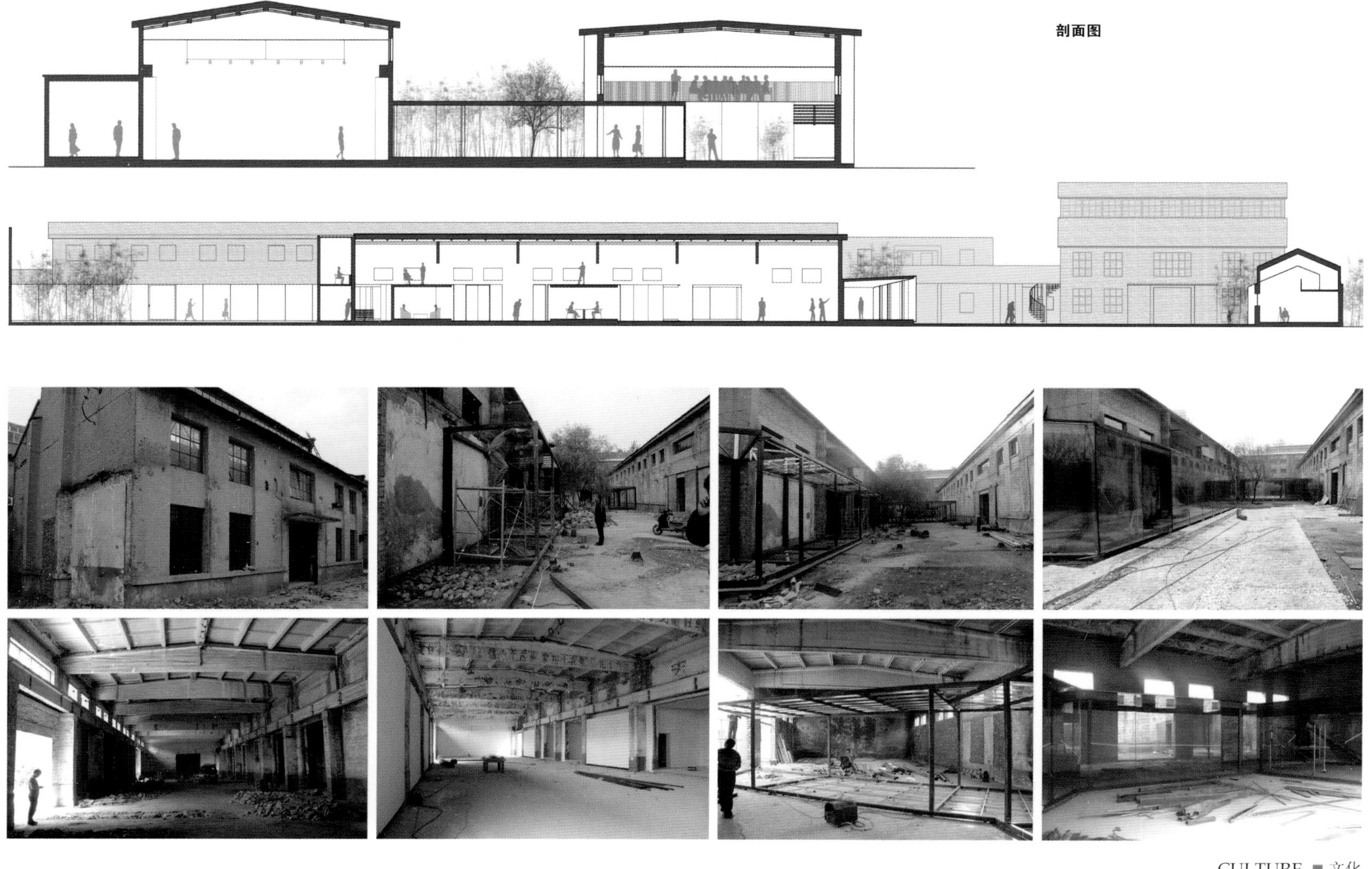
剖面图

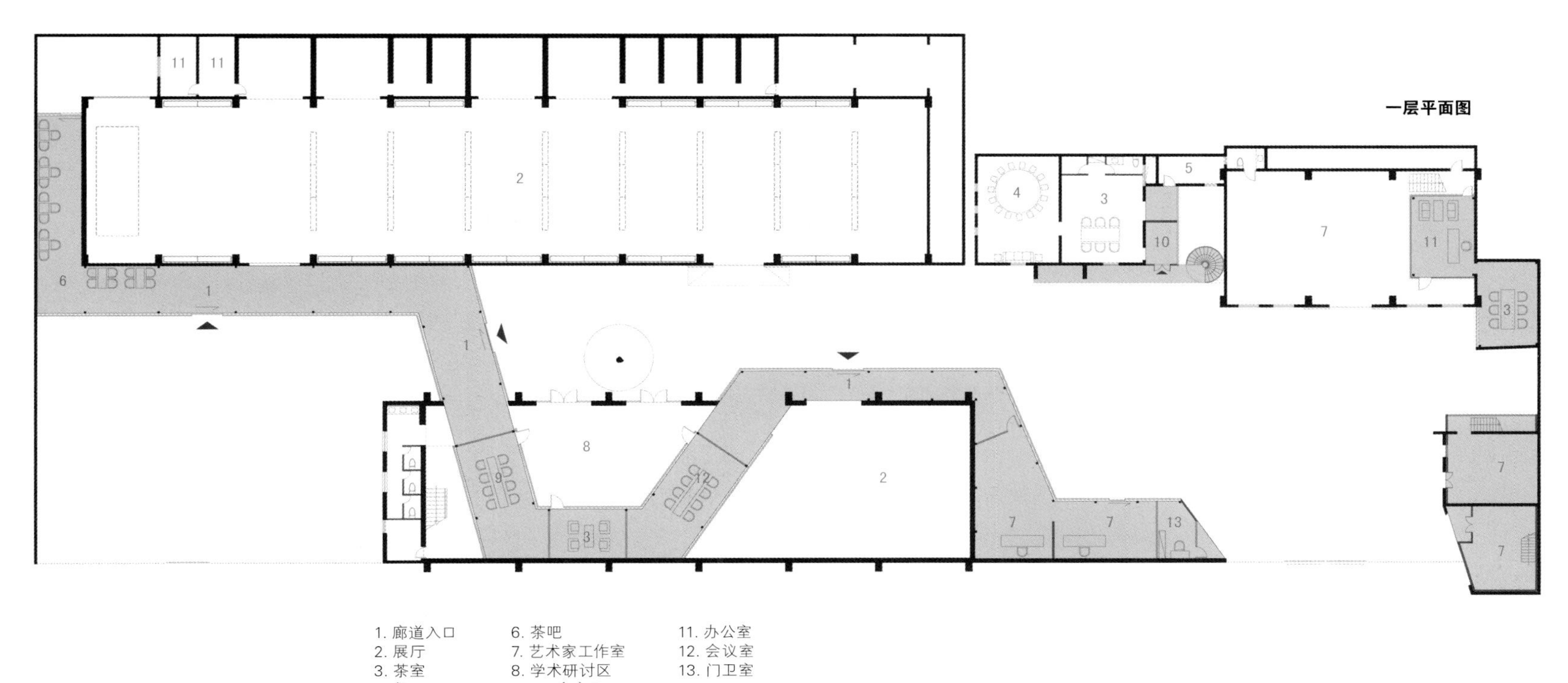

1. 廊道入口
2. 展厅
3. 茶室
4. 餐厅
5. 厨房
6. 茶吧
7. 艺术家工作室
8. 学术研讨区
9. VIP会客厅
10. 餐厅入口
11. 办公室
12. 会议室
13. 门卫室

二层平面图

1. 开放办公空间
2. 艺术家工作室
3. 办公室

广东浮法玻璃厂具有辉煌的历史，作为深圳乃至全国最早的一个玻璃生产工厂，具有极高的历史价值，随着时代的变迁，位于城市边缘的工厂跟不上工艺的更新而惨遭淘汰。2013双年展的介入有机会让这栋废弃的厂房变成价值工厂"value factory"，让原先处于背景的工厂重新焕发价值进入人们的视野是策展人ole bouman的理念。

在第一次考察完现场后，我们被那种神秘，雄伟的工业遗迹所震撼，这种朴素的工业建筑体系原本具有的工艺美学，空间尺度及序列都非常独特，我们决心要将这种独特而神秘的体验加强，将这种空间最本真原始的体验呈现给参观人群。

设计策略以"最少的触碰"为指引，对厂房进行最少的改造，概念上我们将原先在这个厂房内生产玻璃的工艺流程疏理转换为观众的参观流线，将原先玻璃在熔窑内燃烧然后冷却，最终切割成成品的这个过程转换成为以"火"为概念的宣言大厅，以"水"为灵魂的展览大厅，以"人"为核心的合作伙伴区。

宣言大厅赞美了原来这个房间的使用功能，在这里生成玻璃的各种成分进行了燃烧和融合。

火的概念通过led红色灯光制作双年展的宣言来象征房间内的温度，地上铺满的木炭来代表能源的原料，黑暗的空间，炙热氛围，几乎是让参观者感觉到不舒服的，具有震撼的效果。

展览大厅是原先玻璃生产最重要的场地，最大化的保留现场的元素及纹理，场地中间下沉有壮观的柱阵场景，我们以水为主题结合水池镜面反射和通过高差形成不间断的水瀑声，试图营造了一种宁静以及内省的氛围。在人行的主要参观路径上，一条带有崭新的金属光泽的扶手栏杆结合顶部的 LED灯光引导游人参观整个建筑流线。厂房现状的一层采光窗户被20块巨大的展板遮挡，隔绝外部的景色干扰，让人能够安静的享受这些工业遗迹的味道；而底层被拔除的格栅取代上层的窗户为底层水面以及柱阵提供微妙的光影效果。

合作伙伴区以"人"为核心，提供给世界各个著名文化机构以展示、宣讲、交流使用的区间。这里是整个改造后建筑内最为热闹，最有活力的区域。一个安装在9.2米高的天桥跨过现有建筑，轻轻支撑于现有建筑的柱墩上，充当合作伙伴与展览大厅之间的过渡区，是观赏合作伙伴区和展览大厅的最佳场所， 在合作伙伴区最端头处我们努力保留下来的园孔天窗会在下午的时间投射进入这个区域，带来万神庙般神圣的光辉，赋予空间精神的升华，光线随着时间在空间游离给参观人群带来独特的体验。

深圳蛇口浮法玻璃厂，深圳市南山区蛇口工业区赤湾片区

第五届双年展主场馆改造设计

Main Hall Renovation for 5th Biennale

深圳市坊城建筑设计顾问有限公司 / 设计

方案设计
陈泽涛，Pedro Riveira ，Milena Zaklanovich
实施阶段
陈泽涛、潘雨墨、方建军、卢志伟、梁杰
开发商
深圳招商蛇口工业区，双年展办公室
设计时间
2013
规模
9,800平方米
建筑施工图
北方工程设计研究院有限公司
照明顾问
深圳市灯光方程式科技有限公司

欢迎来到文化特区!
不久以前，在这个特别的所在——蛇口工业区的一间工厂——年产千万吨的玻璃帮助塑造了现代中国城市的形
所有原材料汇聚于此，熔于一炉，变成产品。这些产品在你面向的这堵墙后，开始分赴市场，为深圳带来奇迹
去，这里需要一个未来。这个未来，藉由深圳双年展再生能量的激发，有机会再一次绽放在这间工厂。一间孕
里，人类决心创造价值。
欢迎来到价值工厂!
——奥雷·伯曼 第五届深
Welcome to the Special Culture Zone
Not so very long ago, at this very place- in the heart of the Shekou Industry Zone-thousands of tons of
helped shape the image of the modern Chinese city. It was here that the ovens stood, in which all the
at this factory- came together to become product. Behind the wall you are facing, these products
brought Shenzhen its miraculous economic growth.
This past now wants a future- and this future has a chance to unfold once again in this factory, by
tive energy. A factory where ideas are born designs are made. It is here that human drive creates value.
--Ole Bouman Creative Director of 5th Bi-City Biennale
Welcome to the Value Factory.

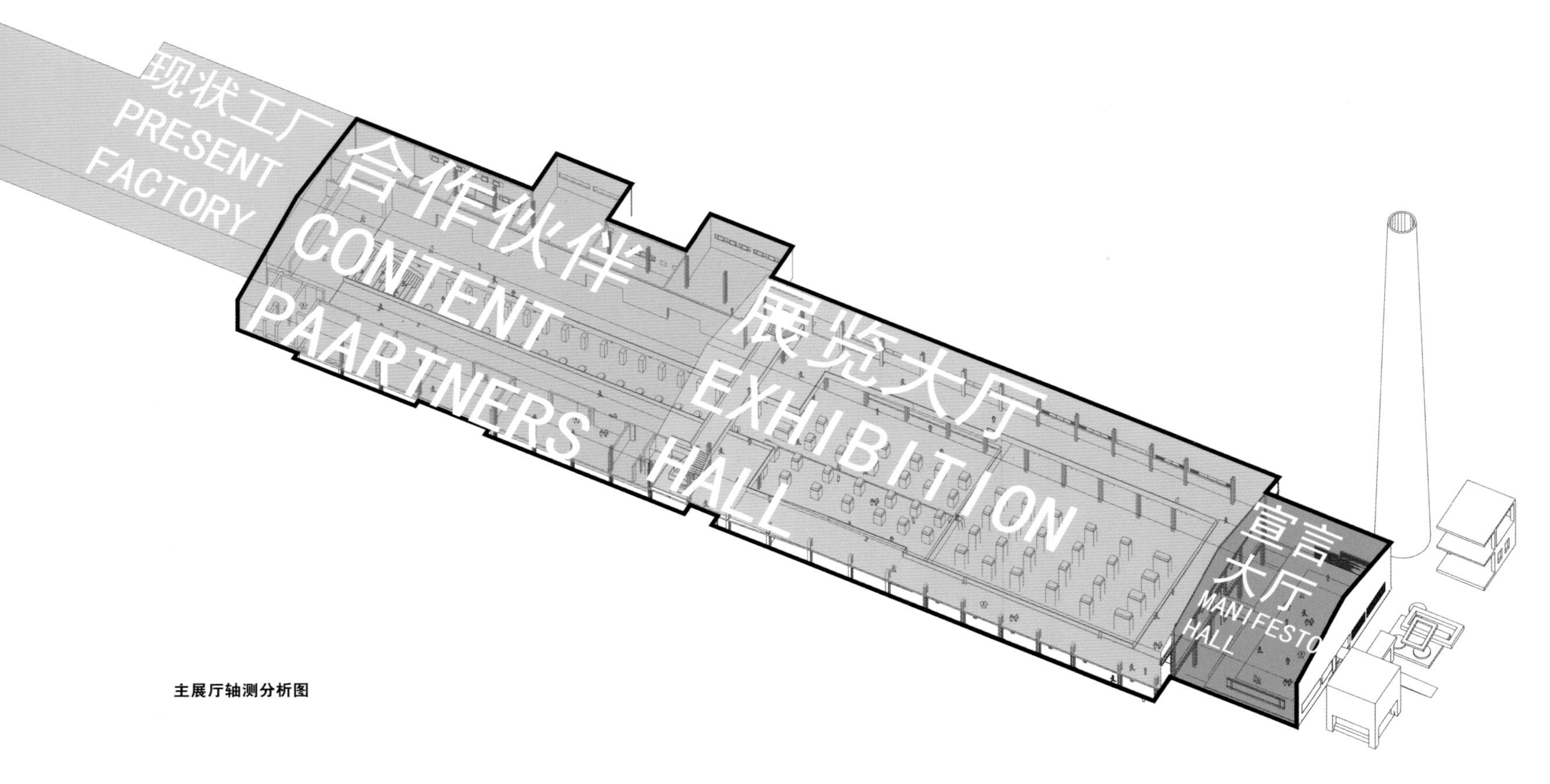
现状工厂
PRESENT
FACTORY
合作伙伴
CONTENT
PAARTNERS
展览大厅
EXHIBITION
HALL
宣言
大厅
MANIFESTO
HALL

主展厅轴测分析图

广东浮法玻璃厂机械大厅经过建筑师的改造，担负起了第五届双年展的开幕式表演及主要展览场馆的地方，给到来参观的政府官员、建筑师和参观市民以强烈的印象，正是这种工业遗产所具有的独一无二的公共性体验才是这个场馆最有魅力和价值的地方。

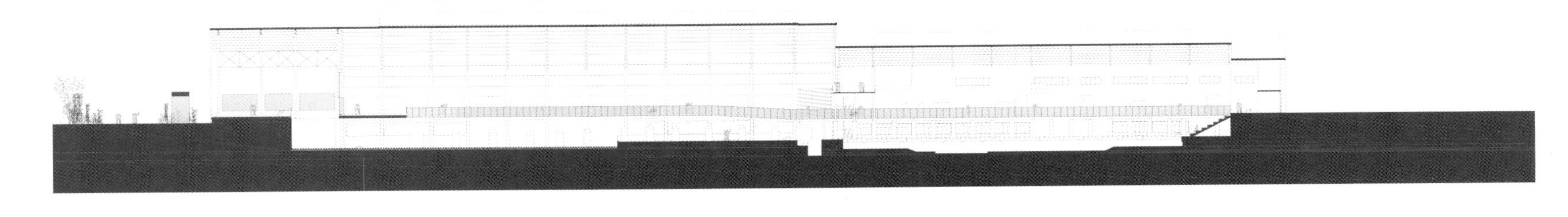

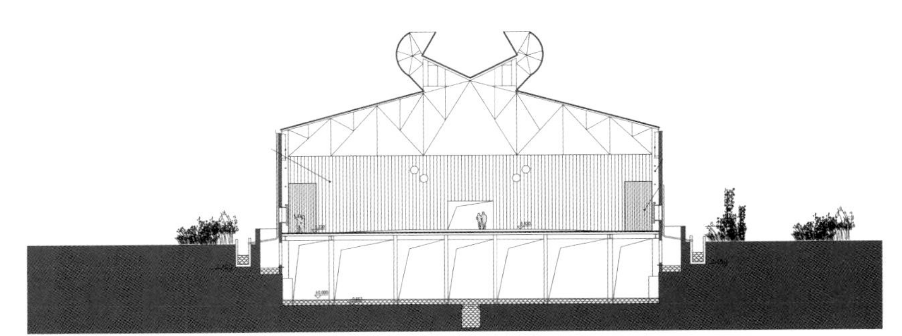

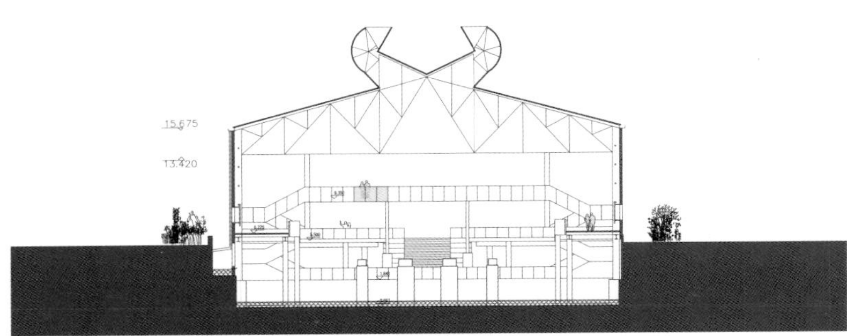

剖立面（改造后）

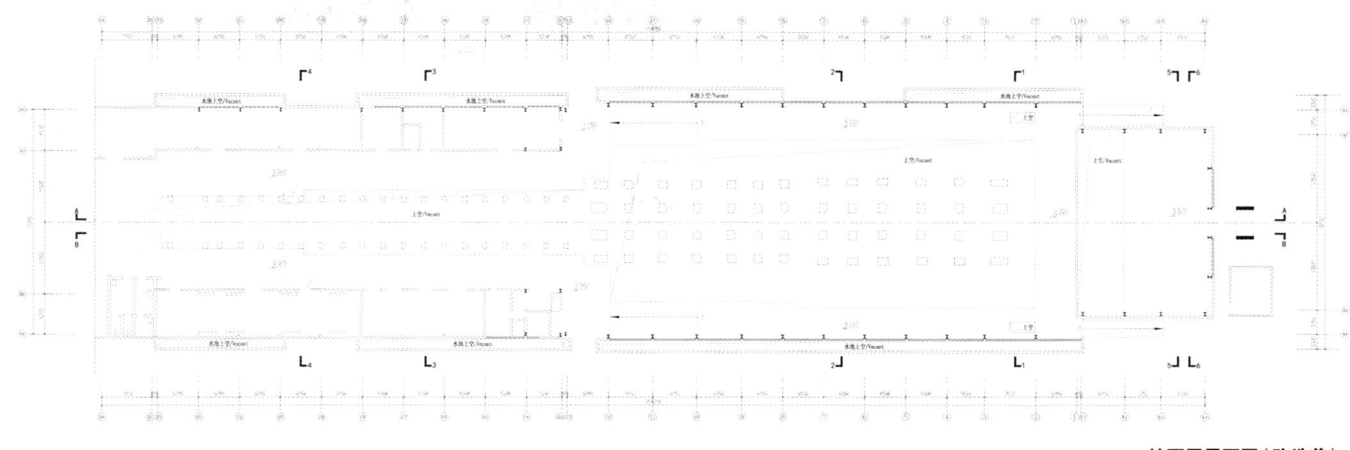

地面层平面图（改造前）

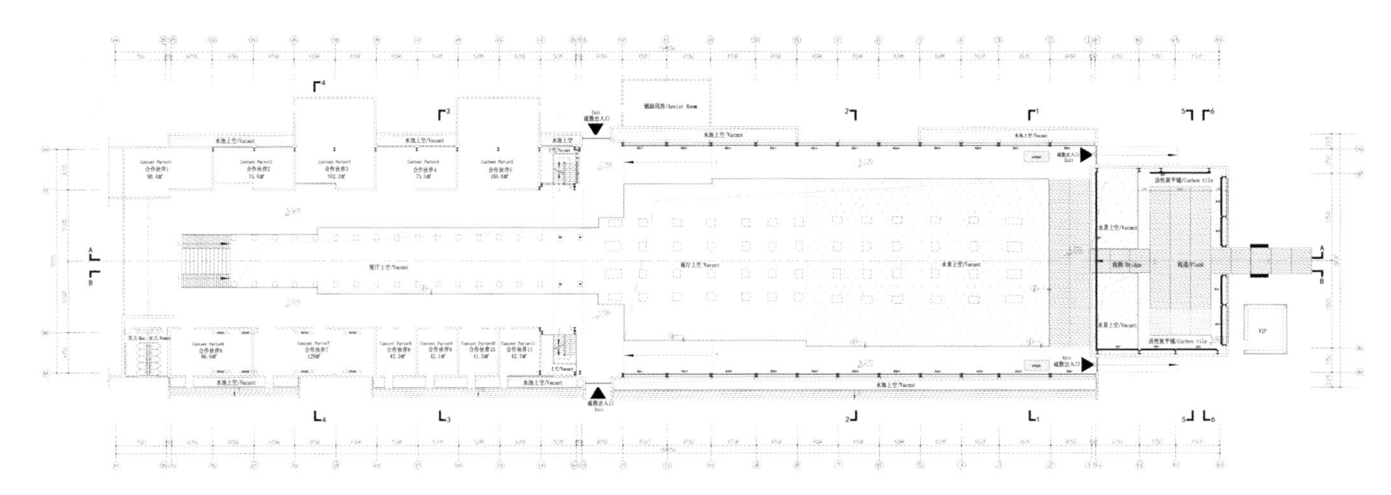

地面层平面图（改造后）

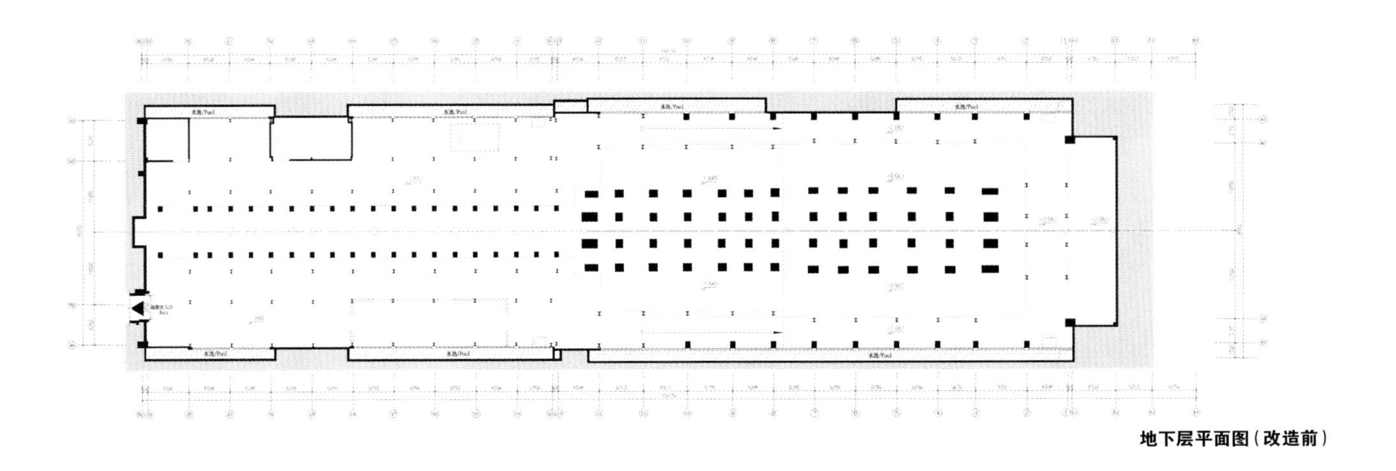

地下层平面图（改造前）

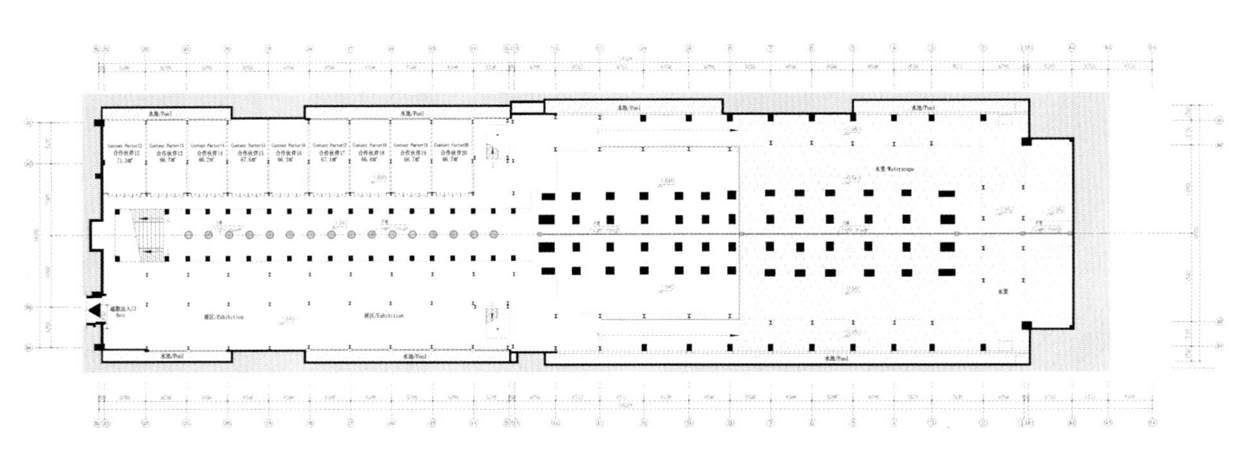

地下层平面图（改造后）

设计单位

张雷联合建筑事务所

设计团队

张雷，王莹，金鑫，曹永山，

杭晓萌，黄龙辉

合作单位

南京大学建筑规划设计研究院有限公司

建筑面积

200平方米

完成时间

2014年7月

江苏，南京

南京万景园小教堂

Nanjing Wan Jingyuan Church

张雷 / 主创设计师　姚力 / 摄影

项目位于南京滨江风光带万景园段内，是一个面积仅200平方米的小教堂，由南京金陵协和神学院的牧师主持，满足信众的聚会、婚礼等功能。这个钢木结构的小教堂具有平和的外形与充满神秘宗教力量的内部空间，质朴的材料和精致的构造逻辑，设计周期仅一个月而又在四十五天内完成建造，诠释了建筑师一贯的“对立统一”建筑观。

宗教意象

最早也是最基本的教堂空间布局存在两种相互关联的倾向：“集中”和“纵深”。源自万神殿的集中性，和源自巴西利卡的纵深空间序列，两种形式都在早期基督教建筑中得以继承和延续（见图1、图2）。拜占庭时期东正教教堂的典型“希腊十字”和西欧天主教会视为正统的教堂形制“拉丁十字”， 都显示了二者的相互融合，象征着世俗凡人的行为受到宗教力量引导的共同特征。[1]（见图3、图4）至于现代主义时期之后的众多著名新建教堂

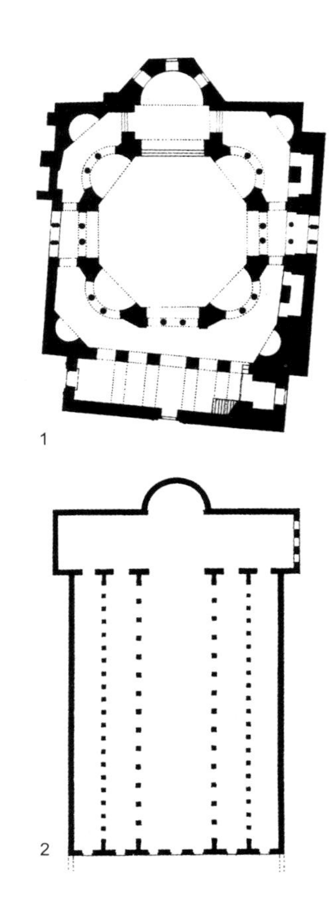

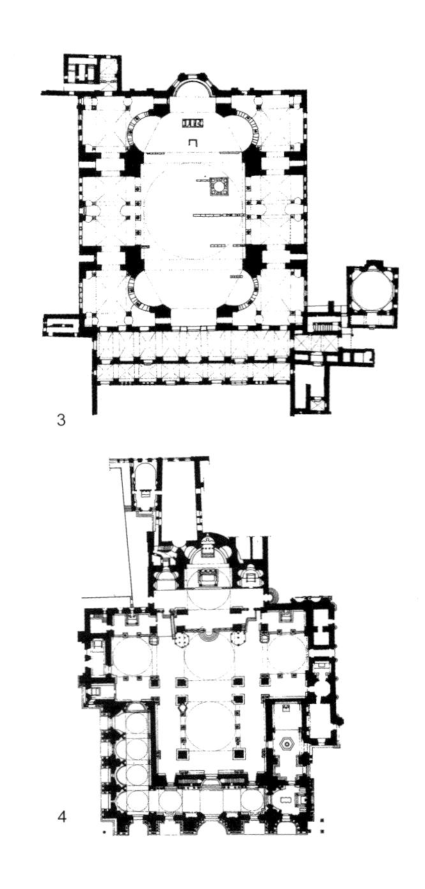

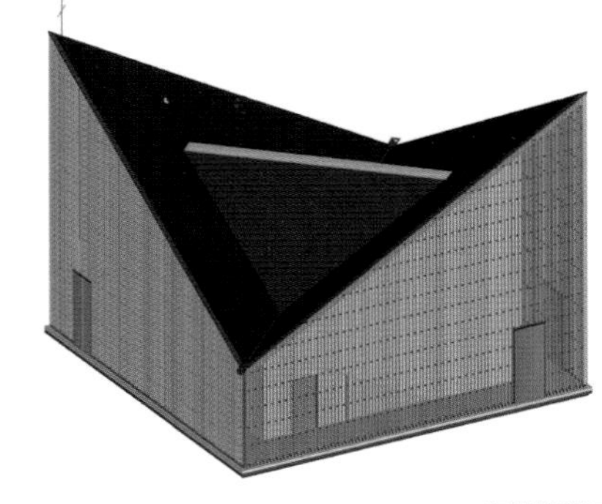

南侧鸟瞰图

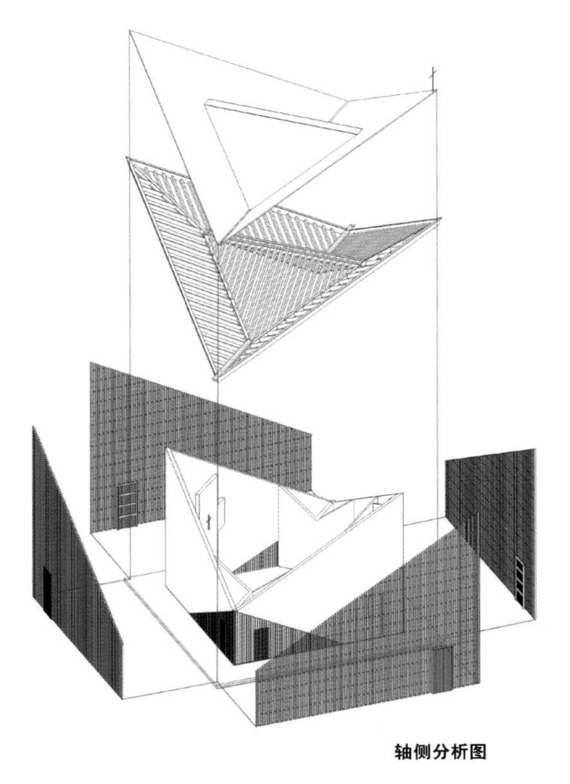

轴侧分析图

案例——朗香教堂、伏克塞涅斯卡教堂……，明确中心和轴线对称的教堂空间组织形式变得不那么突出，这和新教各派拒绝天主教的教阶体制，崇尚简朴不无关系。在万景园小教堂的设计中，建筑师并未有意排斥“集中”和“纵深”的古典空间序列。简言之，平面是强调集中性的正方形回廊和正八边形的主厅，而剖面由于折板屋顶的限定，以及南北向屋脊中央的狭长天窗的光带，显示出强烈的纵深空间感，并且突出了圣坛上方向上高耸的轴线焦点。

小教堂设计独特的回廊空间，自然的解决了有限规模中组织各功能部分的交通，更加重要的是形成了主厅空间的双层外壳。内壳封闭，突出来自顶部和圣坛墙面裂缝的纯净天光效果；外壳是精密的SPF格栅，成为外部风景的过滤器和内部宗教场所体验开始的暗示。双层外壳的空间边界，不同于传统石质教堂的“内向”，也不同于经典现代建筑的“外向”，并且带有独特的东方建筑空间趣味。

理想形式

基督教建筑从其诞生以来的十多个世纪中，教堂一直在欧洲城镇的发展中扮演着重要的角色。作为欧洲城镇重要景观地标和城市形态结构要素，教堂建筑往往凝聚了建筑空间观念、工程技术和艺术的大乘，成为代表时代精神的理想形式——外部形式、内部空间，以及结构系统的高度统一。这种对理想形式的追求成为宗教精神传达的延续传统。万景园小教堂的设计继续沿着这条有着诸多分支，却又清晰的脉络前行。

小教堂首先具有一个完美的正方形平面。虽然内部空间和外部结构之间存在45

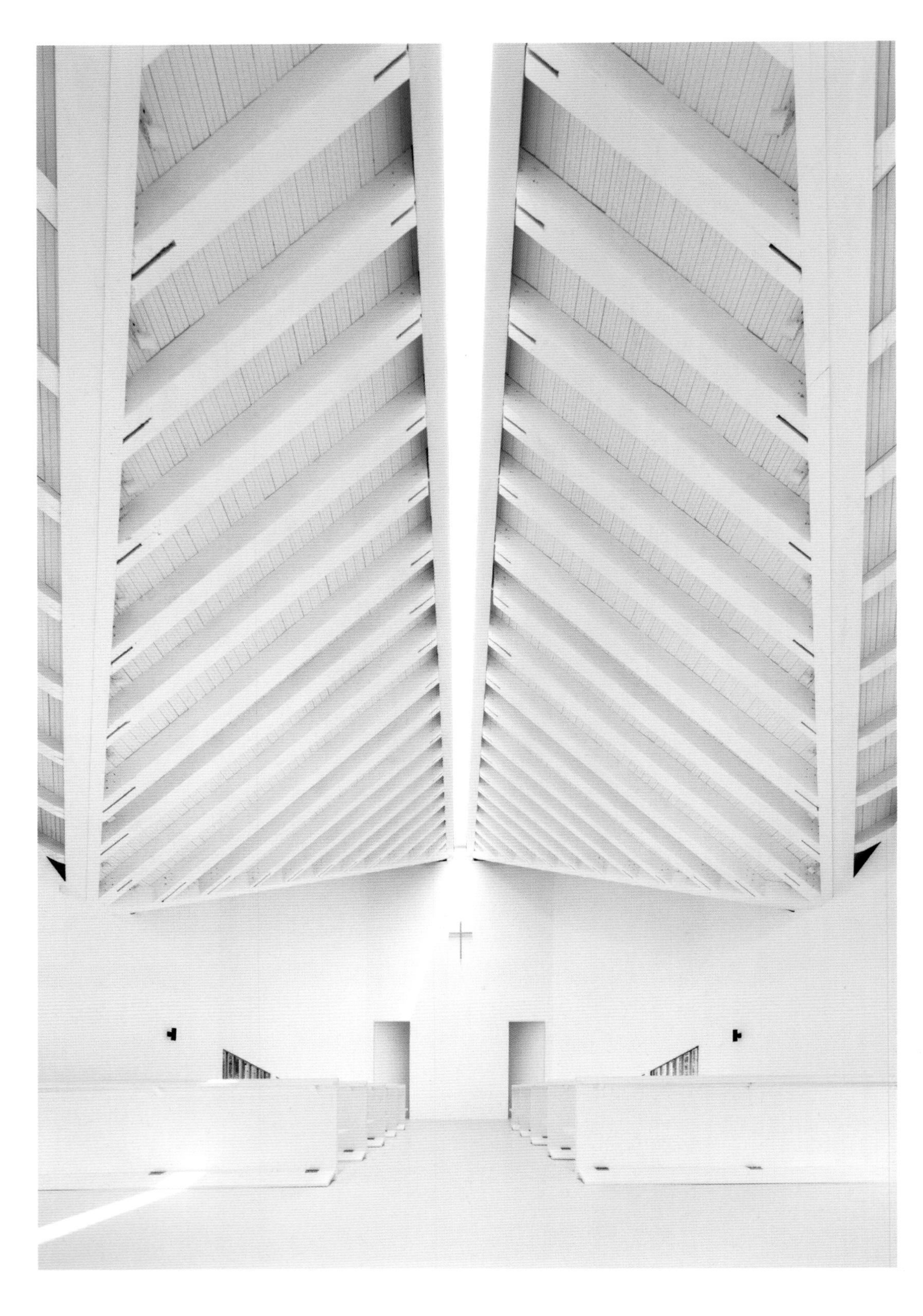

度的转角，并且容纳了门厅、主厅、圣坛、告解室等必须的功能空间，这个矩形平面仍保持了高度的完整性、对称性和向心性。设计师显然不满足于一个抽象、静态的方盒子，同时也不情愿为了形式的意图破坏空间的纯粹性，最终一个令人吃惊而又极其简明的操作产生了——将平面中暗藏的对角线延伸到屋顶结构。这个操作被以同样的逻辑使用了两次：顶面南北向的对角线下移，底面东西向的对角线上移，二者形成的斜面在建筑高度的中间三分之一段重合。由此产生精致折板屋面，同样是空间、力、材料的高度统一。

光

《圣经》，约翰一书："神就是光，在他毫无黑暗。"

"光"是教堂空间宗教情感表现的重要题材，在这个设计中建筑师同样不遗余力的发挥其神奇的魅力。光仿佛是上帝的启示，准确无误地从屋顶的窄缝中投向下方主厅座席中央，温和的从圣坛墙面的十字架后面溢出，不着痕迹的照亮木质屋顶精致的结构纹理。直射的日光只出现一种方式，来自主厅正中通向圣坛轴线上方的带形天窗。这条宽度300毫米光带的呈现，随着日夜和季节交替而变化，但无论何时都是决定内部空间氛围强有力的要素。除此之外的其他自然光，则小心翼翼的通过格栅柔和的渗入主厅封闭墙体上精心布置的开口。人工光源的设置除了照度的基本需求，其布置的重要原则是以木框架屋顶为反射面。无论在室内和室外，人工光线都让人感觉翼形折板屋面结构本身作为一个具有奇妙纹理的发光体，覆盖整个教堂空间。

"轻"建造

"轻"建造策略是建筑师在紧张工期和有限造价条件下的明智选择。脉络清晰的折板屋顶钢木结构，配合光这种"廉价"的素材，为动感和张力的空间赋予了丰富的表现力。内部的所有表面涂饰白色，把主角让给空间和光。外部所有的材料：木质格栅、沥青瓦屋面保持原色并等待时间的印记，把主角让给大自然。整个构造体系中最为建筑师费心经营的是作为教堂外部边界的木格栅表层。SPF木条精致轻盈如锦缎，大大超乎木材本身结构受力日常经验（长细比可达1:120），这得益于材料构件受力状态的合理布置：木格栅条长度最大达到12米，截面仅38X89毫米，由上下两端的金属件连接屋顶和地面，让木材保持其擅长的受拉状态（其拉力对于提高轻质屋面的稳定性也很重要）；相邻木格栅条之间又被不易察觉的U形金属构件相连，获得构件的稳定性和安装精度——一个材料和安装都极其简明的钢木张拉结构。

结语

这是一个新的归属于环境的教堂，也是一个充满传统宗教意义和历史感的教堂，集古典空间构图和现代技术、材料巧妙利用于一体而获得场所力量。建筑设计试图传达一种意愿，正如弗兰普顿对路易斯·康的评价："将万物之本与存在之实合而为一，在跨越时空中创造了一个前苏格拉底瞬间(pre—Socratic moment)，让远古与现代和睦并存。"[2]

作为一个功能简单的日常宗教活动场所，这个小教堂的空间过于"理想"，无法解释为某种特定的宗派，或许建筑师之所以能为其展开有效的设计，是因为其"信奉了包容一切的自然"。[3]

[1]克里斯蒂安·诺伯格-舒尔茨．西方建筑的意义[M]．李路珂，欧阳恬之，译．王贵祥，校．北京：中国建筑工业出版社．2005：60.

[2]肯尼思·弗兰姆普敦．建构文化研究：论19世纪和20世纪建筑中的建造诗学[M]．王骏阳，译．北京：中国建筑工业出版社，2007：249.

[3] Robert McCarter .Frank Lloyd Wright[M]. London: Phaidon Press Ltd. 1999:290.

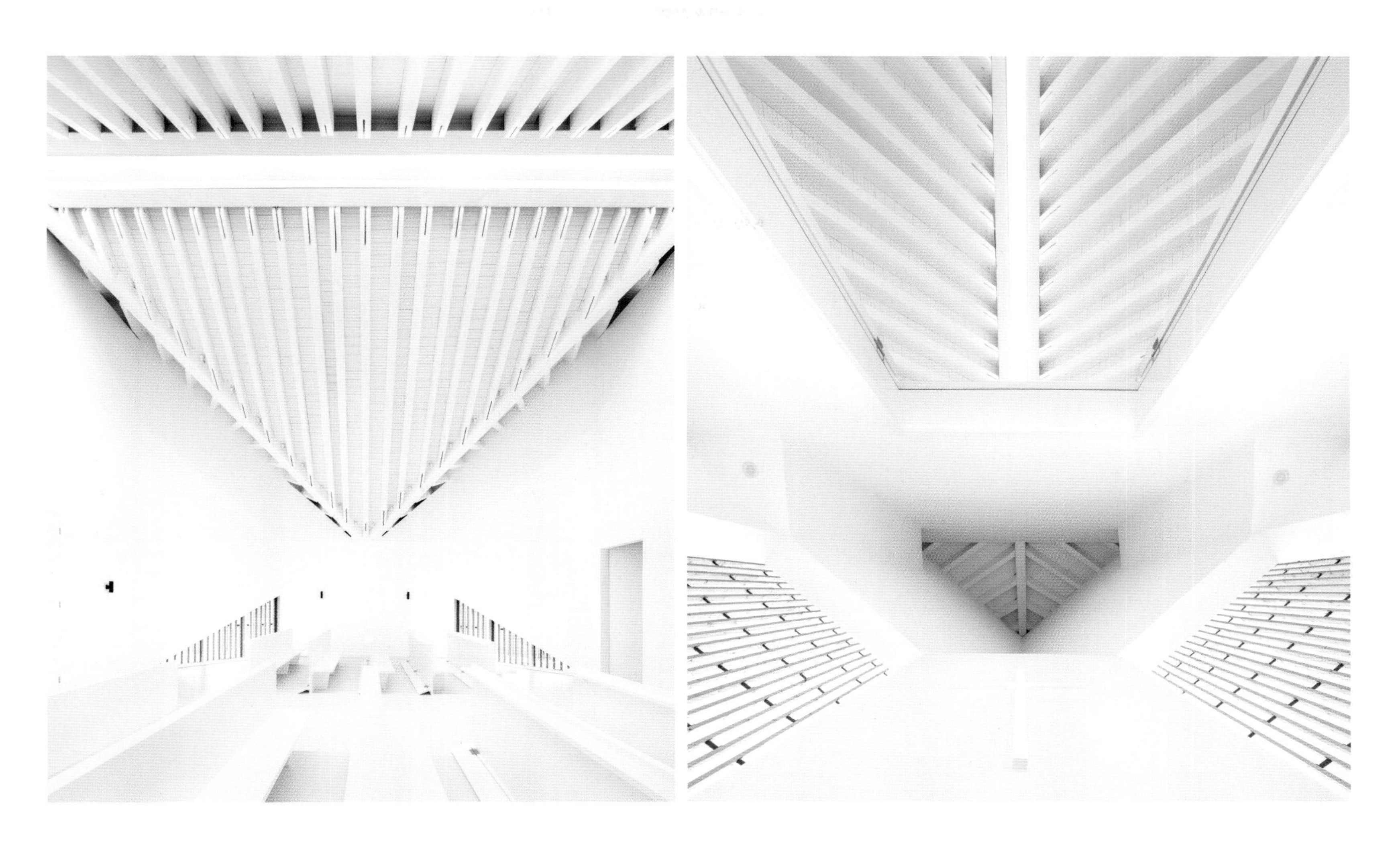

业主

睢宁县规划局、湿地公园管理处

占地面积

4公顷

建筑面积

7,144.92平方米

江苏，睢宁

睢宁县水月禅寺

Suining Shuiyue Monastery

土人设计 / 设计　土人设计 / 摄影

本建筑群用当代建筑和景观设计手法，体现禅学之空灵无我的意境；在禅意的表达与建筑的本源目的之间，寻找破解佛教寺院当代表达之谜；同时，探索让出世的禅宗走向平民大众的空间语言。是实验，就绝非完美，更有待更深入的批判和探讨。但值得庆幸的是，其千年不变的规制从此有了突破。

本项目位于江苏省徐州市睢宁县白塘河湿地公园内，是“非宫殿式”的，以“非传统手法”设计的现代寺庙群。于2010年开始建设，历时三年，现已建成对公众开放。建成后的水月禅寺以独特的、突破传统寺庙建筑形态和风格，成为一处具有现代元素的佛教禅宗道场，也成为睢宁县白塘河湿地公园中别具一格的文化景点。

水月禅寺是在睢宁县地藏寺的基础上复建的。原地藏寺始建于明朝永乐年间，这座拥有600多年历史的寺庙却不幸毁于日寇侵华战争，遗留下一片废墟。改革开放后，当地党委及政府部门大力落实宗教政策，附近佛教徒及广大群众极力倡导恢复旧貌。2010年10月，地藏寺被迁址并复建于白塘河湿地公园内。迁建后的地藏寺更名为“水月禅寺”，因其布局设计皆围绕水景，又因佛学中所称因、果、圆、缺的信仰似月亮，故而得名。水月禅寺总的建筑风格独具匠心，表现手法独特，力求将佛教元素与现代建筑艺术完美结合，功能和布局合理，更利于弘扬及推广佛教文化。

水月禅寺以“藏风得水，古典格局；入世精神，简约建筑；禅宗美学，禅意空间”的理念为核心，在建筑风格上，突破传统规制，一改中国寺院传统建筑风格，在遵循佛教殿堂布局制式的前提下，融入现代建筑元素，诠释了佛家大道至简的人文理念；在建筑空间上，追求质朴舒适的亲切感和空间精神的感染力，力求宗教元素与现代元素的完美结合，人文关怀与生态环境的完美结合，古典格局与实用功能的完美结合；在建筑布局上，采用了现代化建筑形制与传统寺院结构相融合的方式，寺院内部则延用了轴线对称，院落围合型的传统布局形式，而寺院外部形制设计是完全现代化的简约风格。

整个建筑群共分18个功能体：山门、天王殿、大雄宝殿、藏经阁、地藏殿、观音殿、念佛堂、禅堂、僧寮、客寮、行政部、接待部、斋堂、展卖厅、积香厨、休息厅、库房、交流厅。建筑群总平面沿正南正北方向布置，纵向一根轴，横向2根轴，纵轴上依次分布着山门、天王殿、大雄宝殿、藏经阁。第一横轴分别为观音殿和地藏王殿，第二横轴分别为念佛堂和禅堂。在四周还分布着僧寮、香积厨、客寮、展卖厅等建筑。各殿外立面采用仿木金属格栅围护，远远看过去，有种垂帘的感觉，尤其是到了晚上，灯光的映射使整个建筑有了一种“亦实亦虚，亦动亦滞、灵活通透”的效果。 寺门延续了寺庙一贯采用的红色平开木门，将现代与古典寺庙元素相结合，两侧的钟楼

三门殿
水月禅寺

及鼓楼采用了木格栅通透的处理手法，让为世人祈福的钟声传达的更远，与佛教的启迪心智、荡污涤垢、祈福纳祥巧妙结合。

大雄宝殿一层平面图

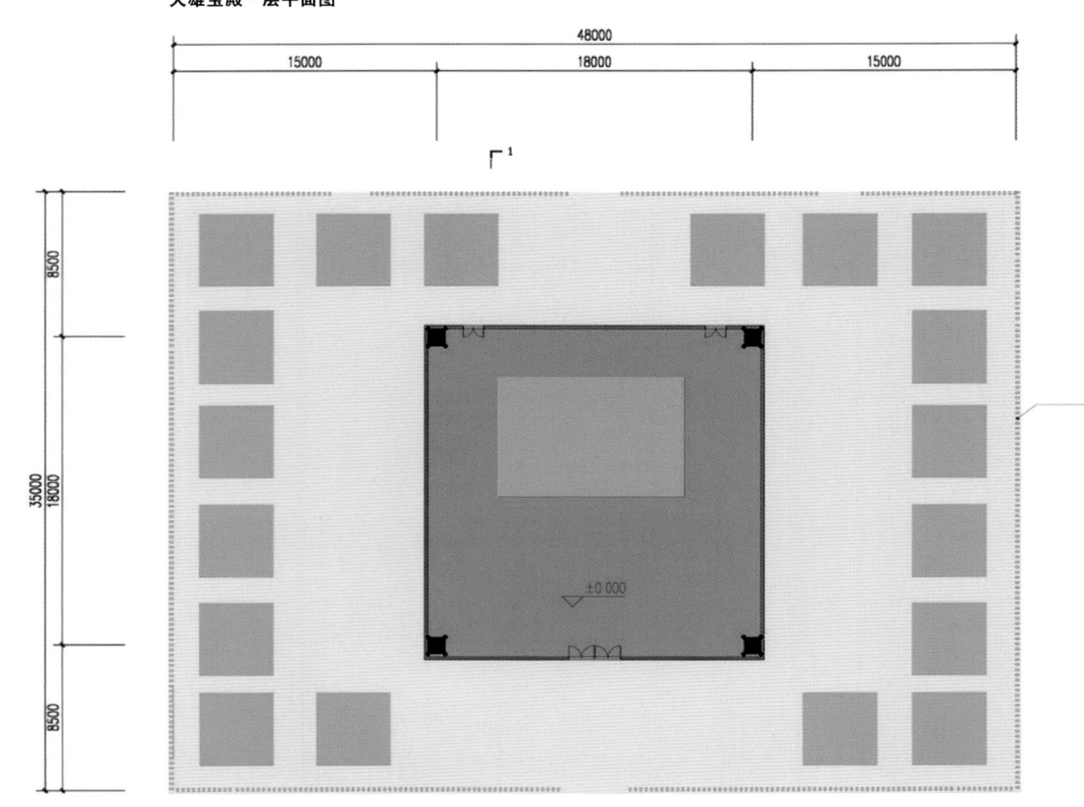

水月禅寺是目前中国大陆第一座也是唯一一座非宫殿式的现代风格的佛教活动场所。整个建筑布局和现代风格创意水体和院落景观相融共生、相得益彰，充分展现了生态舒适、简约唯美、禅意怡心、水月怡情的意境，自对外开放以来，受到各界人士，包括佛教界人士的肯定与赞誉，成为人为活动与生态环境的和谐共融，宗教文化与现代文化完美结合的典范。

立面图

总平面图

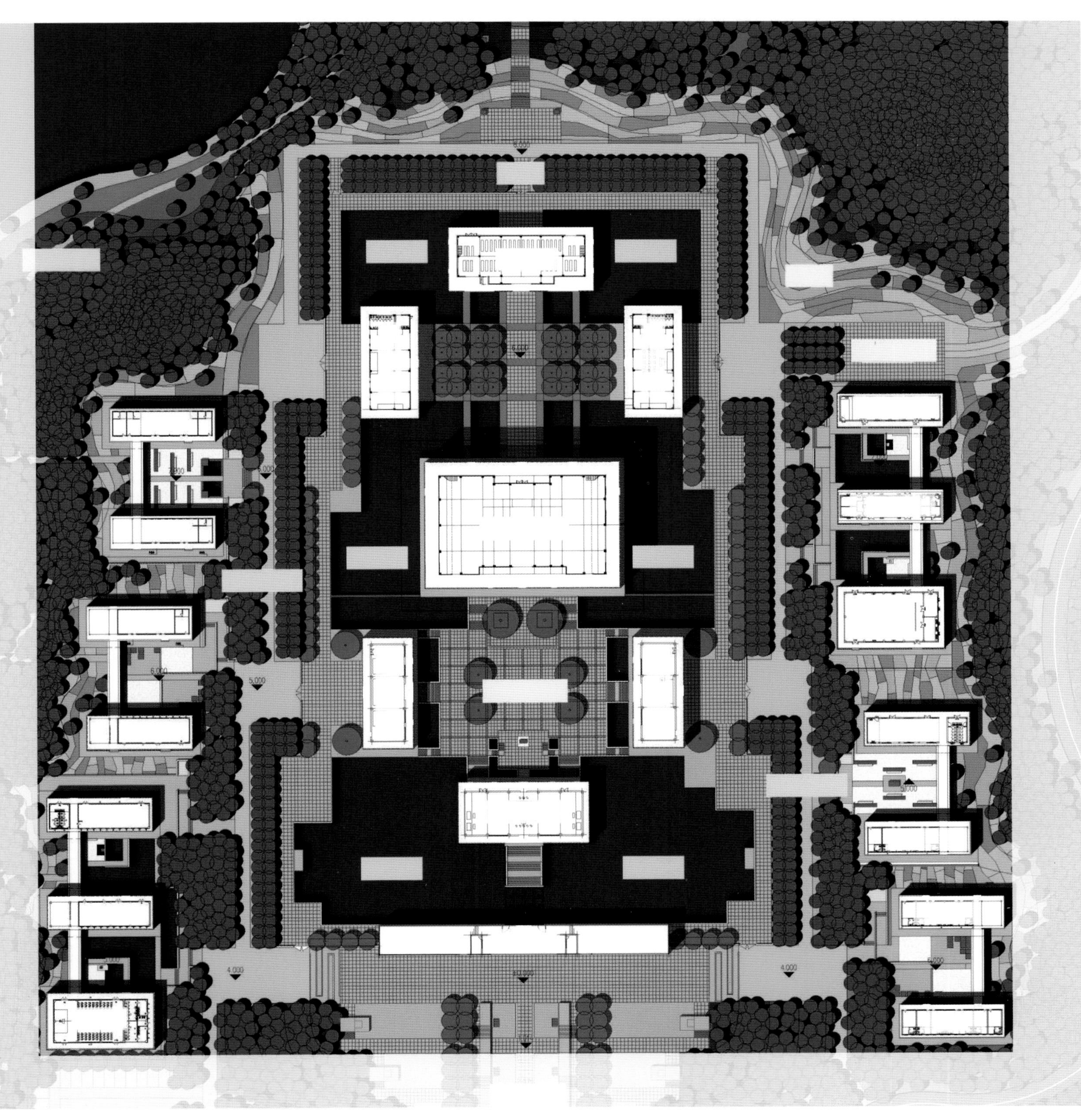

佛光普照

建筑方案

时境建筑

项目建筑师

潘文明，蒋萍，丘光宏

设计团队

黄懋贤，曾强，李振伟，覃凯，李传樟

客户

广西老干部活动中心，
广西城建投资集团有限公司

竣工时间

2014年

面积

17,576.71平方米（地上14,510.17平方米；地下3,066.54平方米）

本地建筑设计

广西建筑科学研究设计院

本地结构机电

任重，何劲，陈家祥，覃东，冯穗媛，姜金峰，蒋雪华，庞宗乾，赵光

景观建筑师

丘光宏，蓝田，李凤燕

建造商

广西冶金建设公司，广西建工集团第五建筑工程有限责任公司

成本

8,000万元人民币

广西，南宁

广西老干部活动中心

Senior Center, Guangxi

卜晓骏、张继元／主创设计师　Atelier Alter／摄影

老年活动中心是一个高度集中式的体育、教学、娱乐、观演项目，功能的多样性和复杂性是我们面临的挑战之一。Atelier Alter的广西老干部活动中心项目结合地貌的变化，尝试将本地传统的竹木结构建筑原型通过当代技术转译为现代空间，变化的遮阳板肌理暗合了本土手工印象，创造了丰富的室内与室外的空间体验。

在建筑外，这层表皮给予了建筑很强的识别性。在芸芸的本土建筑当中脱颖而出，这种超日常的体验向世界表达了自己的存在。而建筑的使用者也因这种表达从中受益。木格栅口径一致为80mm x 200mm，有3种不同的间距，在建筑的表面有三种浮动位置。给予了建筑以微妙的变化。为建筑提供了很好的遮阳保护，也使体育空间达到很好的通风效果。

建筑的理念根源于对项目背后的人文内涵的思考：建筑师希望要创造一个适于退休人员的空间，而这些退休者的青年时期大多是在文革中度过的。尽管文革带给历史许多磨难，但文革时期形成的“集体式生活”多少还是为那个时代留下了些温暖的记忆。退休者对于命运多舛的时代的归属感是建筑师对于现代生活的孤立与冷漠做出批评的立足点。

我们希望通过这个项目唤起我们的父辈及下一代的归宿感。农业生产是那个时代“集体式生活”的标志，自然地貌便是这一代人集体记忆的背景。我们通过对建筑空间在“地面”层面上的叠加，再现了自然地貌：在城市层面上，由于本项目地处城市扩张的边界，位于较低的洼地地形，面邻一个保留的绿化高地，我们在建筑手法上引入一系列上下错开的水平楼板来使这两种极端的地貌形成空间上的对话。

在建筑尺度，我们转译了这种拓扑关系为一种多层楼板的空间类型，例如地下室空间转折到首层入口层，接着又垂直延伸到二层空间，并不断交错向上；在细部层面，我们使用了木纹铝方通遮阳板系统将丰富的地景引入到室内，是对本土的竹材结构建筑形制所做出的回应。

几个大型的空中体育场馆和游泳池都是坐落在常规结构上的非常规巨型空间。在这些空间中使用者是体验不到自身所处的方位，犹如进入到了一个迷宫之中的渺小个体。将使用者带回到室外感受室外的空气与景色是这个建筑的主题。一个丰富的表皮构筑了一个这样的世界：使用者无论如何运动总是能感受到自己所处的位置，被绵延不绝的木格栅所包裹，在这层过滤的界面后感受着外界的风雨景观，这些感受随着方向、天气、阳光的变化显得丰富而又不同。

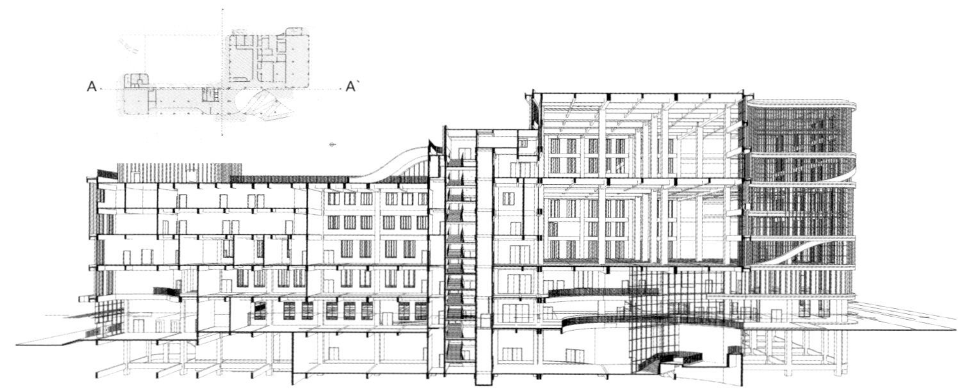

剖面图

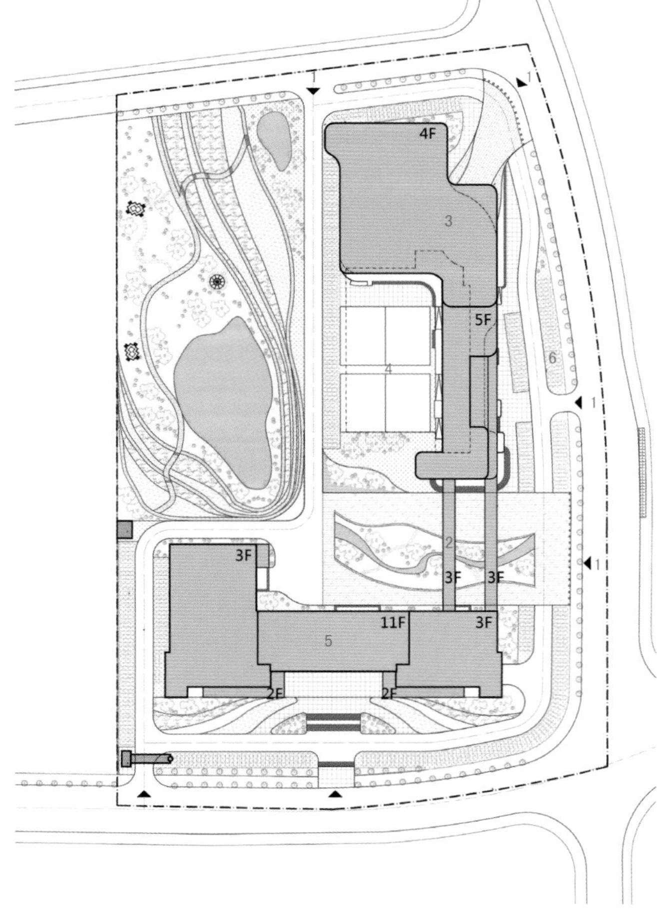
4F
3
5F
6
4
1
2
3F
3F
3F
11F
3F
5
2F
2F
1. 入口
2. 连廊
3. 活动中心
4. 门球场
5. 综合教学楼
6. 停车场

总平面图

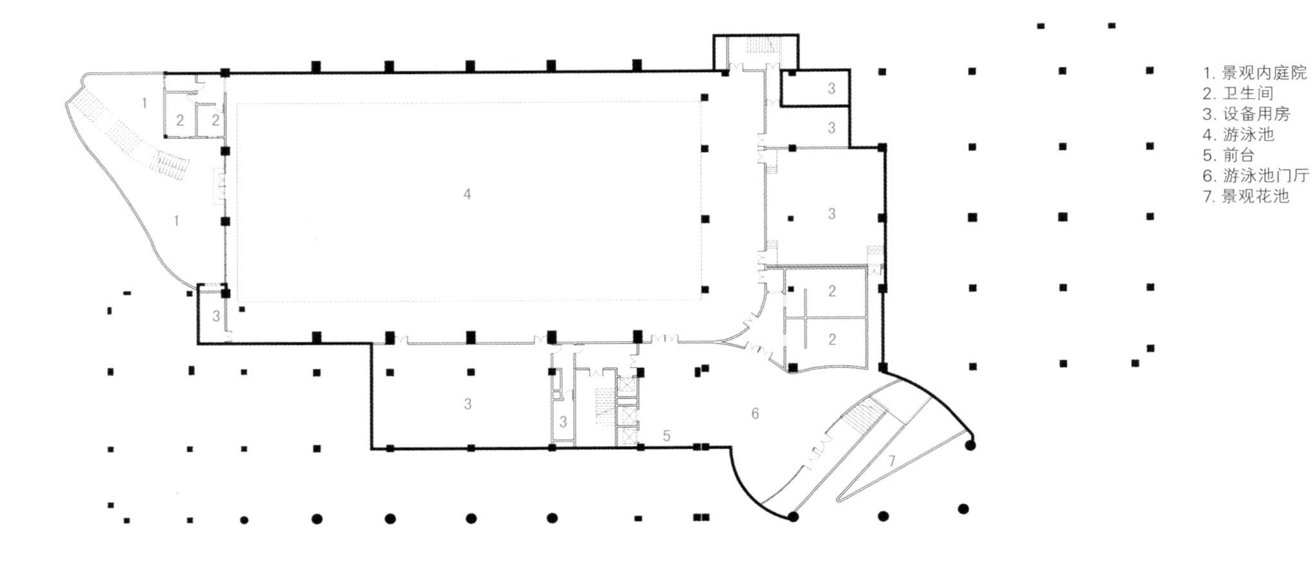

地下一层平面图

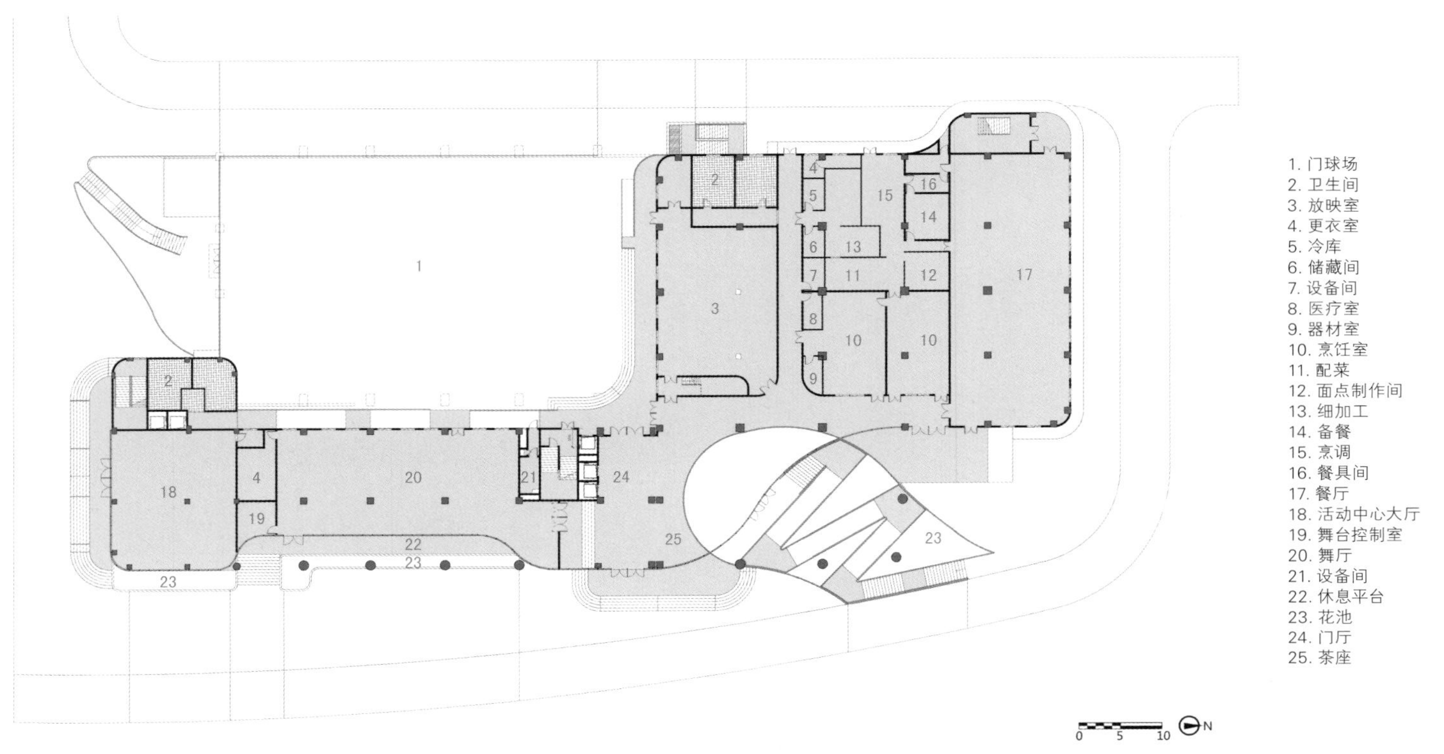

一层平面图

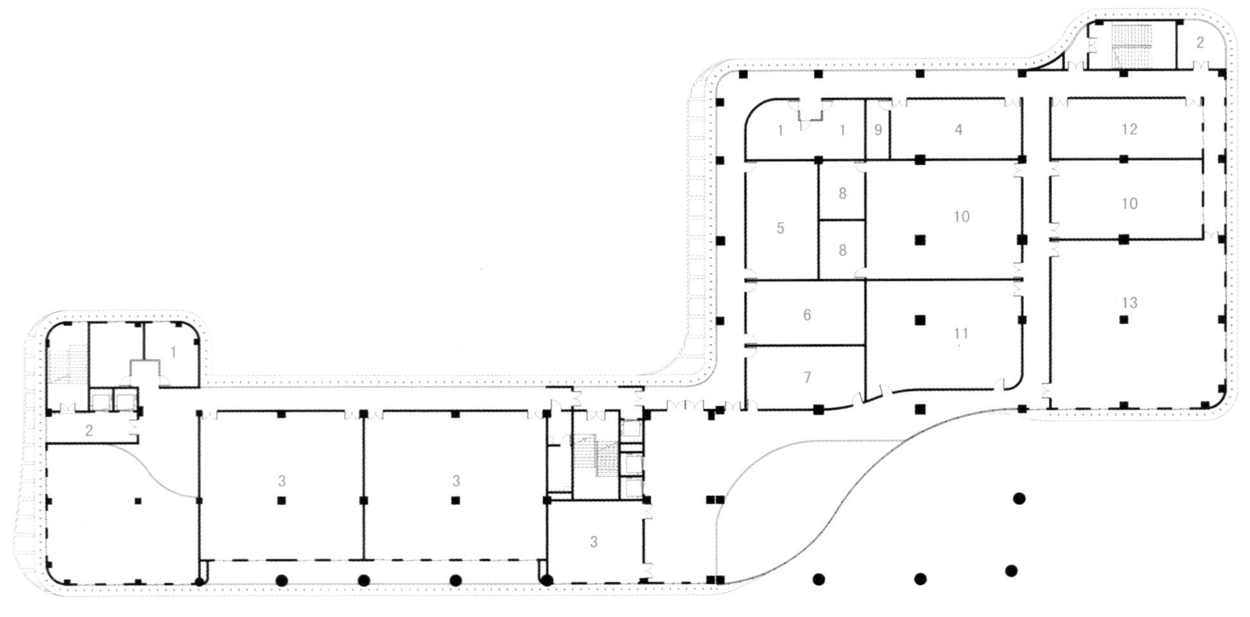

二层平面图

定义

Q-LAB期许每当面对一个全新的案件时，我们皆能充分了解、分析其建筑类型(typology)的历史、案例，然后针对研究成果提出看法，甚至重新定义或挑战其建筑类型(typology)的构成及意涵。针对本案，我们试图大量阅读国内外运动中心的案例，发现在大部分的运动场馆中，人与人的互动、或是运动与运动之间的连结甚是薄弱，其建筑剖面犹如Koolhaas(库哈斯)在Delirious New York (狂谵纽约)里面提到的景象：各楼层充斥着不同的空间型态，唯一将大楼串连起来的是那几座电梯，人与人在建筑物里面的关系是薄弱的。因此，在竞图初期，我们便企图打破这样的空间屏障，甚至提出或定义本案的设计主旨："体育场馆是一座力量及能量汇流的流动空间。"为达到建筑的流动性，我们试图从空间计划做起(视觉的流动)，结合结构设计(力学的流动)、外墙构造设计(光影的流动)、并搭配缜密的整合设计(系统的流动)，企图营造一座流动的建筑。

空间计划

中和国民运动中心坐落于锦和运动公园内，公园设有田径场、户外篮球场、网球场、室内游泳池及其他休憩设施。虽然公园幅员广大，但实际上赋予兴建运动中心的可建范围却不甚宽裕。因此，本案最关键的课题是如何在有限的基地范围内，执行完成政府机关所规定的庞大空间需求。于是我们从设计初期，便着手定性定量的将所有的空间模拟成数个实际大小的空间立方体，并进行第一次的拆解组合、模具分割及楼层分配，目的是为了寻找降低庞大量体的方法，并减少建筑对都市造成的影响。因此决定将本案体积最大的滑轮曲棍球场从主建物中抽出，并将其配置于基地北方地下二楼处，仅露出三角折板屋顶于地面之上。此设计除能降低主建物高度以外，还能适当地提供位于地下室滑轮曲棍球场一个自然采光的机会，同时也因为屋顶的全面绿化，还可有效降低屋顶下的室内温度。主建物低楼层量体：我们将性质较雷同的运动空间共同聚集在一个高达两层楼的族群量体内，并赋予此量体双层的挑高空间。此空间量体一楼设有贩卖部、儿童游戏室、桌球室、撞球室、防护室、会议室，二楼则设有韵律教室、体适能教室、飞轮教室等空间。一、二楼共同享有双层挑高、采光明亮的入口大厅、中庭及梯厅等公共空间，不仅适合举办各类大型活动，也可兼做签唱会、演讲或集会等功能使用。此量体组合方式除企图加强视觉流动及人与人的互动关系外，也希望透过设计，能进一步的回馈市民一座舒适、宽敞的公众客厅空间。主建物高楼层量体：我们将较大型的运动空间共同汇集在此族群量体内。此空间量体三楼设有壁球室、羽毛球场、器材室、音控室、办公室、空调机房，四楼则设有攀岩室、篮球场、器材室、音控室、办公室及空调机房等设备空间。此组合方式不仅能有效配置各大型空间所需的机电、空调、灯光及淋浴相关设备于同一楼层，也能善用长跨距钢构结构系统的特色，统筹支撑这些大型空间于一完整量体。次建物地下室量体：我们将本案量体最庞大的滑轮曲棍球场安置于次建物的地下二楼，同楼层设有球员休息室、裁判室、储藏室、空调机房等设备空间，地下一楼则设有停车场、服务台、办公室、观众席、台电配电室、消防机房、空调机房等相关设备空间，搭配一楼入口平台处的咖啡雅座，市民们可轻松享受净高达8米以上的滑轮曲棍球场。

结构设计

本案结构设计主要由三大区块构成：主建物低

台湾，新北

中和国民运动中心

New Taipei City Zhonghe Sports Centre

曾永信、曾柏庭 / 主创设计师　Highlite Image 亮点摄影工作室 / 摄影

设计公司
曾永信建筑师事务所
参与人员
曾柏庭，吴东翰，陈俐伃，
王骏扬，张志明
业主
台北市政府体育处
完成时间
2014年9月
基地面积
23,420.49 平方米
建筑面积
4,143.24平方米
总楼楼面面积
12,090.22平方米

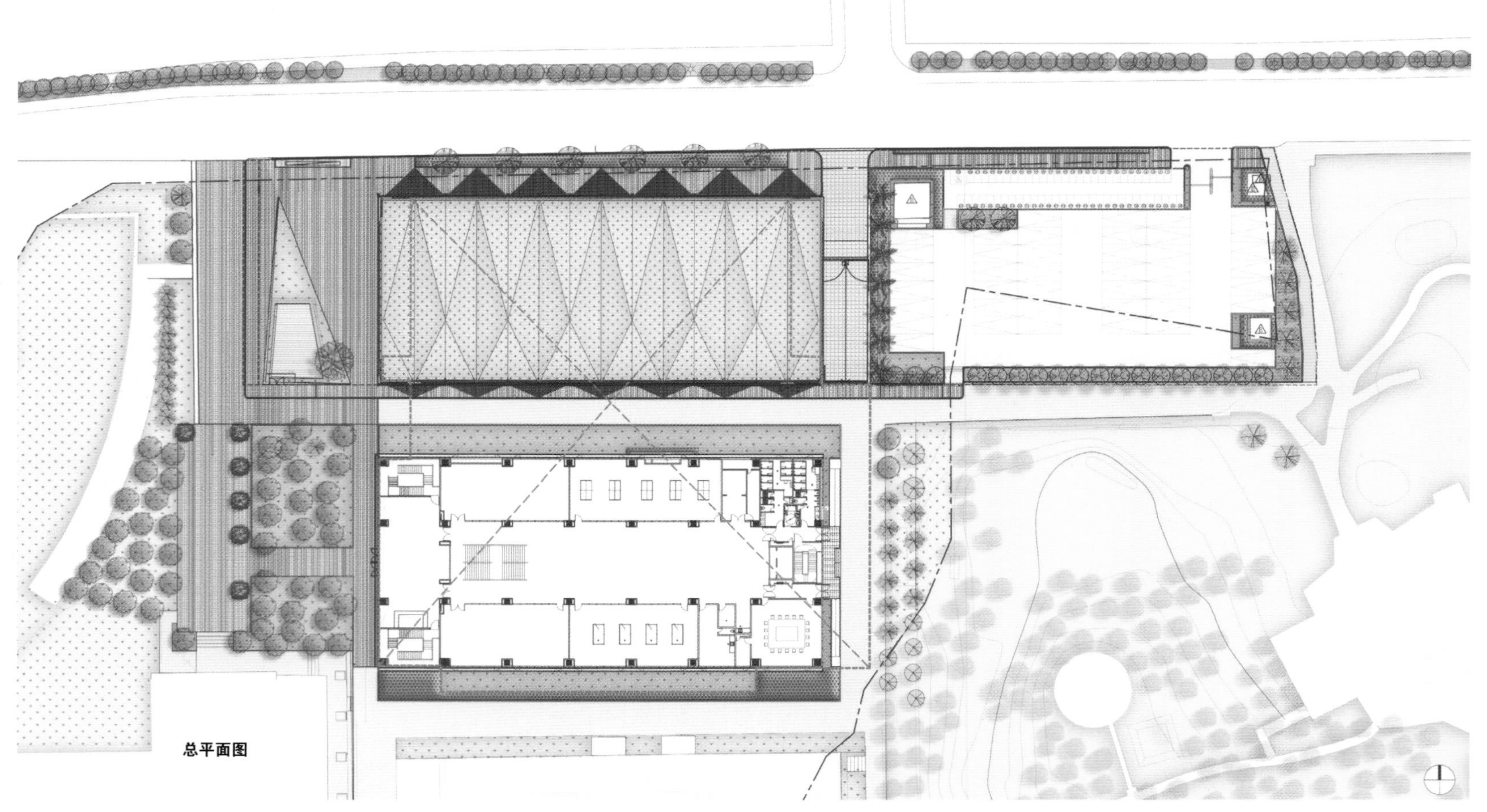

总平面图

楼层部分为RC构造(一、二楼)、主建物高楼层部分为钢构造(三、四楼)、及次建物地下量体部分为RC构造结合钢构屋顶。上述三大结构区块，皆由统一的结构柱距组成(8.5米为一跨距)，建筑型体配合空间计划及各空间净高的需求，自然衍生出一座以三角几何做为立面主要构成元素的流动造型结构体。然而，由于本案经费偏低，故设计时，结构体必须局部选择以RC构造施作，以利降低整体工程造价。在主建物低楼层部分(一、二楼)，各运动教室空间无长跨距需求，故结构系统以RC构造为主。在主建物高楼层部分，由于羽球场及篮球场均需要挑高、长跨距、无落柱空间，故结构系统以钢构造为主。在次建物地下量体部分，滑轮曲棍球场长51米、宽26米，其设计需求为长跨距、无落柱之运动空间，故我方以三角折板为主要力学设计概念，打造一座大型三角几何钢构屋顶，并企图借由此构造系统，传递结构力学之美。

外墙、屋顶系统

由于政府单位长期编列偏低的预算经费，因此台湾大部分的公共工程大都只能采购较无设计感的门窗系统，故一般大楼外墙的设计及施工质量普遍偏低，尤其门窗框料大都粗壮，又每当遇到推开窗或横拉窗时，其框料尺寸常常显得较粗糙也较无质感。在中和国民运动中心一案，我们极力解决上述外墙及门窗问题。因此我们决定重新设计所有帷幕外墙及室内门窗的直横框料。为了提升整体质感，我们决定以“双刀”系统呈现主建物一、二楼量体及次建物一楼所有看得到的门窗框料。此双刀系统意指所呈现出来的直料有如两片刀面的细薄，刀面本身仅0.3厘米厚，刀面与刀面的间距为0.5厘米，故整体直料所呈现出来的效果被控

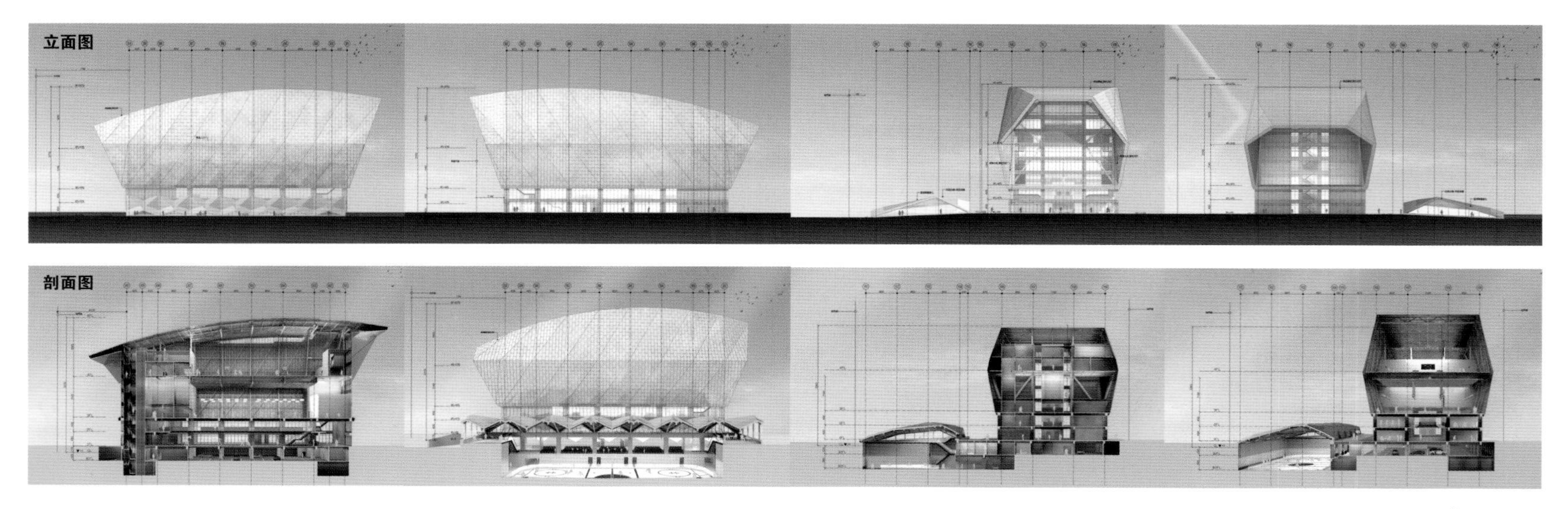

制在约1厘米左右，相较于传统的8至10厘米，细腻度及质感均可增加许多。所有推开窗也均以双刀及隐框方式设计，故整体外墙也能较均质的呈现其细腻质感。在主建物三、四楼量体的处理上，我们企图将一般台湾工业区常见的金属外墙材料，拿来做为本案帷幕外墙使用。原因有二：第一，其方形钢浪板的形式可充分反映四季甚至每日不同时段的日照阴影变化，其光影效果丰富，建筑物可呈现最自然的物理表情。第二，此材料单价相较于其他材质经济实惠许多，可解决公共工程预算编列偏低的问题(但建议政府可提高公共工程造价，避免营建经费不足的窘境)。

本案我方于滑轮曲棍球场的三角钢构屋顶上进行大面积的覆土绿化设计，原因有二。第一，由于此屋顶构造为最接近人行道之量体，故我们希望呈现人行道旁有如北海道一片花海或草海的景象，让市民在闲暇散步之余，可享受绿意盎然的街景。第二，屋顶覆土绿化设计可大幅度降低室内温度，对处于热带型气候的台湾来说，是一个既能节能减碳、减少空调用量、又能降低热岛效应及增加绿覆盖率的永续建筑设计手法。Q-LAB希望能透过对外墙美学、细部设计及永续节能的自我要求，对我们所居住的都市环境尽一份心力。

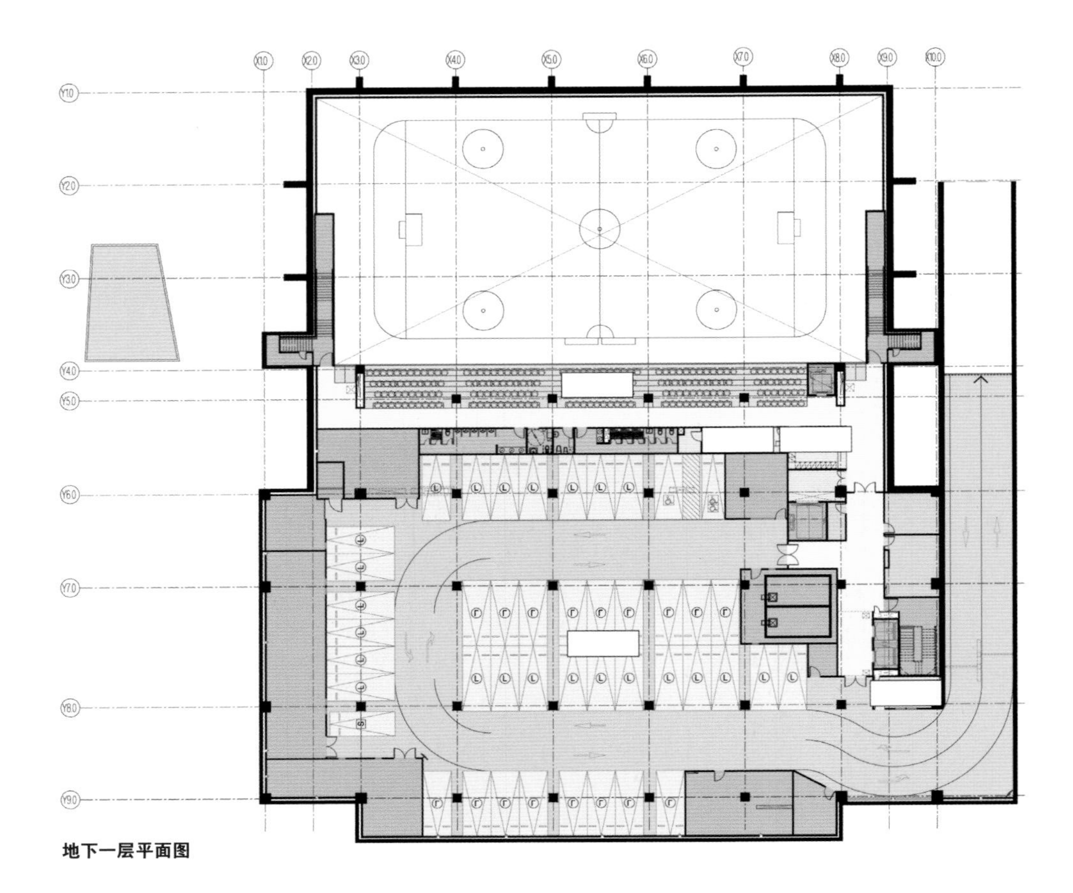
地下一层平面图

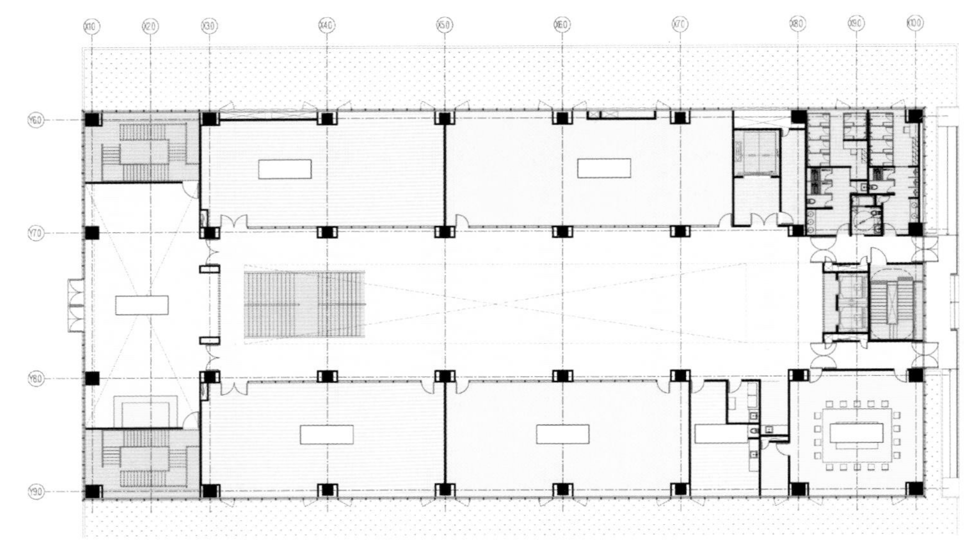
一层平面图

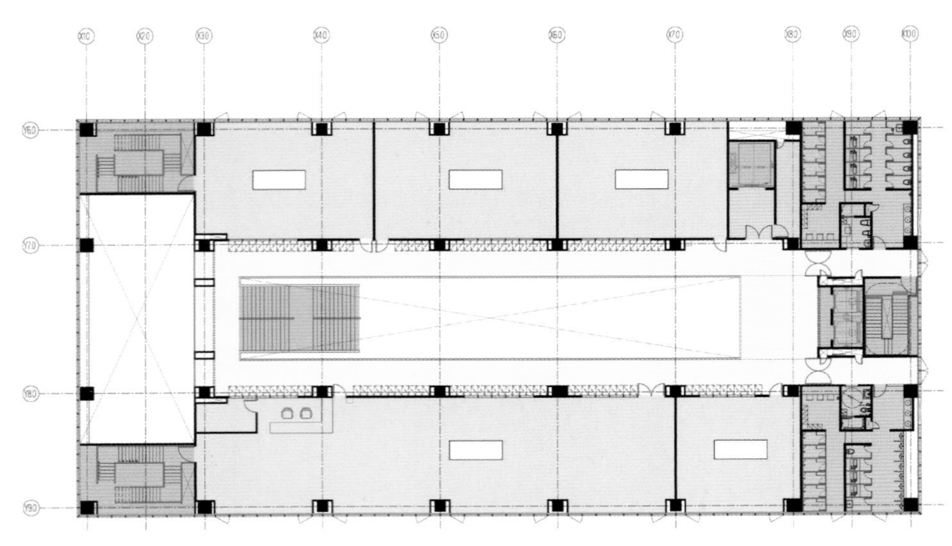
二层平面图

整合设计

建筑是艺术与科学的结合、是空间与材质的融合，是线条与尺度的整合。在中和国民运动中心一案，我们试图找寻所有空间、结构、材料的的共同分母(柱距)及分子(空间单元、外墙分割及瓷砖计划)，从最宏观的建筑主体到最细微的扶手栏杆，无不斤斤计较。我们认为，整合是建筑师的天职，也深信少即是多(LESS IS MORE)的道理。我们执着于将结构、机电、空调、室内装修等建筑元素整合于无形，因此我们追求精准。我们认为精准的态度也必须落实在整体设计概念上，无论是景观设计、灯光设计、室内设计、家具设计、工业设计、平面设计乃至于都市设计，都应遵循一脉相传的设计思维。本案我们试图整合结构柱距、帷幕单元分割、室内瓷砖分割计划、天花设计及灯具配置模具、空调出风及回风口形式、消防机电与轻隔间墙齐平处理原则等问题。我们热衷整合所有看得到及看不到的机电、空调、灯具、给排水等设备管线系统。我们希望最终所呈现的空间是少即是多的美，天地墙尽量减少建筑设备的痕迹，留下的是空间最原始应有的氛围。

体验

从公开竞图到细部设计，从施工到完工，本案前后历经近三年之久。Q-LAB最后希望留下的是一座属于当地市民的公共建筑，是一座除能避风遮雨、享受运动功能之外，还能充满空间体验及无限想象的都市建筑。当然， 也希望当建筑完成时，我们能做到当初对本案许下的期许："体育场馆是一座力量及能量汇流的流动空间。"

设计公司

AS+GG建筑事务所

委托方

中粮集团有限公司

竣工时间

2014年2月

建筑面积

36,397平方米

北京，金鱼胡同

北京华尔道夫酒店

Waldorf Astoria Beijing

阿德里安·史密斯、戈登·吉尔 / 主创设计师　舒赫建筑摄影工作室 / 摄影

北京华尔道夫酒店拥有176间客房，它的外部设计是对中华民族最珍贵的历史宝藏之一——紫禁城的现代版诠释。这座奢华的酒店位于北京市中心，毗邻著名的高端步行商业区王府井，距紫禁城仅有两个街区的距离。

酒店采用对称突出的飞檐，并且大量运用了青铜材料。设计对细节的关注至关重要。垂直框架和屋檐框架的造型、细节设计和棱角连接都与中国传统的屋顶拱腹轮廓有着异曲同工之妙。

设计团队的目标不是模仿中式建筑，而是通过材料的运用和丰富的质感来实现巧妙地映射。铜自古以来就是尊贵与权位的象征，全铜外观彰显了华尔道夫品牌的奢华、尊贵和传奇经历，同时也反映了地域特色。宏大的外框将屋顶和建筑转角流畅地连接起来，呼应了中国传统建筑对称、稳重的特色。

铜墙既巧妙地映射了中国传统建筑，又体现了华尔道夫品牌的奢华本质。为了实现这一目标，建筑师在外墙、窗棂、遮阳挡板和穿孔挡板上大量应用了青铜材料，并辅以一些其他的高端传统材料：灰色花岗岩被用作墙壁的背景材料，令人想起北京传统胡同富有历史韵味的青砖。奢华感同样体现在建筑的朝向上。精致的落地飘窗为每间客房提供了绝佳的城市景象，而特色窗口屏风则让宾客们尽享北京城的独特生活体验。

外墙的建造使用了铜、花岗岩等本地材料。由于项目规划严格，地价高，且限高50米，设计面临着重重挑战，其中还包括保留正门口的百年古树。设计团队与委托方中粮公司密切合作，重塑建筑体量、优化功能设置并重建建筑结构和内部布局。最终，设计精美的外墙既融入了城市环境，实现了高效环保，又反映了华尔道夫品牌的内涵。

北京华尔道夫酒店于2014年2月正式开张后，立刻获得了国内外人士的青睐。酒店融合了现代奢华和无与伦比的服务，毗邻主要的银行、商务办公楼和交通枢纽，是商旅人士的理想住所。来到北京的游客将充分享受酒店的便利交通，能够方便地前往夜生活场所、餐饮场所和天安门广场、故宫等当地景点。

酒店绝佳的地理位置对华尔道夫品牌和北京来说都具有重要的历史意义。酒店位于市中心贤良寺旧址，曾是李鸿章的宅邸，而李鸿章又是纽约华尔道夫酒店的第一位中国客人。李鸿章对纽约华尔道夫酒店的造访在中国具有深远的政治、经济以及文化影响。

具有历史意义的位置也为酒店的建设带来了严格的指导方针和规划许可。由于紧邻故宫和周边的住宅楼，项目面临许多以限高和采光要求为基础的分区限制。例如，建筑顶部冠以穿孔挡板，而非寻常的不透明材料，让日光得以到达周边的住宅楼。

设计团队和委托方严格遵守北京市的城市规划规定，满足了严格的建造要求，并且以创新方案实现了酒店的功能配置。例如，酒店东西两侧的底

金鱼胡
JINYU Hut

层向内回撤，既实现了项目使用面积的最大化，又遵守了现存的地面层设计指导原则。

项目还面临一些与社区和场地相关的历史问题，需要通过市政规划部门解决。例如，北京历史园林管理局要求设计必须保护项目原址的两棵千年古树。设计团队将古树融入了设计之中，从而获得了社区和规划部门的许可。为了保证古树的安全，他们还考虑了加固和未来的养护问题。

酒店还为社区带来了一些文化福利和社会福利。它迅速晋升为周边社区的明珠，通过一系列途径为土地增加了价值：酒店带来了新的旅游客流，使周边的零售业和餐饮业得到了复兴，增添了社区的活力；酒店的铜墙成为了当地的新地标，凸显了当地中国文化的价值；酒店拥有价值数百万元的艺术收藏品，许多藏品都在公共空间对外展示。

通过全新的人行道规划、新增的公共户外空间以及酒店穹顶下方的艺术玻璃图案等视觉焦点的设置，项目场地有效改善了周边社区的城市体验。

有趣的是，新酒店是建在旧酒店旧址上的。建筑的新朝向和立面对使用者的舒适感和项目的环境敏感度来说至关重要。每个房间所配置的遮阳框架系统成为了酒店的特色，它们能保护建筑，实现各个方向太阳热增量的最小化，从而打造环保且具有独特文化的建筑。

落地窗所使用的低辐射低铁隔热夹层玻璃同样能减少建筑的太阳热增量。落地窗的设计既提供了优美的城市风景，改善了使用者的舒适度，又能为室内空间提供自然采光。

作为一个奢华酒店品牌，华尔道夫以独特的设计和服务而著称。无论是何种价位，每一间客房都配有无差别的城市美景和完善的便利设施。酒店为残障人士提供了无障碍出入设施，包括轮椅通道以及根据需求定制的通行要求等。

除了舒适的客房外，酒店还拥有多功能会议中心、宴会厅和会客厅，提供定制服务和技术设备，拥有非凡的视觉效果。酒店位于北京市中心，能够便捷地乘坐公共交通工具，方便地到达各大旅游景点。

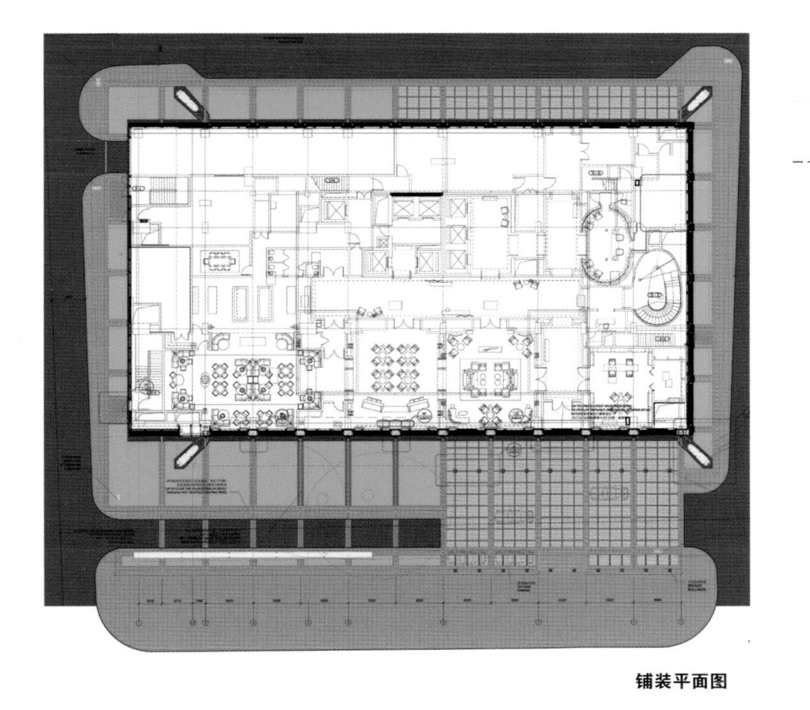

铺装平面图

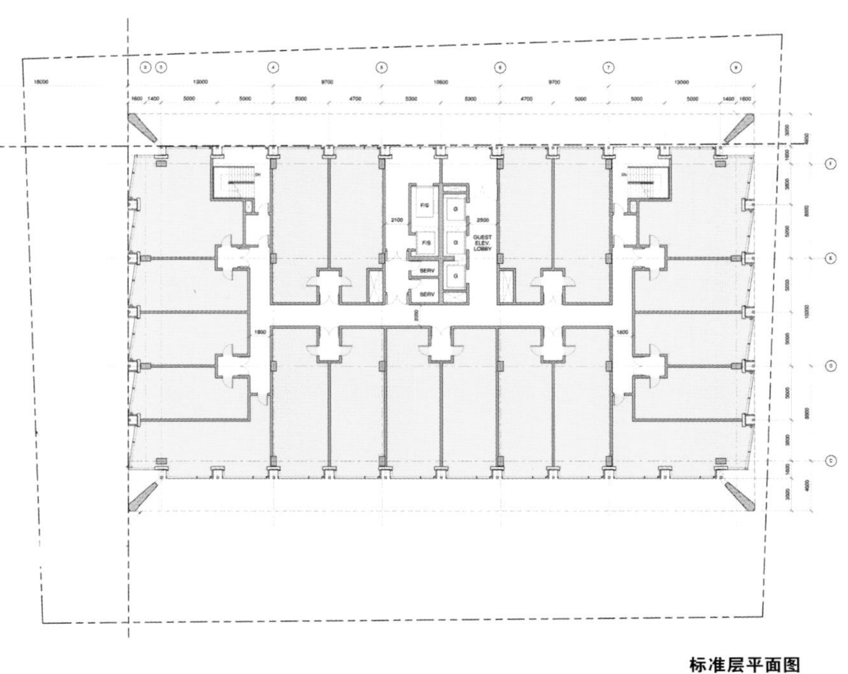

标准层平面图

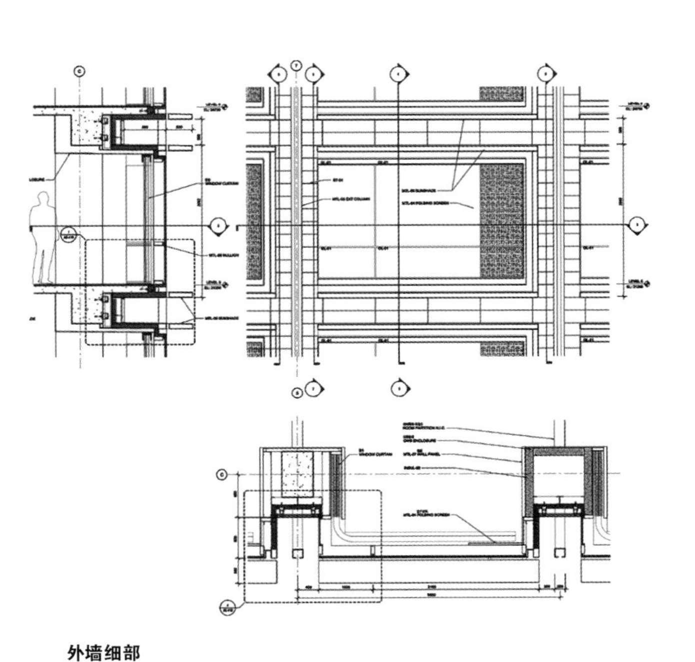

外墙细部

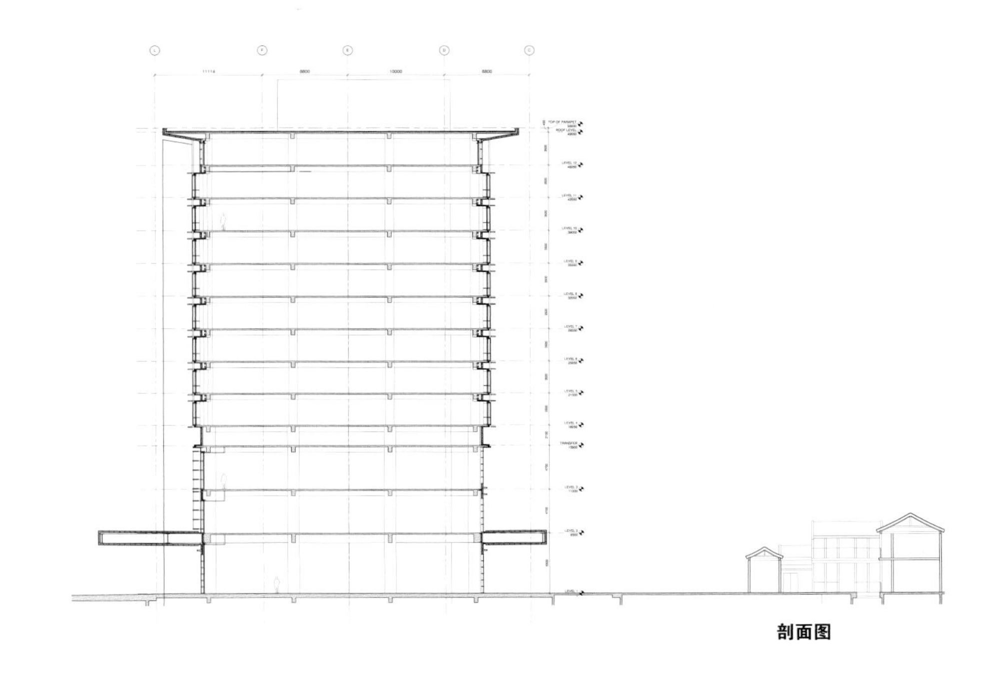

剖面图

1. 建筑用铜合金，抛光表面，薄板及平板

2. 建筑用铜合金室内窗棂

3. 低辐射低铁隔热夹层玻璃

4. 花岗岩挡雨墙板，灰色

5. 建筑用铜合金穿孔板，内遮阳板

外墙分析图

云南，西双版纳傣族自治州腊县勐仑镇

西双版纳安纳塔拉度假酒店

Anantara Xishuangbanna Resort & Spa

中外建工程设计与顾问有限公司深圳分公司 / 设计

开发商

云南旅投勐仑小镇开发建设有限公司

建筑面积

约2.7万平方米

容积率

0.25

合作单位

云南省建筑工程设计院

上海现代建筑设计（集团）有限公司

本项目是一个小型奢华目的地酒店，安纳塔拉酒店管理公司是国际最著名的以SPA度假为特色的高标准、高要求的精品酒店管理公司之一。该项目结合酒店管理公司的功能要求，在平面与空间的设计上，结合热带特点，在空间的流动、渗透、转换上有较出色的创造，使室内、半室内、半室外、室外、外部景色之间实现了良好的沟通和融合。项目采用西双版纳傣式建筑中民居和小型寺庙的建筑精粹，经过抽象、提升、深化尺度转换等，形成了一套系统协调的新傣式风格，超越了西双版纳内现有常见的设计手法。既使新傣式风格走上了一个新台阶，又营造出了高端酒店低调奢华的气质。

本项目用地地处罗梭江和南哈河的交汇处，河对面是中科院的热带雨林植物园，入口面是大面积的香蕉林，不远处有一个傣寨：城子寨。因此，我们将“雨林中的寨院”作为设计的主题。建筑整体形象上营造浓郁的本土风情，融入生机勃勃的热带植物环境中；罗梭江因为晴天和暴雨呈现出多样的水位和颜色，故总平面布局与视线组织上与罗梭江的变幻相呼应，将自然的野性融入酒店的生活中。

为了营造目的地度假酒店的度假氛围，设计着重考虑了以下五个方面：通过考察、研究用地周边的民居和寺庙，在建筑风格上实现了傣式建筑的延续和再生；在平面上创造多个空间序列，为宾客营造多重度假体验；结合空间序列，营造别具特色的场景与节点；在流线组织和景观朝向上，注重宾客与客房的私密性；从方案、初设到施工图的设计过程中，逐步实现酒店管理公司的个性化需求。

用地红线
建筑退红线
2426128.568
421744.574
总平面图

鸟瞰图

设计公司

北京普拉特建筑设计有限公司

设计团队

乔文科，刀慧玲，李豆豆，

乌云敖日格乐

客户

内蒙古响沙湾旅游有限公司

完成时间

2014年10月

建筑面积

30,700平方米

楼层

一层和局部二层

结构

轻型钢结构

用途

度假酒店

内蒙古，鄂尔多斯达拉特旗

响沙湾莲花酒店
Xiangshawan Desert Lotus Hotel

前田聪志 / 主创设计师
存在建筑–建筑摄影工作室、北京普拉特建筑设计有限公司、
内蒙古响沙湾旅游公司 / 摄影

项目位于鄂尔多斯以北，背依大漠龙头库布其沙漠。位于沙漠之地的莲花酒店，所面临的最大问题就是如何解决在沙地中竖立起一座建筑。PLaT探索出一种新的基础系统从而适用于沙漠的独特地理环境，使用钢板架构固定于流沙中，无混凝土无水作业。地基使用的钢板和龙骨均为预制件，而且整个建筑的地基设计为一巨型盛沙容器。如此一来，钢板结构之上承载的建筑恰如沙漠之舟。地基内外的沙相互产生作用力，使建筑整体于灵活中保持稳固。同样，为减少地基受压，墙体亦设计为承重结构。

"莲花"的造型，并非PLaT刻意设计的结果。而是由于几何造型兼顾固沙、遮光、防风、收集雨水等作用。单纯从形态上来讲，融入了多次重复同一元素的"阵"的理念来增加建筑的力量感，即简单的几何造型复制累加，生成更大规模的几何造型。莲花这种形状从古至今就在中国人的审美意识里扎入了深深的根，而且在干燥、苍茫的沙漠里融入白色莲花这一亮点，更加相得益彰。莲花酒店其形与沙漠相合，其神展示自然之力及自身之美。正方旋转同样角度构成三角，形式上则更为坚固。

不仅于此，建筑师在内部装潢时就地取材，客人在酒店中就可览沙漠风采。例如，其中的一种墙体材料就是通过多次实验从当地沙漠中提取制成的。建筑师综合考量结构，采光和通风诸因素，使莲花酒店在建筑形式上集功能、外形和景观于一体。莲花酒店仅仅是响沙湾整体规划的一部分，如果能够在沙漠中建成生态可持续、水电资源自给自足的封闭资源系统的沙漠建筑的话，也就向下一个阶梯"沙漠城市"迈进了一步。

普拉特建筑事务所的目标是设计零耗能环保建筑，利用系统自身功能生成电和水，在系统内部实现自给自足。

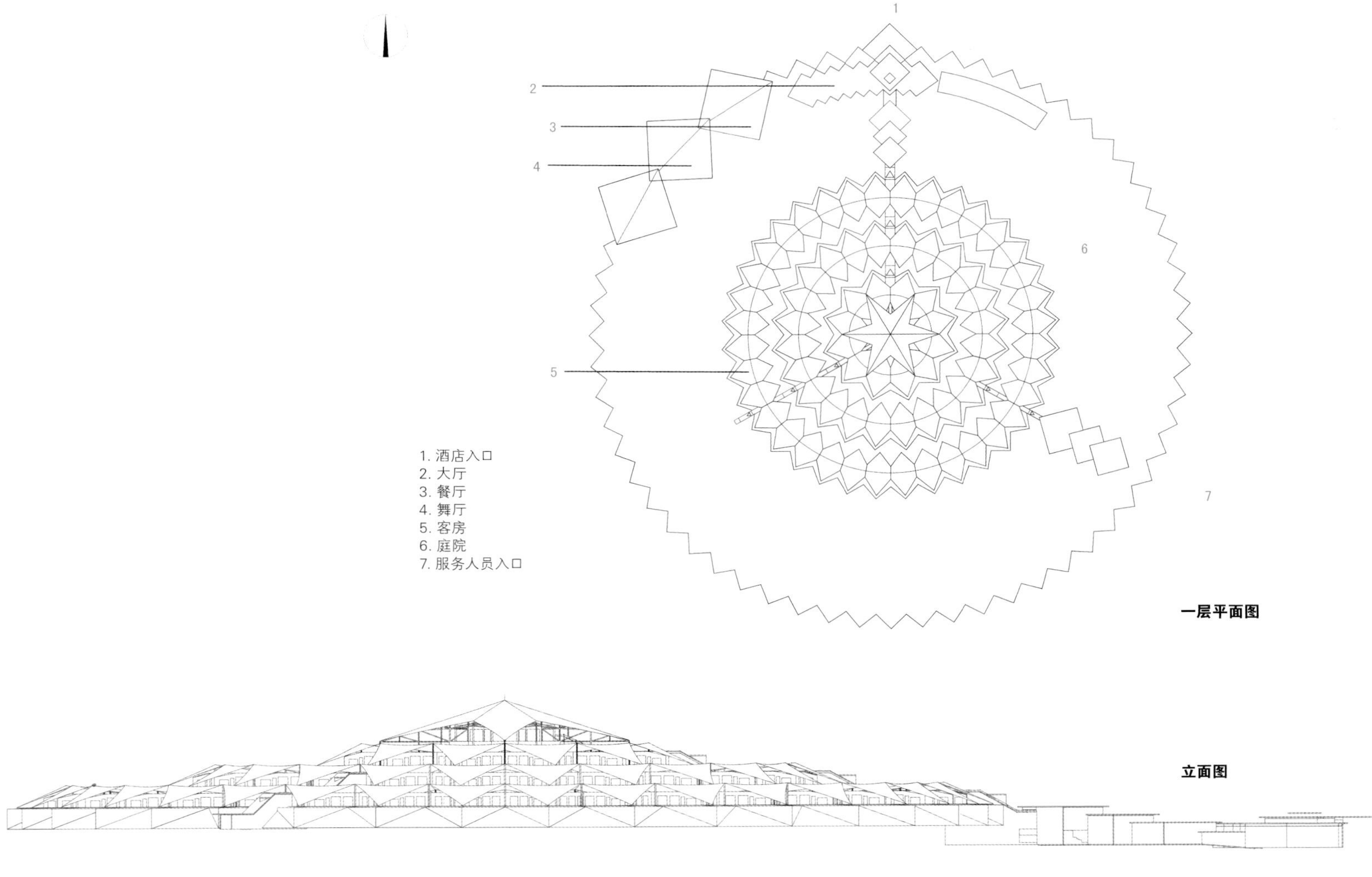

1
2
3
4
5
6
7
1. 酒店入口
2. 大厅
3. 餐厅
4. 舞厅
5. 客房
6. 庭院
7. 服务人员入口
一层平面图
立面图

广东，潮州，东山湖

潮州东山湖温泉酒店

Dansuao Hotspring Resort, Chaozhou

冯国安、张凌宇、李毅、陈政 / 主创设计师

在开始这个设计项目的时候，建筑师还在汕头大学任教，从前期构思到完工经历约4年多的时间。

东山湖是一个知名的温泉度假村，离潮州市区45分钟车程。年轻的海归业主在思考发展二期建筑的时候，期待建筑师利用基地的特征和营造不一样的温泉体验。

传统的温泉区，温泉池一般充当公共空间。而在东山湖，考虑人在水中的时候和自然与建筑的关系，建筑师利用基地的自然环境的优势，把温泉池设计成建筑的核心元素。泡温泉的时候，人与自然风光、建筑之间便产生多维的关系，旨在营造诗一般的温泉体验。

在户型设计上，从一房到最大的四房设计来满足不同客户的需求。在建筑体量上，以一层的建筑为主体，低体量的建筑和附近的环境融合协调。在平面布局上，每个房间会有独立的景观和私密性。共享的温泉部分是从建筑延伸出去的平台，可以一边看着山景，一边享受泡温泉的乐趣。在材料使用上，我们找了当地的师傅做了水刷石的外墙处理，这材料既低调朴素又有质感，和自然融合在一起。

很多时候建筑师把建筑无限放大它的重要性（包括体量），把自然变成第二重要（或更低）的角色，在潮州的项目中，我们试图颠倒这种关系，进来这里最先看到的是植物、石头、流水和鸟鸣，最后才是建筑。

规划设计
林军
基地面积
25,000平方米
建筑总面积
3,300平方米

建设业主

江阴长欣置业有限公司

室内配合设计 / 软装设计

上海蘑菇云工作室

灯光顾问

北京八番竹灯光照明有限公司

设计时间

2012年

完成时间

2014年

项目面积

7,000平方米

江苏，江阴，敔山湾

江阴敔山嘉荷酒店

Yushan Arcadia Hotel of Jiangyin

上海都设建筑设计（DUSHE Design Shanghai）/ 设计　苏圣亮 / 摄影

从废弃屋到时尚酒店

都设设计在江阴一个新近落成的项目中，以回春妙手，将一座近乎废弃的小型办公楼改造为一个充满禅意的精品酒店。在甲方希望外观不做改动、内部结构少做调整的条件下，都设以精妙的空间构思能力和专业的酒店功能组织功力，帮助甲方以最小的代价，将一个6000平方米的办公楼转变为区域的时尚地标，大大提升了标的物的价值。这是都设在旧建筑改造领域的第一个里程碑意义的项目，多家国际知名设计媒体已经予以专题介绍。

改造前的办公楼体量不大，却拥有得天独厚的敔山湖一线景观。从江南园林欲扬先抑的空间特征得到启发，都设精心创造了一条崭新的充满惊喜的空间序列。从场地入口到酒店大门，再到过厅、大堂，这一段体验之旅通过幽暗沉着的空间色彩，帮助客人从喧嚣的尘世进入到宁静放松的无我状态。当过厅的自动门缓缓打开，180度湖景画卷呈现在眼前之时，给予客人以无限的惊喜，这一序列也迎来了戏剧化的顶点。

室内风格的灵感来自于江南文士素雅清净的禅房，以简洁明快的语汇重现“蝉噪林逾静，鸟鸣山更幽”的意境。客房陈设简练素净，禅意十足，成为观湖远眺的空灵背景。屋顶平台引入室外酒吧，把酒凭栏，沉醉于山水之间，令人心旷神怡。

都设以专业的酒店设计功力，在现有的框架内重新梳理出符合酒店运营的空间和流线。从甲方的立场出发，以举重若轻的手法，尽可能利用现有结构和机电设备，节约不必要的投资。通过空间的梳理和效果的再造，赋予了平凡建筑以不平凡的生命，让灰姑娘穿上了水晶鞋，把废弃屋成功转变为区域的时尚地标。

都设设计以“建筑、室内、景观一体化设计”为导向，协调诸多专业配合设计和顾问公司，为业主提供一站式高品质的设计服务。在地产价格趋于稳定的未来，大量拥有交通资源或景观资源的老旧建筑将迎来新生的机遇。本项目甲方投资仅3000万元，营业一年即已盈利，展现出旧建筑改造升级的巨大价值空间。都设以本案作为起点，将完成一系列的旧建筑改造升级项目，提前布局这一前景广阔的设计领域。

改造前

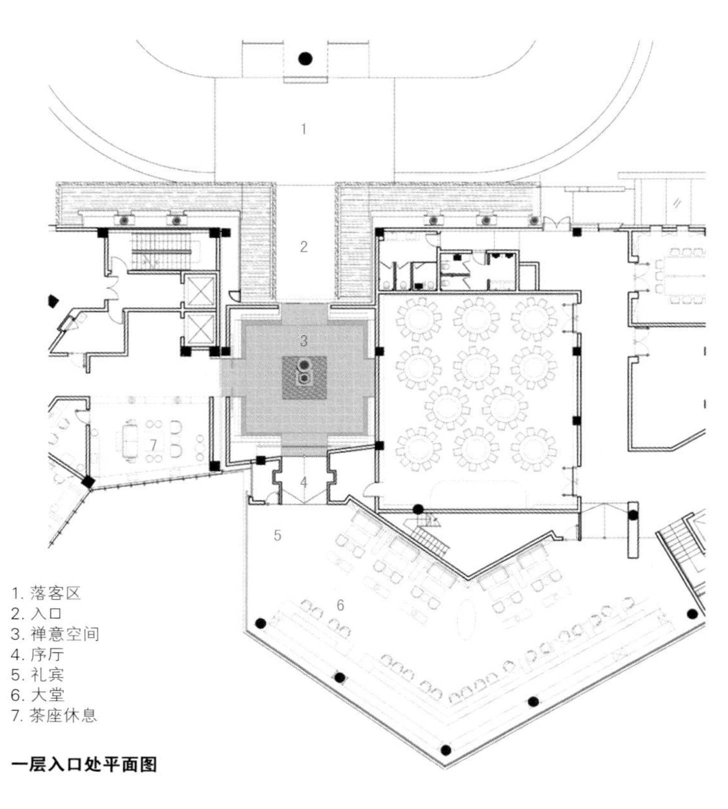

一层入口处平面图

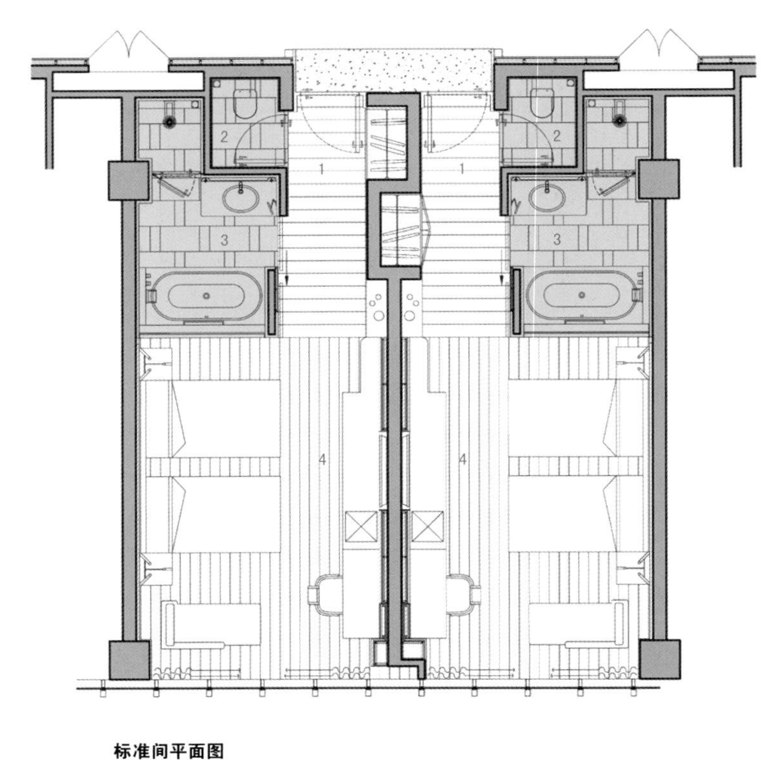

标准间平面图

1.玄关
2.卫生间
3.浴室
4.卧室

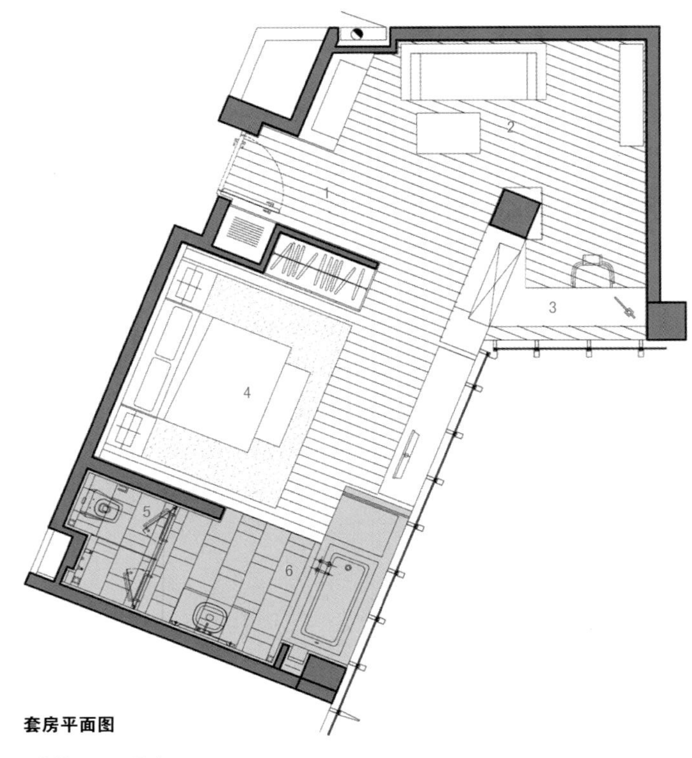

套房平面图

1.玄关
2.客厅
3.书房
4.卧室
5.卫生间
6.浴室

设计董事

姜宇捷

合作设计董事

江立文

完成时间

2015年

业主

苏州科技城

建筑面积

27,255平方米

奖项

2015年亚太房地产大奖—

中国最佳酒店建筑5星奖

由Aedas设计的苏州科技城源宿酒店毗邻太湖和大阳山国家森林公园。为了呼应源宿品牌的生态理念，作为亚太地区的第一家源宿酒店，苏州科技城源宿酒店与青山绿水融为一体，同时又保留了自身的建筑特色，在这个独特的地点营造出一种精致而富有文化的生活氛围。

该酒店的设计从中国传统的苏州园林中获得灵感，采用了“叠院”的设计方式，以三个相互叠加的环形作为主要的建筑形式。另一方面，为了优化酒店客房的视野，建筑单侧的客房也采用了最基本的“环形”布局。

第一个环形是室外露台，它保证了室内外空间的流畅连接并将自然风景引入了室内。第二、三个环形构成了酒店的建筑主体。为了优化客房的视野，酒店采用交错的双庭院布局，并且将客房全部设在朝外的单侧。庭院布局在室内外之间形成了对话，通过高低错落的露台和屋顶花园把自然引入了建筑。庭院、露台和屋顶花园营造了一种在建筑与自然中交错的步行体验。

两个南向的庭院相互叠加，朝向南面的湖泊开放。庭院错落的高度形成了强大的螺旋效果。独特的建筑造型不仅让建筑成为了当地的地标，还与双环屋顶花园实现了连接。精心规划的空间和景观在室内外环境之间形成了生动的对话。

酒店共有188间客房，配有多功能会议空间、商务中心、餐厅、健身中心和室内游泳池。

江苏，苏州

苏州科技城源宿酒店

Element Suzhou Science and Technology Town, Suzhou

Aedas / 设计

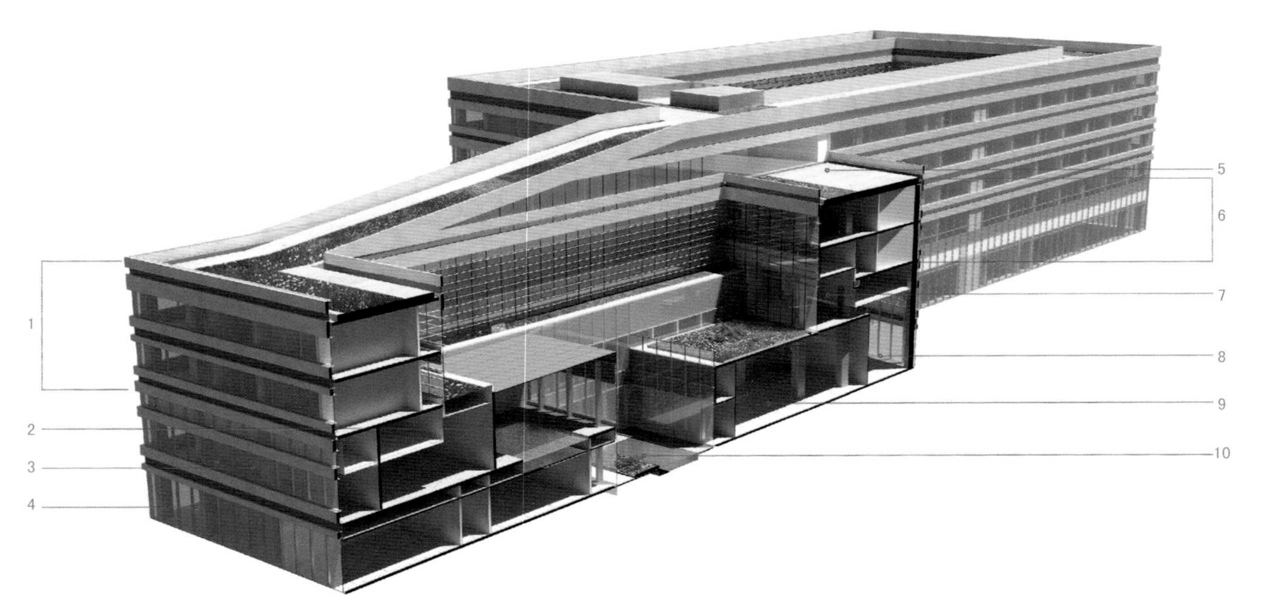

1. 3~4层客房
2. 游泳池
3. 健身中心
4. 行政区
5. 屋顶花园
6. 3~4层客房
7. 阅览室
8. 全日餐厅
9. 全日餐厅BOH
10. 苔藓花园

西环剖面图

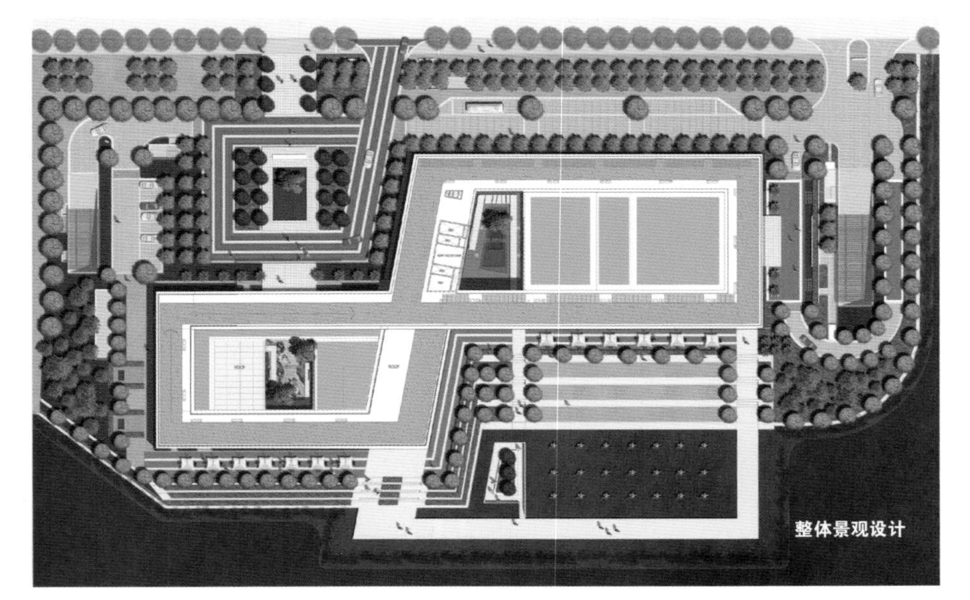

整体景观设计

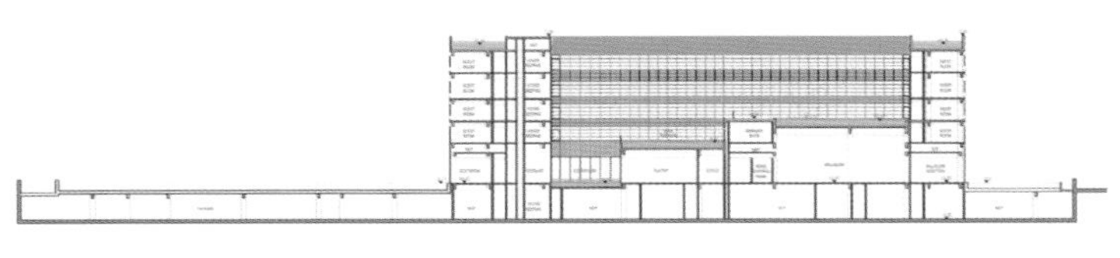

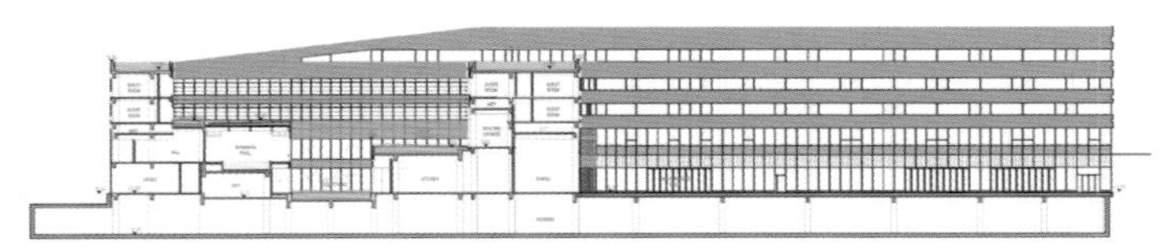

剖面图

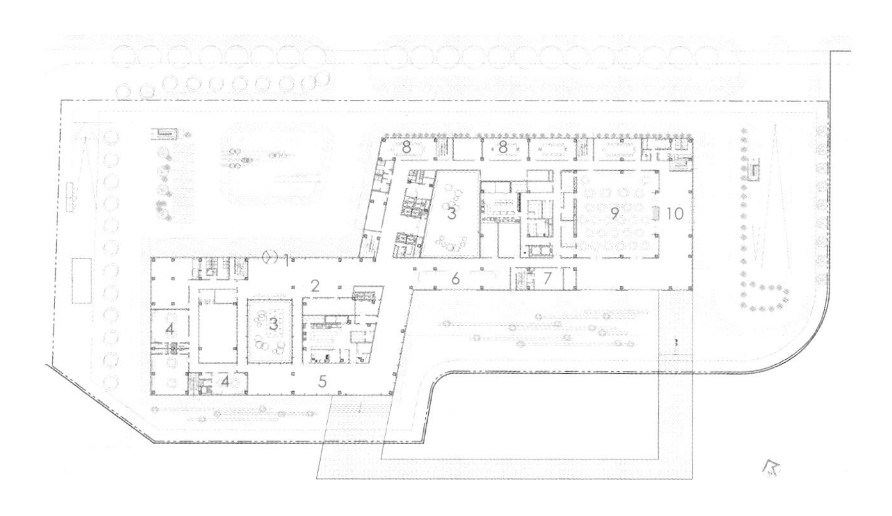

1. 大厅
2. 接待处
3. 庭院
4. 餐厅
5. 全日餐厅
6. 休闲吧
7. 贵宾室
8. 会议室
9. 宴会厅
10. 宴会厅前厅

一层平面图

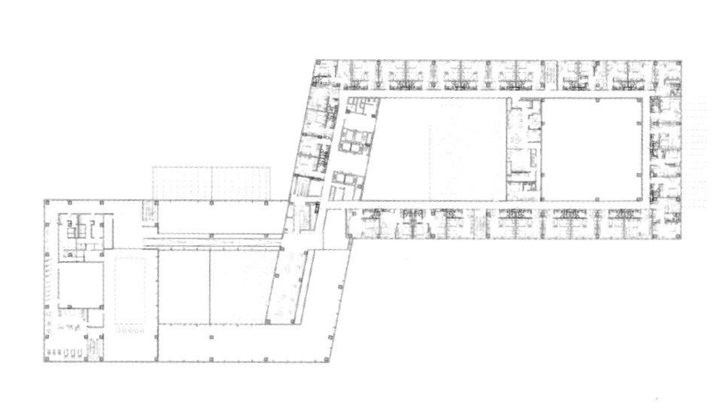

二层平面图

标准层平面图

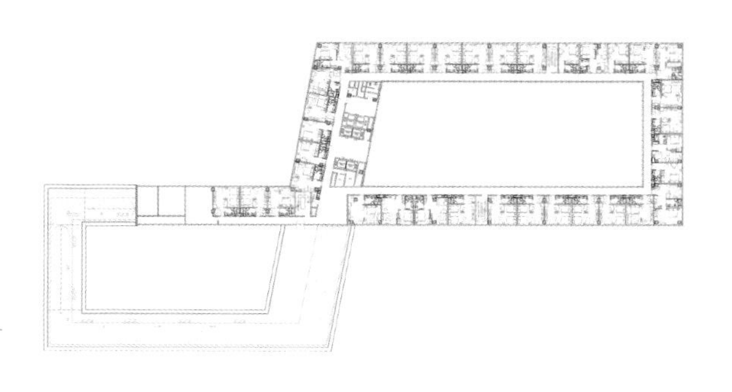

五层平面图

设计单位
A-ASTERISK / 阿司拓设计
客户
明道集团
完成时间
2014年5月
地块面积
169,140.53平方米
（包括二、三期地块）
建筑总面积
11,357.03平方米
（其中地下946.85平方米）
最高高度
17.035米
建筑施工图
黑龙江省林业建筑设计院
装修设计
A-ASTERISK / 阿司拓设计
景观设计
A-ASTERISK / 阿司拓设计
KANEMITSU HIROSHI DESIGN OFFICE（金光弘志）
SEA BASS（铃木千穗）
标识设计
A-ASTERISK / 阿司拓设计
uji design（前田丰）
照明设计
日本雪洞 / Bonbori lighting architect and associates
（角馆政英，野泽润一郎）
结构形式
钢筋混凝土框架结构

黑龙江，齐齐哈尔

齐齐哈尔鹤之汤温泉养生馆

He Zhitang Spa, Qiqihar

中村诚宏、秦屹、滋埜悠司、来杰、王文平、贺增才 / 主创设计师　广松美佐江 / 摄影

齐齐哈尔扎龙湿地的温泉规划设计包含了三种不同的温泉产品。

怀着对齐齐哈尔扎龙湿地辽阔景观的震撼，我们参与了扎龙温泉度假小镇的项目建设。该项目分三期建设，规模约为62,000平方米，业态包括温泉大浴场，温泉会馆及温泉客栈，五星级温泉度假酒店，小剧场，旅游商业以及配套设施。每一个温泉建筑都线性的指向其所处的湿地景观，并沿着湿地的景观沿线展开。

建筑风格采用了坡顶的结构，黑墙黑瓦，白色金属板收边。每个单体都在山墙面设置通透玻璃幕墙，形成一个长条观景容器，用“框景”的手法将壮丽的扎龙湿地景观收于室内。项目位于17万平米的扎龙小镇整体规划的中南部。作为初来的客人从东面穿过玄关进入大堂，从外部到内部色调始终是黑色暗调。吊顶的层次迫使空间拉长，强化了透视效果的室内空间。

从大堂通过服务柜台进入男女更衣间，以及由树木和灌木掩映的小型裸汤区。继续前行来到泡池区，一个造型生动的泡池在中央，各种不同功能不同规模的小型温泉泡池围绕其分布在泡池区周围。

从男女更衣室通过中央交通核心筒的电梯或者大台阶到达二层，是餐厅和休息娱乐大厅。为了增加亲密的互动，父母可以在餐厅观察在儿童娱乐区的孩子。再上到三层，分为不同的功能房间，包括办公区、休息包间和棋牌室等。

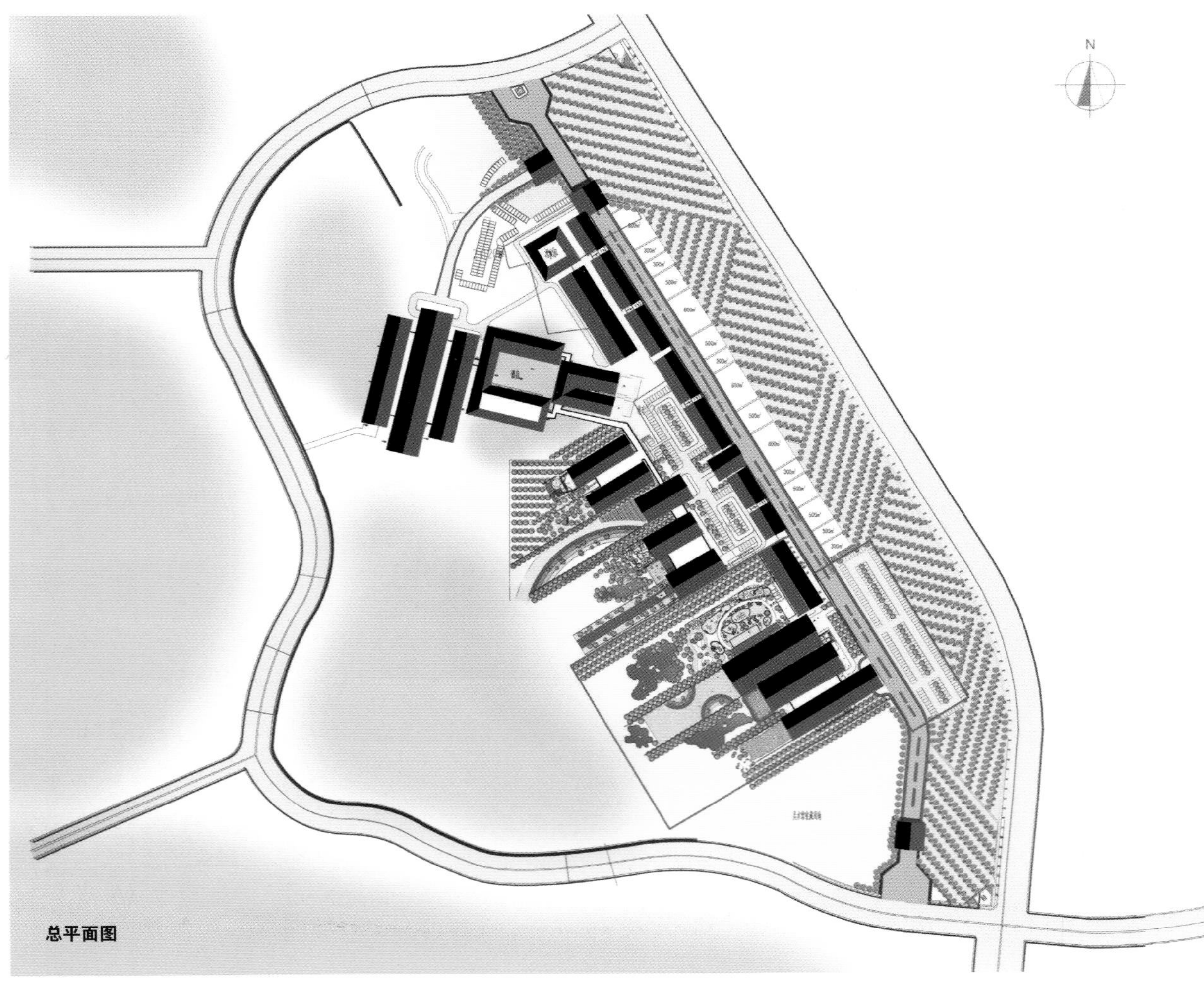

总平面图

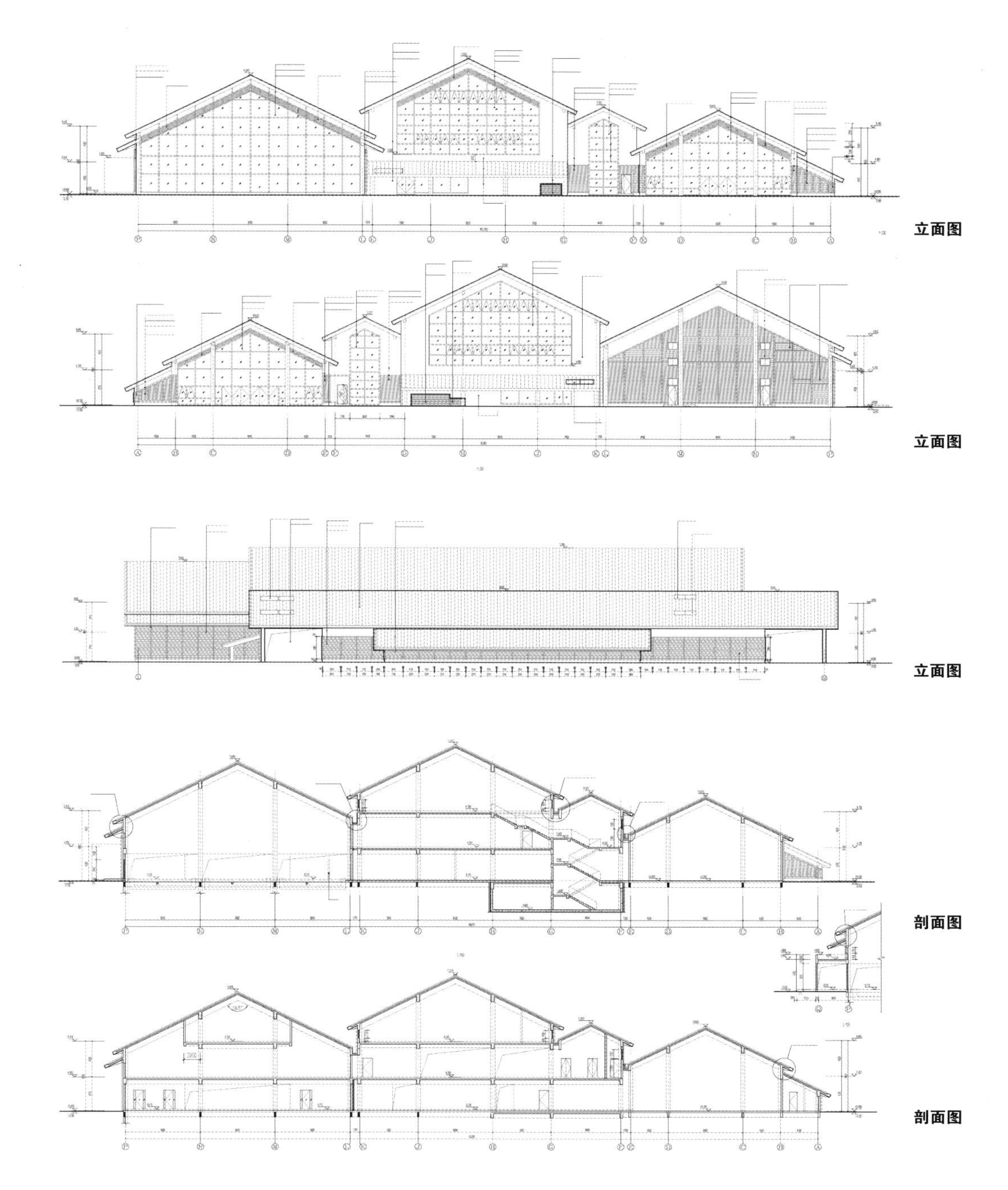

立面图

立面图

立面图

剖面图

剖面图

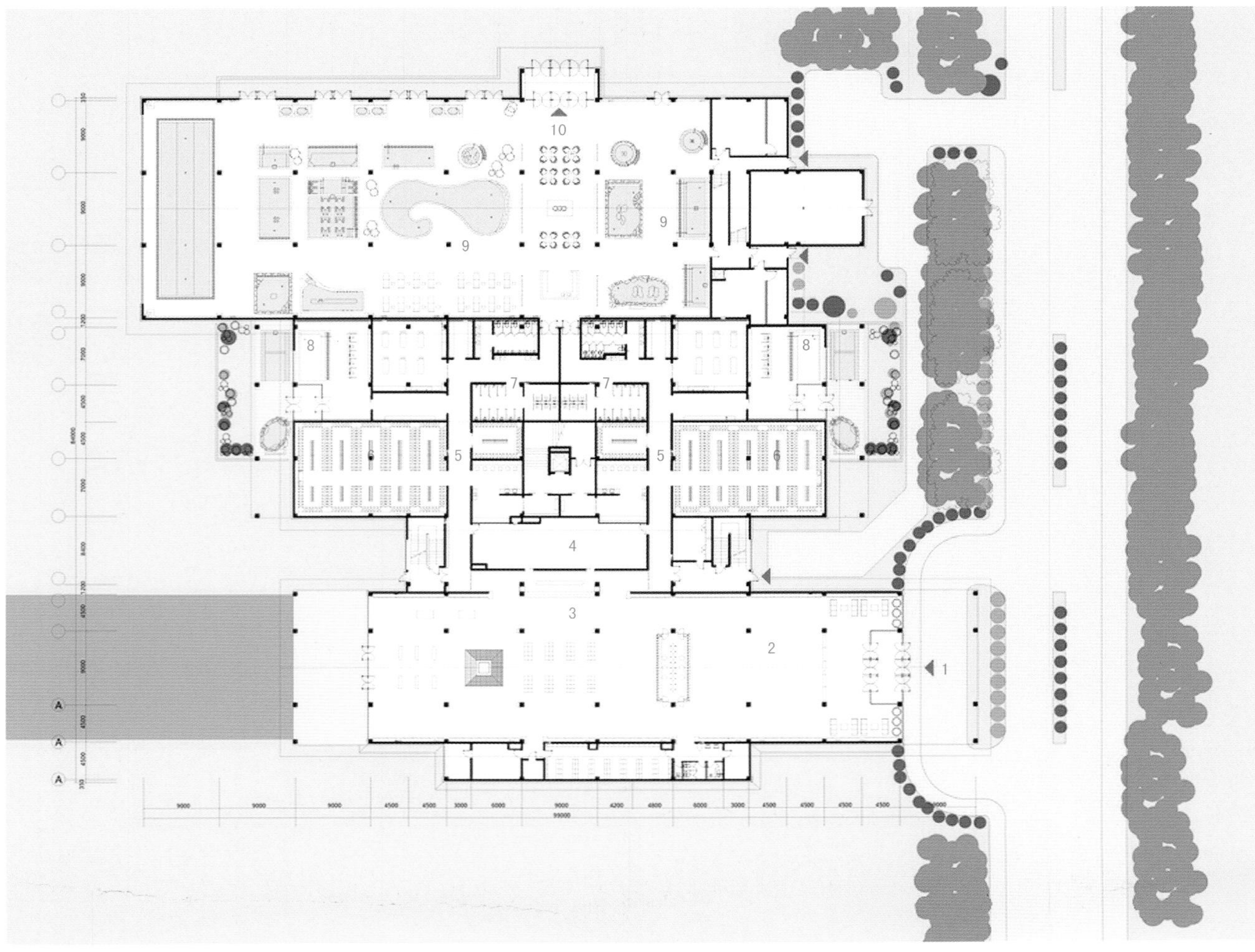

1. 入口
2. 入口大厅
3. 服务台
4. 储藏室
5. 电力控制室
6. 更衣室
7. 淋浴间
8. 日式温泉
9. 温泉
10. 通往户外温泉

一层平面图

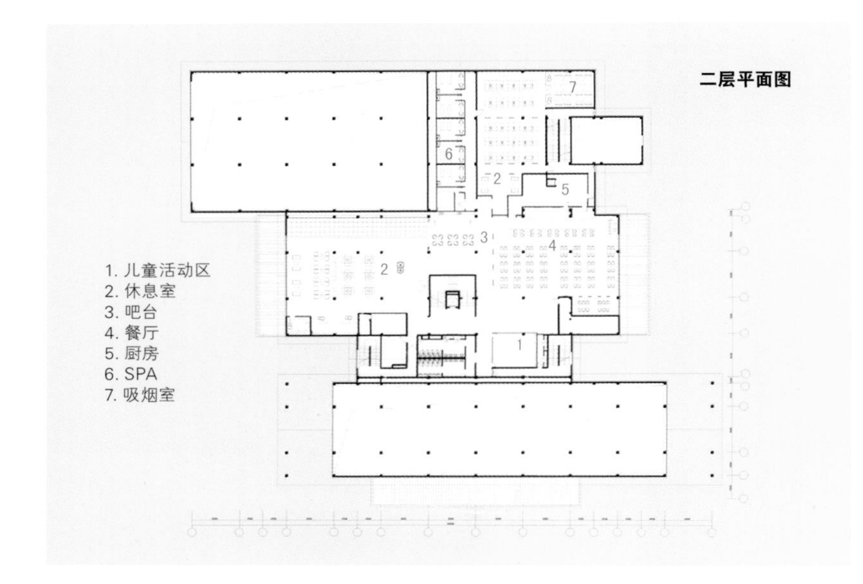
二层平面图
1. 儿童活动区
2. 休息室
3. 吧台
4. 餐厅
5. 厨房
6. SPA
7. 吸烟室

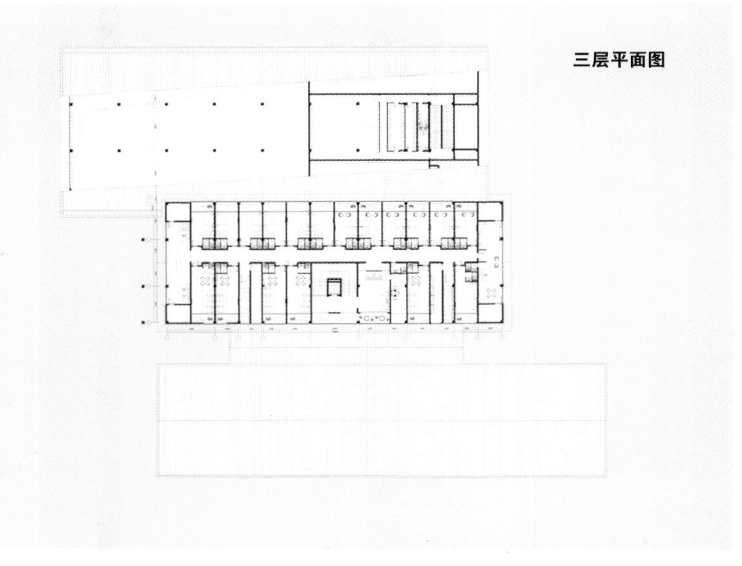
三层平面图

设计团队

王硕、张婧、吴亚萍、程茵、常倩倩、王涵、张国威、兰添

设计时间

2013年4月

完成时间

2014年2月

基地面积

1,150 平方米

建筑面积

800平方米

灯光咨询

韩晓伟

项目功能

茶室、正餐、聚会、办公、会议、居住、娱乐

北京，西海

西海边的院子

Courtyard by the West Sea

META-工作室 (META-Project) / 设计　陈溯 / 摄影

项目位于什刹海西海东沿与德胜门内大街之间的一个狭长基地，在德胜门城楼正南方不到400米。面朝西海一侧的两排砖混结构的厂房建筑，前身就是什刹海地区久负盛名的蓝莲花酒吧，基地东侧则是七八十年代搭建的几间矮小破旧的临时性房屋，没有保护价值。房主希望能将这一贯通西海与德胜门内大街的地块改造成具有北京胡同文化特质的空间，同时又能满足一系列非常当代的混合使用功能——包括茶室、正餐、聚会、办公、会议、以及居住、娱乐。

三进院

META-工作室在对基地现有构筑物进行详细梳理后，进行了审慎的改造与介入。首先，将两排东西向厂房之间形成的狭窄压抑的巷道空间转化成与胡同院落模式相符的空间类型——选择将东侧破旧的房屋以及南侧厂房中段拆除以及对一些临时性构筑物的清理，为贯穿整个60米长地块中间的宽3米的狭长走道引入几处剖面宽度上的收放变化。并在扩展后的凹凸空间衔接处引入三个不同形式的悬挑门廊，半室外的廊下转喻传统院落中“月亮门”——界定了纵身方向的层次，形成了空间意义上的“三进院”。

而这里所提出的“三进院”，并非是对传统四合院中轴对称院落格局的模仿，却力图通过错落有致，移步换景的空间层次，以当代的语言重新阐释多重院落这一概念在进深变化上的可能，同时构建了房主期待中胡同文化生活的内涵：每天下午沿着幽静而不失市井生活乐趣的西海散步之后，由面朝西海正中的大门进入前门廊，一旁便是茶室，一盏茶之后步入联系着主要的办公空间和会议室的前院，工作之余可通过楼梯上到二层的正餐室，这里6米宽的朝西大窗是观赏西海落日的绝佳之处。由正餐室迈步即到露台，也可由二层廊道方便的通向后面的居住娱乐空间；中院周围是各类后勤功能房间；再绕过后门廊，则是更为开敞的活动空间以及平日的停车场。三进充满树木植被的院落将房主需要的各种混杂功能合理归纳划分，并使整个基地内的日常行走成为一种连续的而又充满节奏变化的空间体验。

材料搭接实验

与传统四合院完全“内向性”的居住状态不同，好客的房主提出的种种公共功能需要在内院里呈现出“外向性”的姿态，从而引发更加开放的人为活动，这使得我们必须打破一般对院落空间围合边界的理解，将近乎于行走在“胡同”中的空间感受引入到院落中来，而这一点是通过不同的材料与其特殊的搭接方式来实现的。

内立面和西立面上使用打磨成五种深浅程度的火山岩，在尺度和色差上都与胡同中府第深宅的外围高墙相近，而在纹理上却体现了更为精确细致的变化。通过复杂构造实现的大小比例各异的楸木室

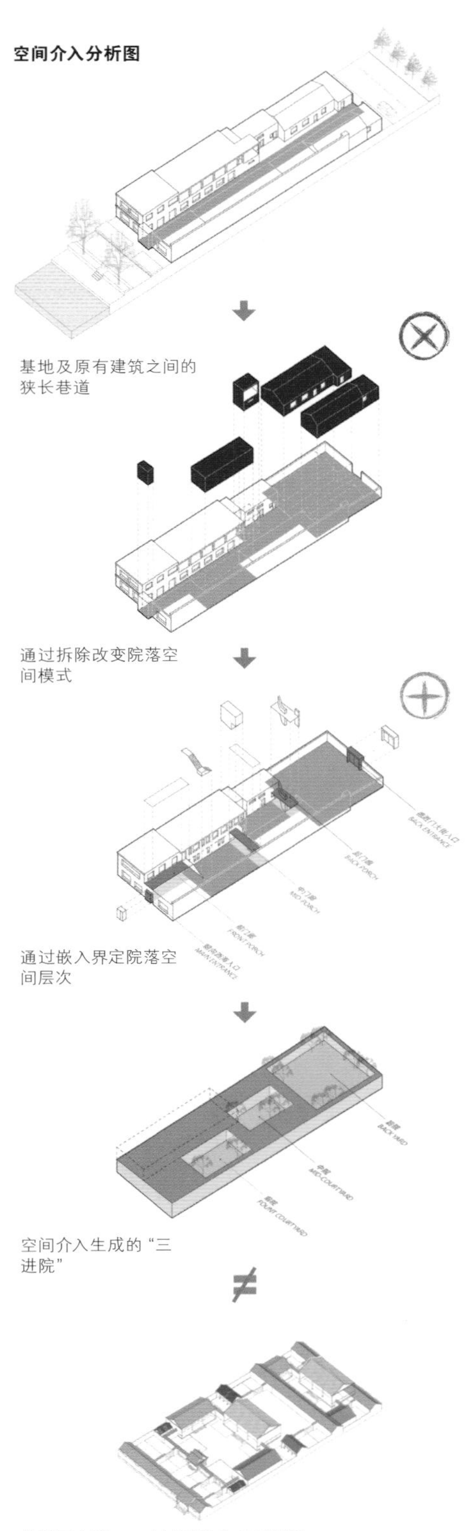

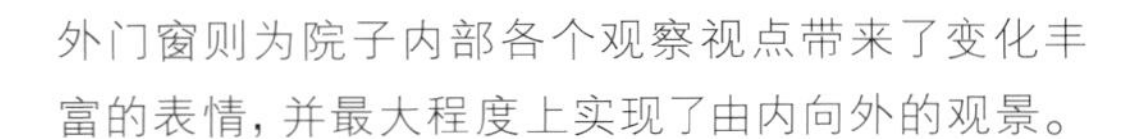

外门窗则为院子内部各个观察视点带来了变化丰富的表情，并最大程度上实现了由内向外的观景。

较为开敞的后院围墙则演化成为一场材料搭接的实验，在尝试了几种不同材料之后，拆除现场的瓦砾与环绕着后院周边几间瓦房露出的屋顶让房主想起了小时候对"瓦"的特殊记忆。作为回应，我们确定了以"筒瓦"作为后院墙材料搭接实验的主体—— 于是将本用于屋顶排水的筒瓦在旧墙内侧垂直叠放成为围屏，并通过精心控制的细微扭转，使这一原本灰暗的材料在不同光线与角度下呈现出耐人寻味的光影变化。

室内体验营造

为了使室内空间延续庭院的胡同日常体验，我们在室内引用了"金砖"地面和灰砖墙面，并用深色木质的栅格屏风和内嵌家具对空间进行流动化的界定，整个室内透过当代的空间语言解说着厚重质朴的故事。

对室内体验而言，很重要的一点是与外部环境的关系，因而不论面朝西海6米宽的大窗，还是面向内院的窄长竖条窗，或是正对着玉兰树的通高玻璃，以及楸木栅格开启扇，半透的窗帘——室内体验的营造都围绕着对室外自然（西海或庭院）的取景。不同的"窗"成为连通内外环境、使之互相渗透的"转换器"。

西海边的院子，在原本狭长拥挤的基地内，通过空间的疏理和院落的介入，营造出具有多重层次与虚实节奏的空间体验；并通过火山岩、楸木与筒瓦的精心构造搭接，在庭院内部引入有如行走在胡同中的丰富材质感受；并进一步让这种感受通过变化的窗景渗透到室内空间中。在不断的牵引外部城市与内部营造之间的对话中，寻找并阐述着北京胡同在当代的生活特质。

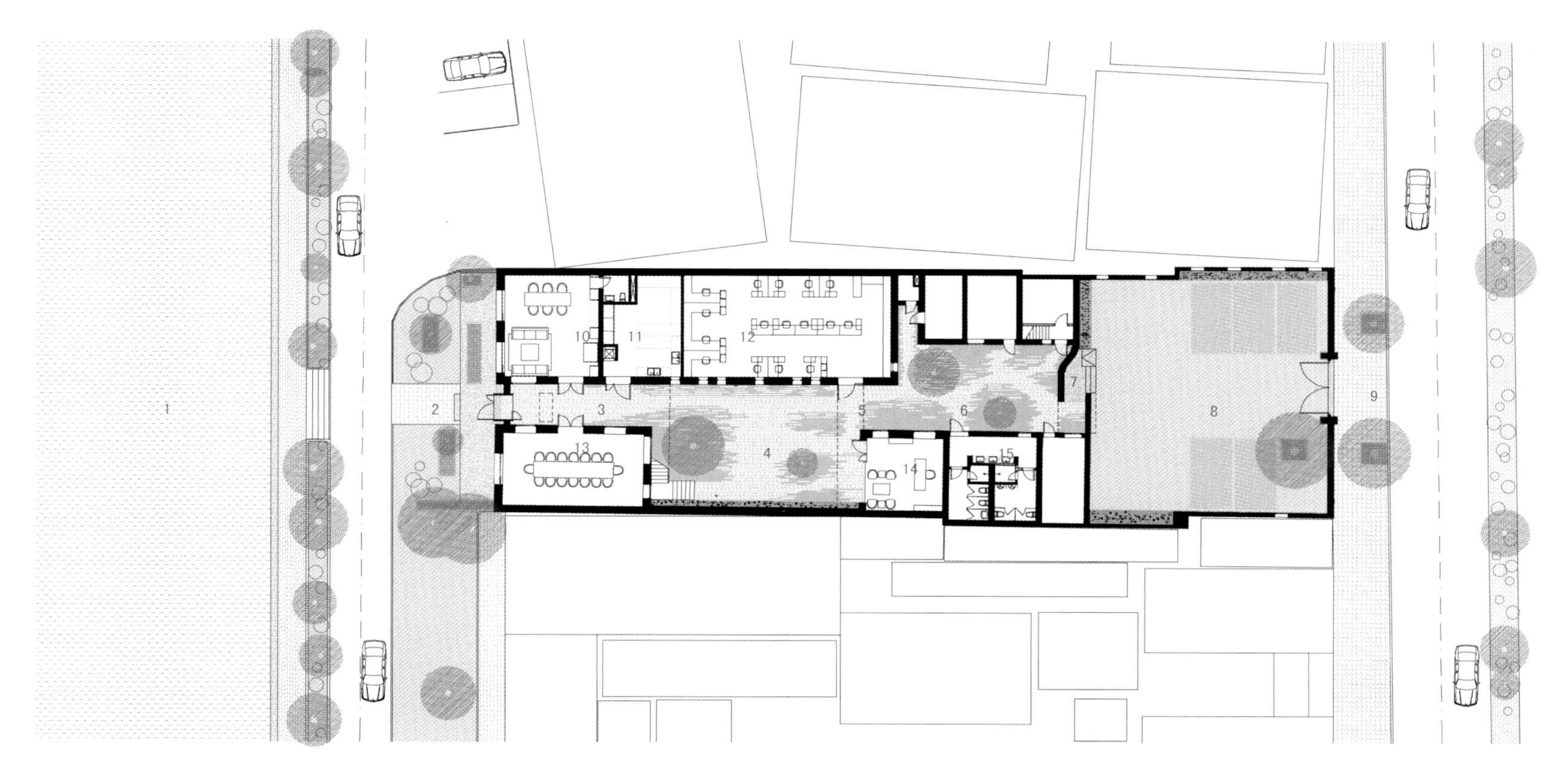

一层平面图

1.西海
2.朝向西海入口
3.前门廊
4.前院
5.中门廊
6. 中院
7. 后门廊
8.后院
9.德胜门大街入口
10.茶室
11.厨房
12.开放办公室
13.会议|接待
14.独立办公室
15.公共卫生间
16.正餐室
17.套间
18.工作室
19.图书馆
20.娱乐室
21.露台

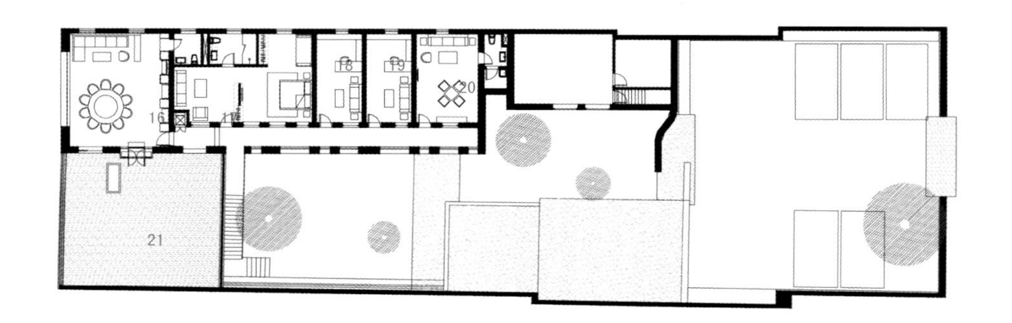

0 2.5 5 10

二层平面图

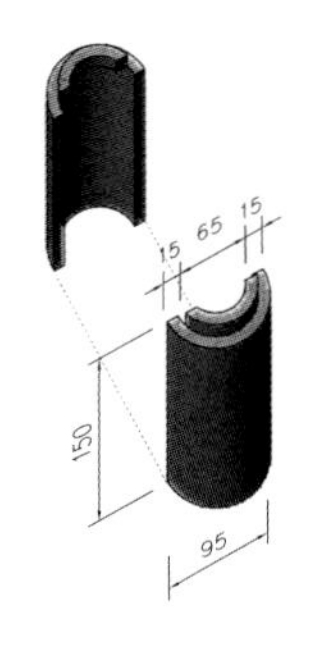

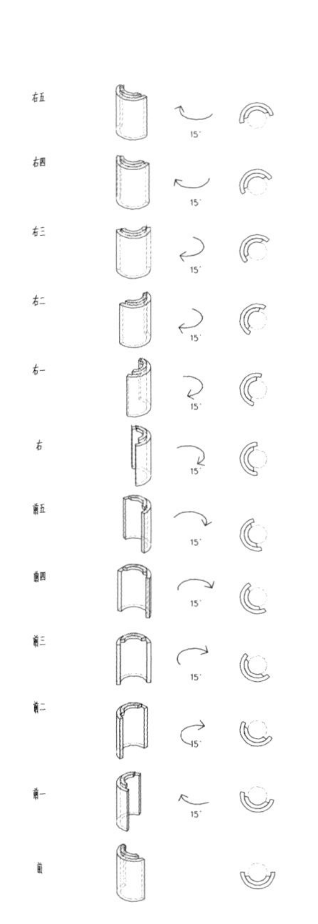

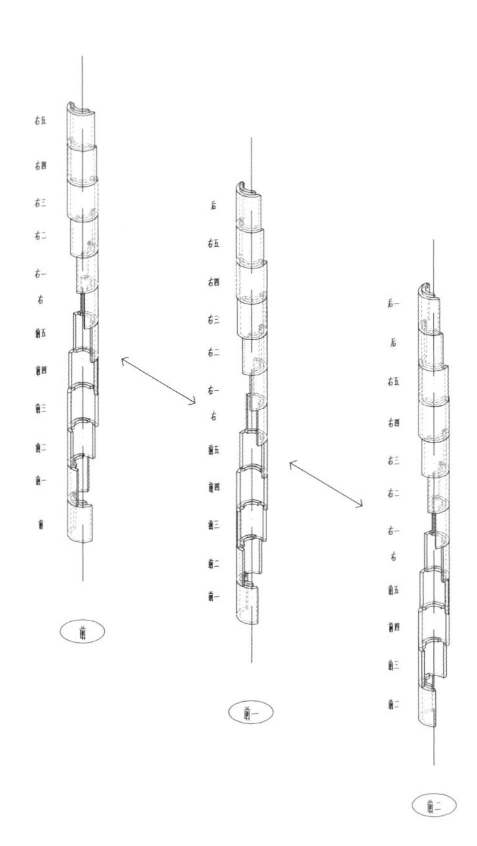

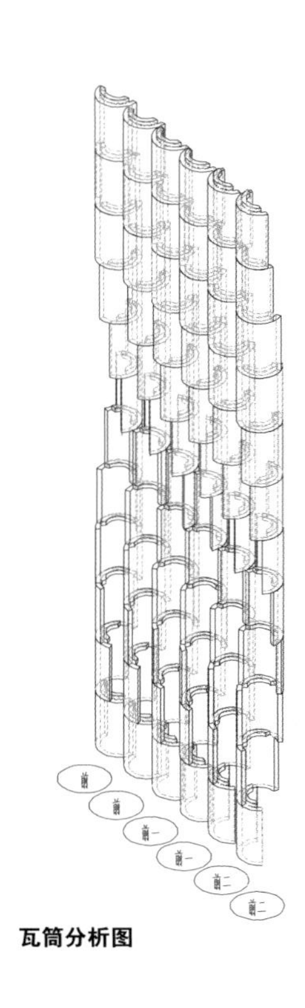

瓦筒分析图

设计团队

建筑营设计工作室（ARCH STUDIO）

设计时间

2014年7月

竣工时间

2015年1月

规划用地

500平方米

总建筑面积

380平方米

建筑高度

3米

主要材料

玻璃、砖、金属

中国，北京

胡同茶舍——曲廊院

Hutong Teahouse

韩文强／主创设计师　王宁／摄影

项目背景

项目位于北京旧城胡同街区内，用地是一个占地面积约450平方米的“L”型小院。院内包含5座旧房子和几处彩钢板的临建。院子原本是某企业会所，后因经营不善而荒废。在搁置了相当一段时间之后，小院现在即将被改造为茶舍，以供人饮茶阅读为主，也可以接待部分散客就餐。

设计理念

1.修复旧的。整理和分析现存旧建筑是设计的开始。北侧正房相对完整，从木结构和灰砖尺寸上判断，应该至少是清代遗存；东西厢房木结构已基本腐坏，用砖墙承重，应该是七八十年代后期改建的；南房木结构是老的，屋顶结构是用旧建筑拆下来的木头后期修缮的，墙面与瓦顶都由前任业主改造过。根据房屋的年代和使用价值，设计采取选择性的修复方式：北房以保持历史原貌为主，仅对破损严重的地方做局部修补，替换残缺的砖块；南房局部翻新，拆除外墙和屋顶装饰，恢复到民居的基本样式；东西厢房翻建，拆除后按照传统建造工艺恢复成木结构坡屋顶建筑；拆除所有临建房，还原院与房的肌理关系。

2.植入新的。旧有的建筑格局难以满足当代环境的舒适性要求，新的建筑必须能够完全封闭以抵御外部的寒冷。为此，我把建筑中的流线视觉化，转化为“廊”的形式，在旧有建筑的屋檐下加入一个扁平的“曲廊”将分散的建筑合为一体，创造新旧交替、内外穿越的环境感受。在传统建筑中，廊是一种半内半外的空间形式，它的曲折多变、高低错落，大大增加了游园的乐趣。犹如树枝分岔的曲廊从室外伸展到旧建筑内部，模糊了院与房的边界，改变院子呆板狭窄的印象。轻盈、透明、纯白的廊空间与厚重、沧桑、灰暗的旧建筑形成气质上的反差，新的更新、老的更老，拉开时间上的层叠，新与旧相互产生对话。曲廊在原有院子中划分了三个错落的弧形小院，使每一个茶室有独立的室外景致，在公共和私密之间产生过渡。曲廊的玻璃幕墙好似一个悬浮地面之上的弧形屏幕，将竹林景观和旧建筑形式投射到茶室之中，新与旧的影像相互叠加。曲廊同时具有旧建筑的结构作用，廊的钢结构梁柱替换了局部旧建筑中腐朽的木材，使新与旧“长”在了一起。

项目意义

旧城既包含着丰富的历史记忆，又包含着复杂的现实生活。历史建筑只有在不断地被使用中才能保持活力，而使用方式反过来又不断改变建筑。当代旧城民居改造需要在历史价值与使用价值之间保持适当的平衡，灵活处理两者之间的关系能够演化出丰富的现实环境。因此新生活和新业态恰好是一种催化剂，让改造梳理历史的层级，激发使用的乐趣。

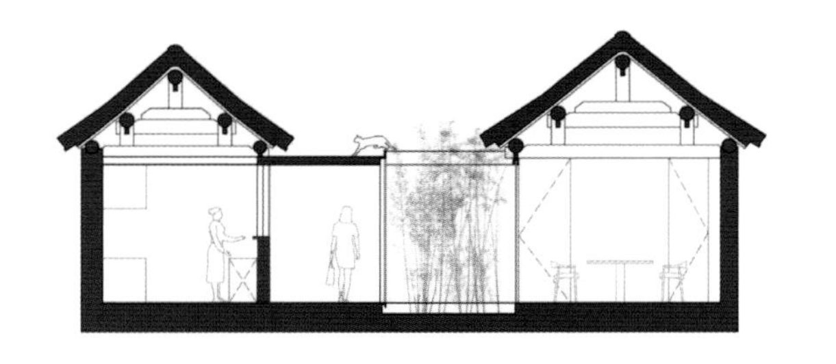
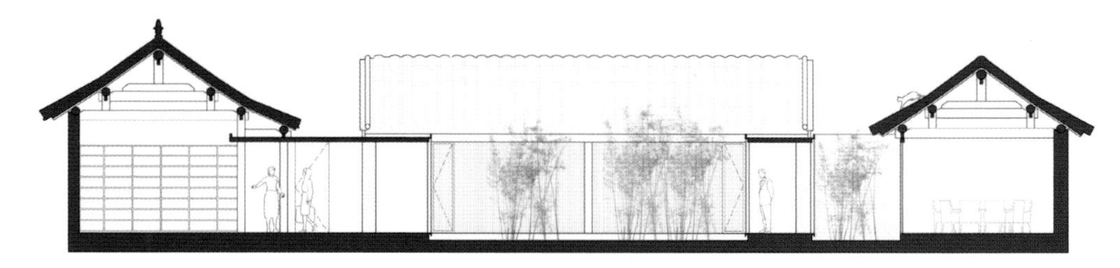

立面图

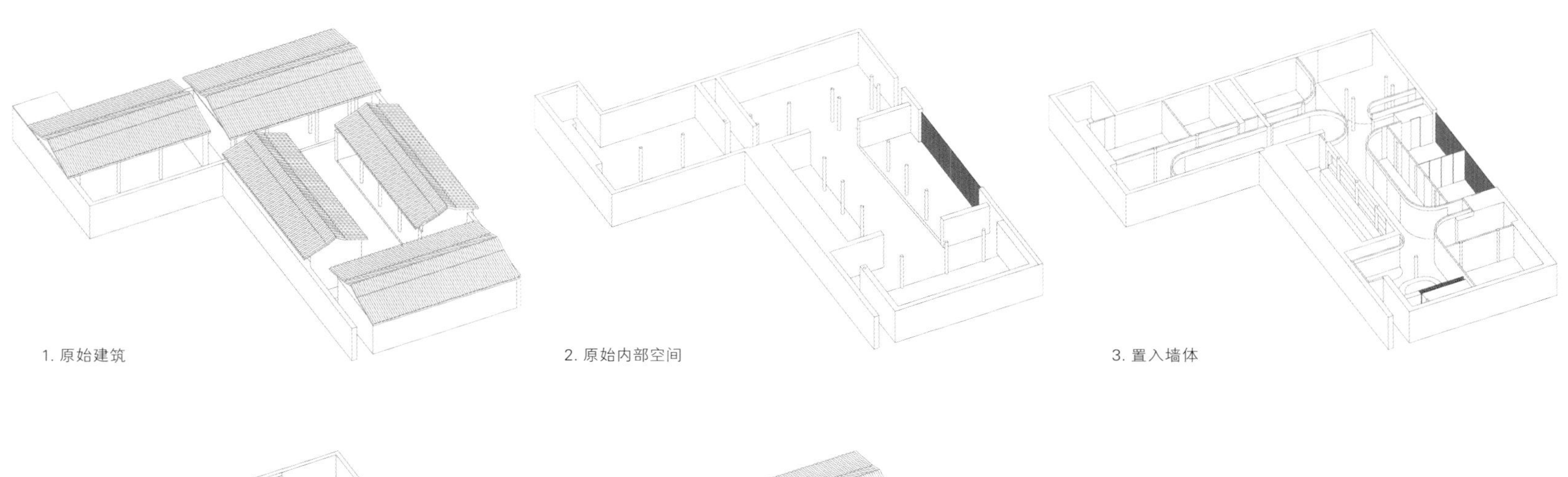

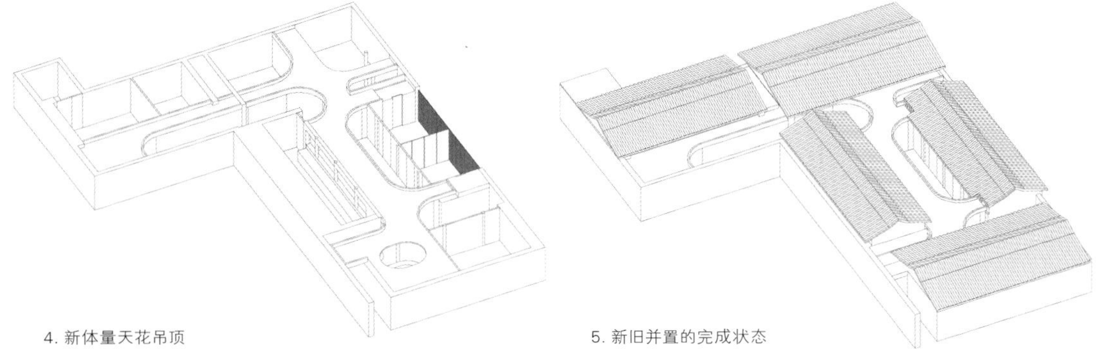

结构策略

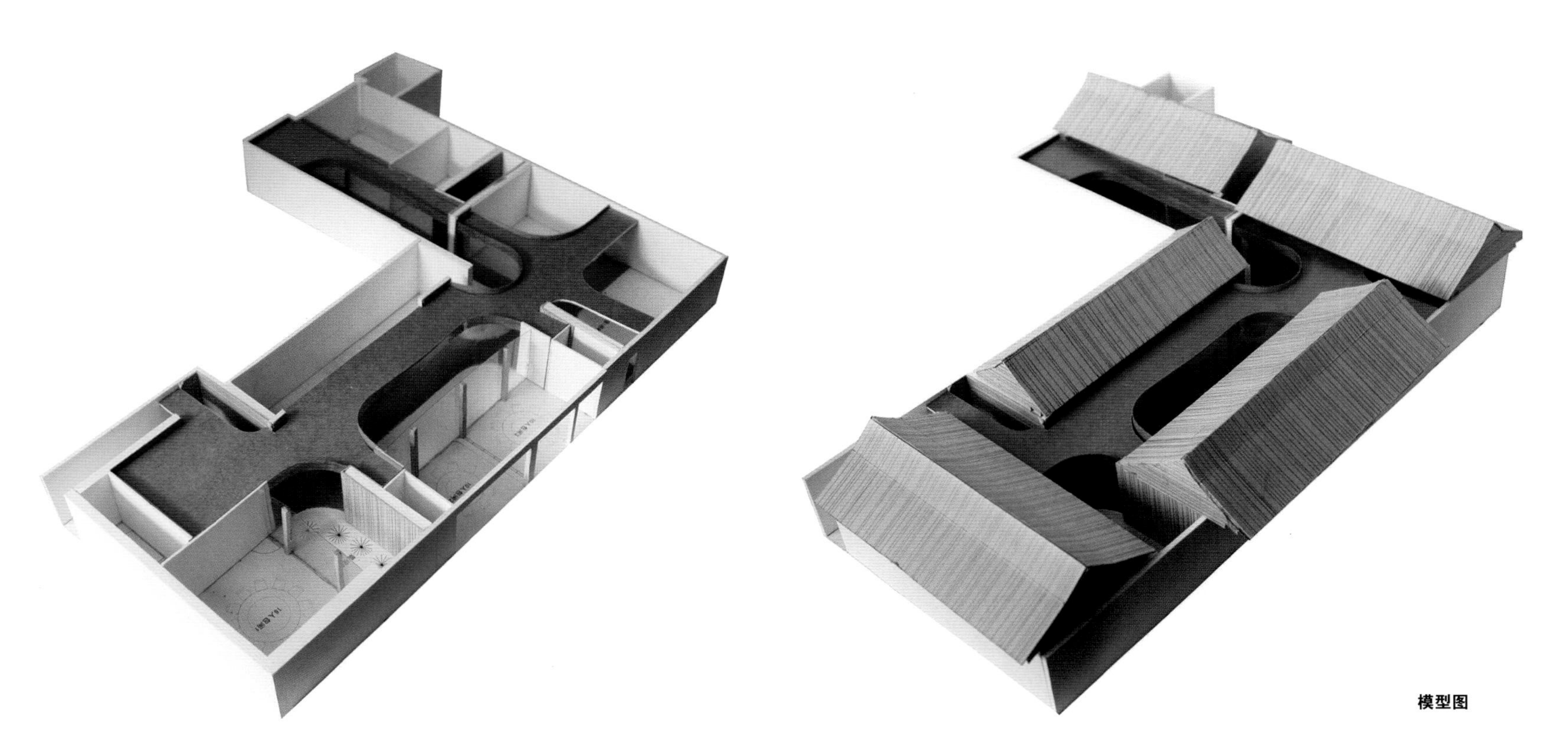

模型图

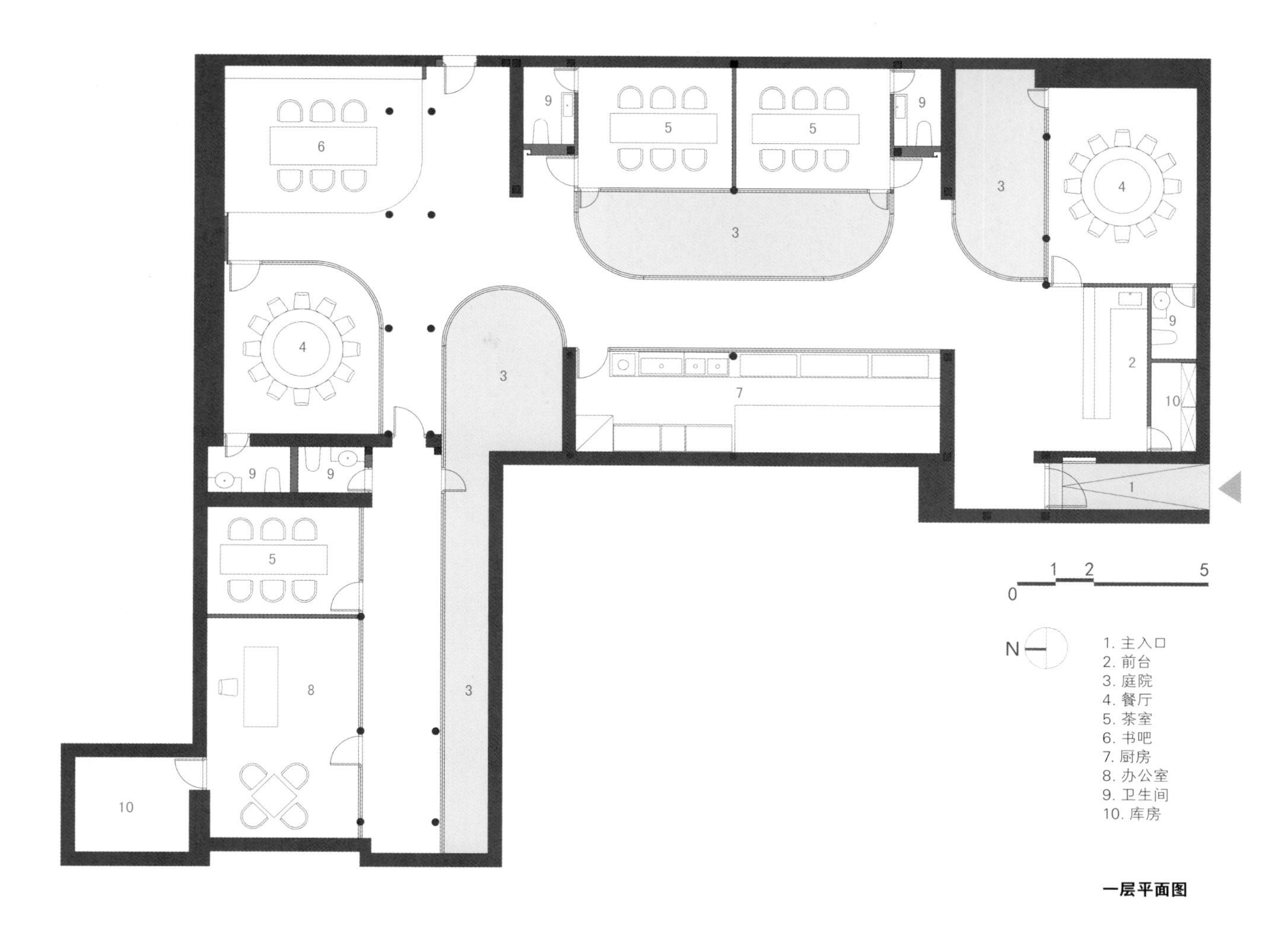
6
5
5
9
9
3
3
4
4
3
7
2
9
10
1
9
9
5
8
3
10
0
1
2
5
N
1. 主入口
2. 前台
3. 庭院
4. 餐厅
5. 茶室
6. 书吧
7. 厨房
8. 办公室
9. 卫生间
10. 库房

一层平面图

建筑部分规划为三个主体建筑；分别为鱼道、鱼宴（鱼雁）、鱼跃（愉悦），建筑体采用砖构造、钢构造及混凝土构造混搭，以求建筑与环境相互衬托协调。

鱼道

建筑外观上，采用红砖构造（清水砖）融和钢构造，结构框架的虚实成为空间设计的一部分；同时降低量体的大小，让建筑看起来更加轻巧及富有光影变化。砖造的传统工艺经过现代手法的组合后，提升了砖造的多样性，更加丰富建筑外立面的变化；大量玻璃外立面让环境周遭的景色都能呈现在用餐之中。

在设计上，设计师想让使用者经过我们刻意安排的空间场景，从看到餐厅到进入餐厅到坐下来用餐，空间的序列好像是一部电影，每个角度都是一个场景。

入口玄关大厅，上方以姜太公钓鱼的概念，悬挂木头万千。紧接着以鱼跃龙门的概念来欢迎客人的到来：两条抽象的鱼图腾，从地上的石阶跃过以瀑布流水呈现的墙面，成为地上的祥龙浮雕，一气呵成。左右两边，一边是微观的叠山，一边是淙淙流水，山水相映，荣枯并置；端景是由一个大石头撑起四根钢构顶住钢制楼梯，二楼的流水顺着扶手中间的凹槽往下流，最后打在大石头上，水花四溅，鱼波荡漾。

入内暖暖的天光洒在身上，眼前豁然开朗，挑高10米的大厅，上方群鱼缤纷飞至；红砖交错砌成的弧形（鱼波荡漾）接待台就在正前，右方是厨房的明档，香味四溢，瞬间打开客人的食欲。左前方一条9米长的独木舟，顺着独木舟往内走，边上有个造型独特的双弧形红砖墙，一凸一凹透露出一种功能上的暗示——男女卫生间。

逆着水流往二楼，二楼的空间更加明亮有光，触手可及的鱼群，如同潜水在大海下；鱼群在成片的金属网下互相追逐，嬉戏，成为大空间的小点缀。右边是散客区，砖砌的酒水吧台做为空间的视觉焦点。左边是包间区，渔网如同渔夫撒网般在中庭挑空区展开；白天以纸浆做成的艺术鱼（以铁线为骨架纤维浆为身）的装置艺术呈现，到了晚上是灯光设计的亮点。

各包间的主题设计，利用不同种类的食用鱼，转成简单的几何图形和抽象的图腾，配合灯光，墙壁材质，变成艺术壁画，呈现精彩的主题，以呼应鱼主题最具体的实用空间。

鱼宴（沈鱼落雁）

根据客户的项目需求及配合湿地公园的地理环境，设计师提出设计理念：即参考借用西方教堂建筑的空间及形式来满足婚宴的功能和婚纱摄影等的需求，让非教徒的中国人可以在一种类似教堂的空间氛围下进行婚礼仪式，以提供不同结婚仪式的选择；同时在湿地公园里创造一个可供欣赏、拍照、郊游的景观环境，如多功能小教堂、草坪、湖泊、湿地、鱼虫花鸟等，让结婚成为享受自然的飨宴。

在建筑外观上分成3种不同的建筑形式组合，采用部分砖砌、部分钢构及部分水泥的结构综合体，墙面的材料上，有灰砖、红砖、玻璃砖及清水模板等，增加建筑外观的多样性，同时也希望能在整个环境里显得更和谐。在建筑的高度上高高低低地形成自己的天际线：有平屋顶、斜屋顶、圆屋顶及球屋顶等；窗户的形式从现代的不规则窗、尖拱窗、树形窗、天窗等在

中国，北京

金福鱼汇

Jinfu Yu Hui

蔡宗志、范娟、李赛、霍明旺、张翩／设计　孙翔宇／摄影

设计公司
法惟思设计
客户
金福艺农
竣工时间
2014年12月
总面积
5,000平方米

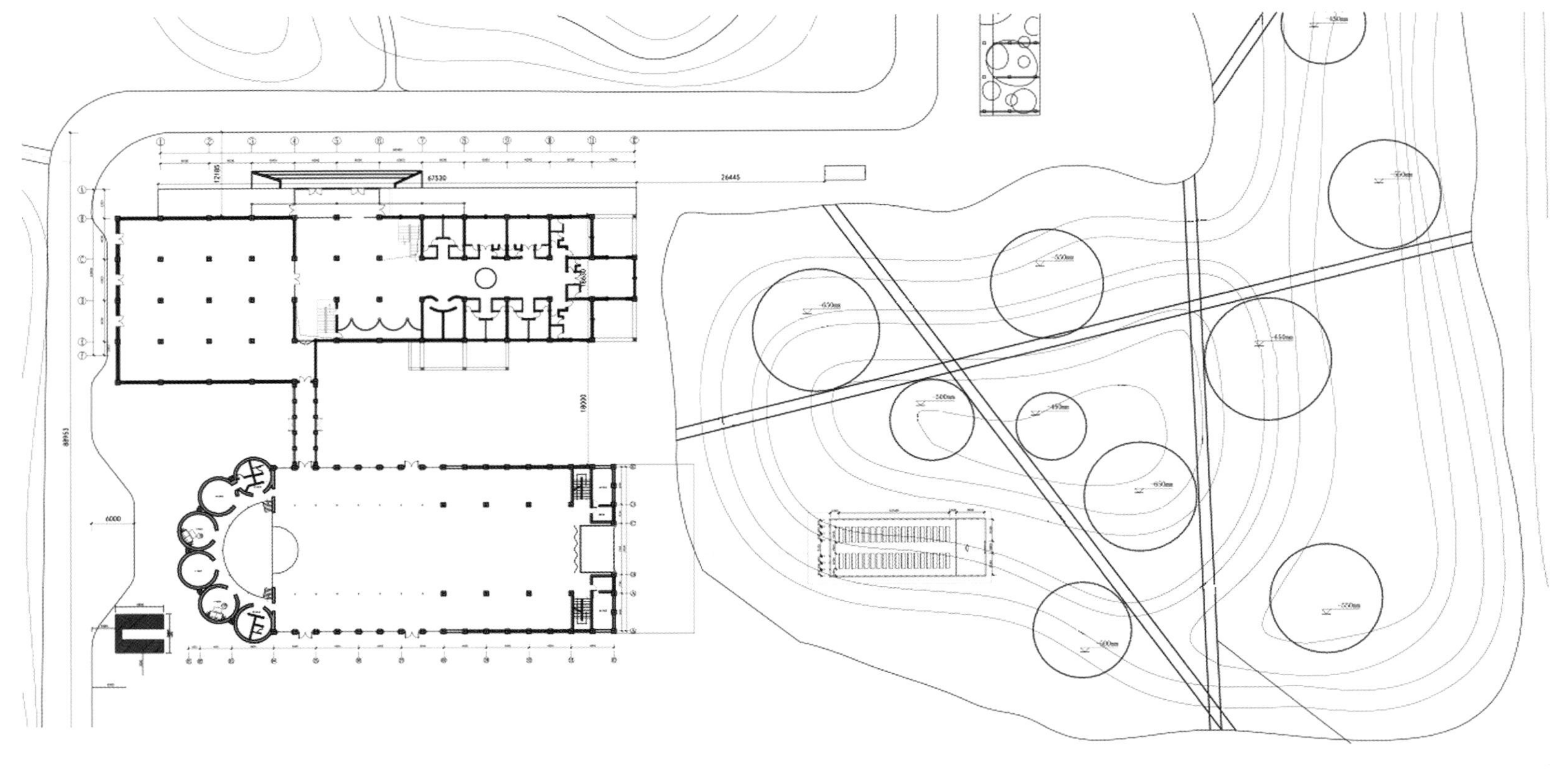

总平面图

在丰富了建筑的语汇，同时在空间行进中感受时间的变化与存在。

鱼宴主入口面对一片自然湿地，一条小栈道通往湿地的中央，中央有个平台，跃起类似鱼的造型建筑，意喻鱼跃（愉悦），是一座现代的小教堂，让类似教堂的婚礼仪式成为非常愉悦的一件事，同时作为湿地公园上的一个视觉焦点。

婚宴楼的主立面参考巴黎圣母院的正立面，去掉繁琐的装饰，简单现代化。配合空间需求，一楼是红砖形式为接待空间及服务空间，二楼是玻璃砖形式为小型宴会空间，三楼采用预铸水泥作为摄影空间。与湿地之间，延伸出来的一片达11米的屋顶，形成一个半户外的弹性空间，天气好时，可以举办各种活动，同时在视觉上平衡了建筑的量体，同时也与自然景观产生连结。

婚宴楼中间部分是一个高大的挑空区，类似教堂的主空间，两边也有类似的回廊形成附属空间，两边的尖拱窗，以树形图来分割窗户，如同户外树林的延伸。此空间可作为大型的宴会空间。

鱼跃（愉悦）

在静谧的湿地水塘上，一条扭动的鱼跃起，化身成一栋建筑，谱出一节乐章。建筑物是一个多功能小教堂，可以祈祷、演讲、聆听音乐及大自然的声音。

内部采用木、钢的混合结构，木结构的设计理念来自于鱼骨，每段借着可移动的特性以吸收来自天上的风力及地上的震力化解于无形；互相交错的木结构形成一股张力，就像祈祷时彼此紧握的手指。鱼身是木构造加砖砌，可增加声音的折射；鱼皮是金属锈板，以降低光害；鱼背是玻璃，自然光透过木结构洒落下来。空间的尽头，是一幅木结构十字架撑起教堂的画面，背景是四季，当夜幕低垂，灯洗出木结构的节奏，配合着虫鸣鸟叫，完成一首田园交响曲。

看似简单的造型，事实上都得在现场施工，每一根木梁都是一边做一边量尺寸，做完后再调整全部尺寸确保可以连接得上，每个星期的进度都是一个惊喜。

3W咖啡龙岗店位于龙岗天安数码城一期创意街区的起首，是一处个性独具的集装箱建筑。作为互联网主题的咖啡馆3W希望龙岗新店能为互联网人士提供一个开放、专业、休闲的交流场所和沟通平台，展现日新月异的创意产业，增进业界交流，促进行业发展。

项目场地位于天安数码城创意南广场的最南端，区域现状左侧相邻一处地下车库出口，右侧为一处宽长的楼梯，可上到高出广场的绿化树林，形成高差错落的场地特征。设计的课题是建筑应该以什么样的姿态融入到场地环境中去，如何同场地环境产生协调关系并构造出生动的室内外空间场所。

3W龙岗店除了需要设置常规的开敞咖啡区外还希望能够设计相对独立的互联网沙龙区，以满足3W高密度的公开课、读书会等大量活动的场地要求。集装箱作为建筑组件，标准化程度较高，运输与吊装十分方便快捷，可灵活组合内部空间，同时也具有非常高的回收率。基于上述优点我们选用了10组不同规格的集装箱箱体进行整栋建筑的构筑。

我们将4组长、宽、高分别为12米、3米、3米的白色集装箱连接在一起组成了建筑的首层。将4组长、宽、高分别为18米、3米、3米的白色集装箱连接交错，搭建在二层，形成了建筑的主体，在建筑内部通过楼梯连接在一起。主入口设置在广场的一层，利用场地高差，面向绿化树林的二层打开了建筑的另一个入口，方便进行沙龙、公开课的人员从二层园林中可直接进入。绿化树林中的咖啡外摆给建筑增添了另一种静谧的环境氛围。

长度大于首层的二层集装箱箱体组合，由于交错放置，产生了自然的悬挑构成。在首层左侧放置了两个内部功能为洗手间的4米长小型集装箱作为辅助支撑的一点。同时，我们移除了首层组合箱体后侧位于二层悬挑投影下的基地土方，并增加了结构支撑柱，同样用于对二层的辅助支撑。移开土方后，在首层主体建筑后侧形成了一处进深6米左右的灰空间，根据高度我们设置了三排可以坐人的大台阶并合围成了一处可以进行观影、演说、沙龙等活动的半室外空间。同时打通和改造了基地右侧原有相邻的向上楼梯，使其打开的更为宽阔，同建筑更为结合、呼应。从南广场入口望去，白色的两组集装箱纵横交错，形态上呈现出安静的气质。在二层树林中穿行，葱葱树影和霞光中隐现出建筑另一种斑斓多彩的情调。

通过同专业厂家紧密配合，箱体墙板采取了双层钢板加保温层的处理，箱体内部照明设备和空调管线系统在工厂进行了前期预制，节省了二次装饰施工的周期。现场施工完混凝土垫块基础后进行了箱体的吊装组合。组合完毕后将早已定制好的门、窗和室内楼梯进行二次组装。后续环节顺利实施了内部空间的施工工作。整个项目的设计到建造过程，充分体现出了集装箱建筑高效、灵活、高回收性的优点。挑战了集装箱单体箱体18米的长度极限和集装箱组合体内无柱空间的可能性。同时探索了集装箱建筑同场地自然环境的融合关系和处理手法。

本案的设计和建造过程得到了3W咖啡、天安数码集团、东大景观及惠集集装箱专业厂家的大力支持和协助，再此一并感谢。

深圳，龙岗区黄阁路天安数码城

“4+4+2”3W咖啡龙岗集装箱店

3W Cafe Bar, Longgang

张晓亮、王媛媛、霍元生 / 主创设计师　江河摄影 / 摄影

设计公司
艾迪尔建筑装饰工程股份有限公司
完成时间
2014年11月
建筑面积
350平方米

3W Club

3W
COFFEE.COM
三大不六咖啡

3W
COFFEE.COM
KFC

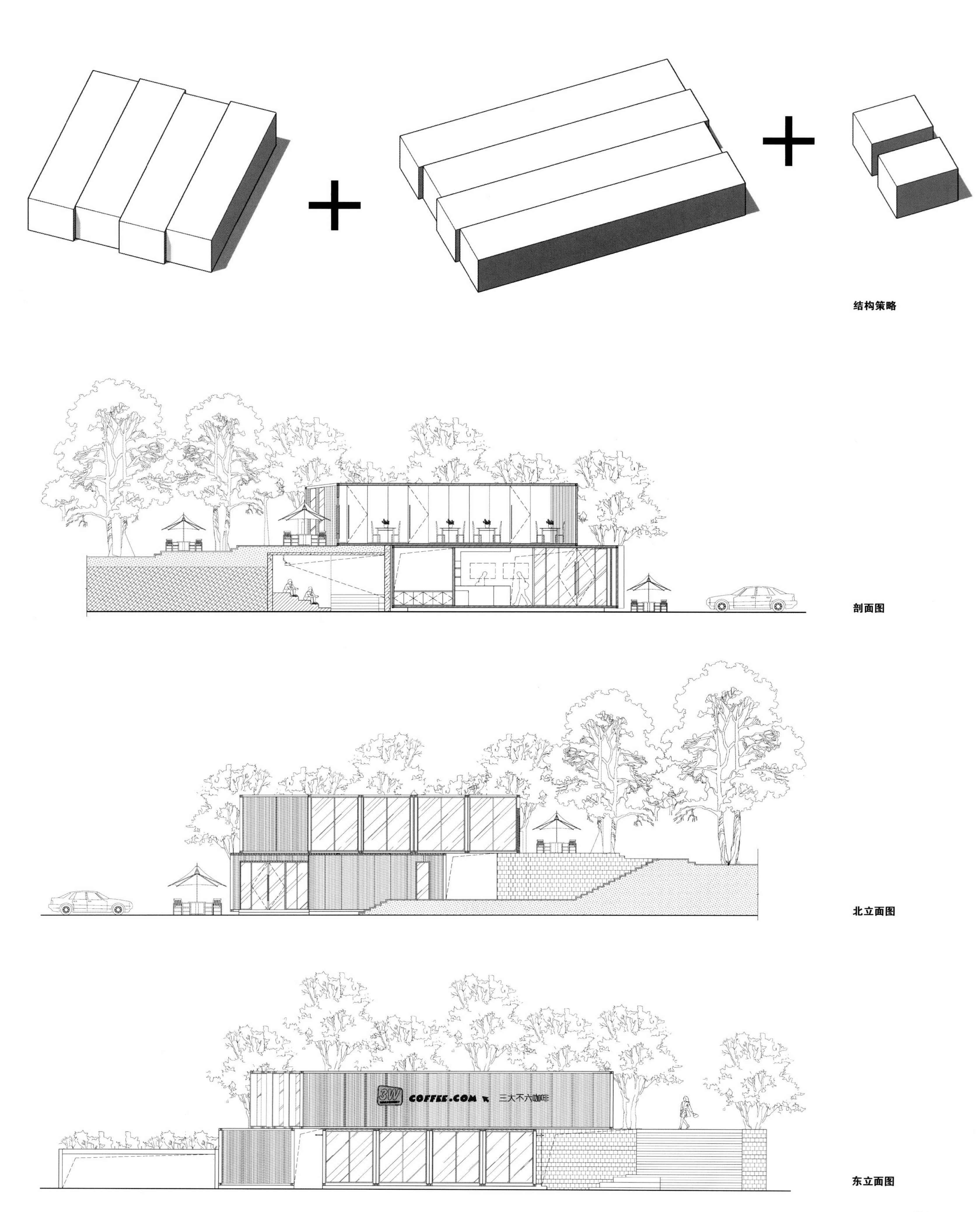

结构策略

剖面图

北立面图

东立面图

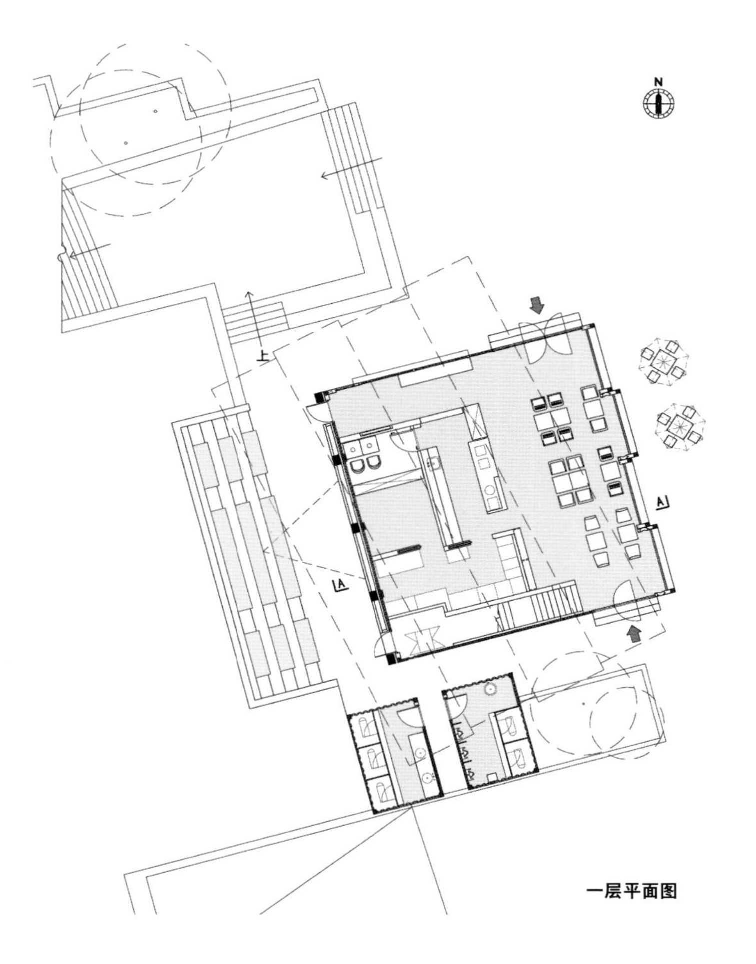

一层平面图

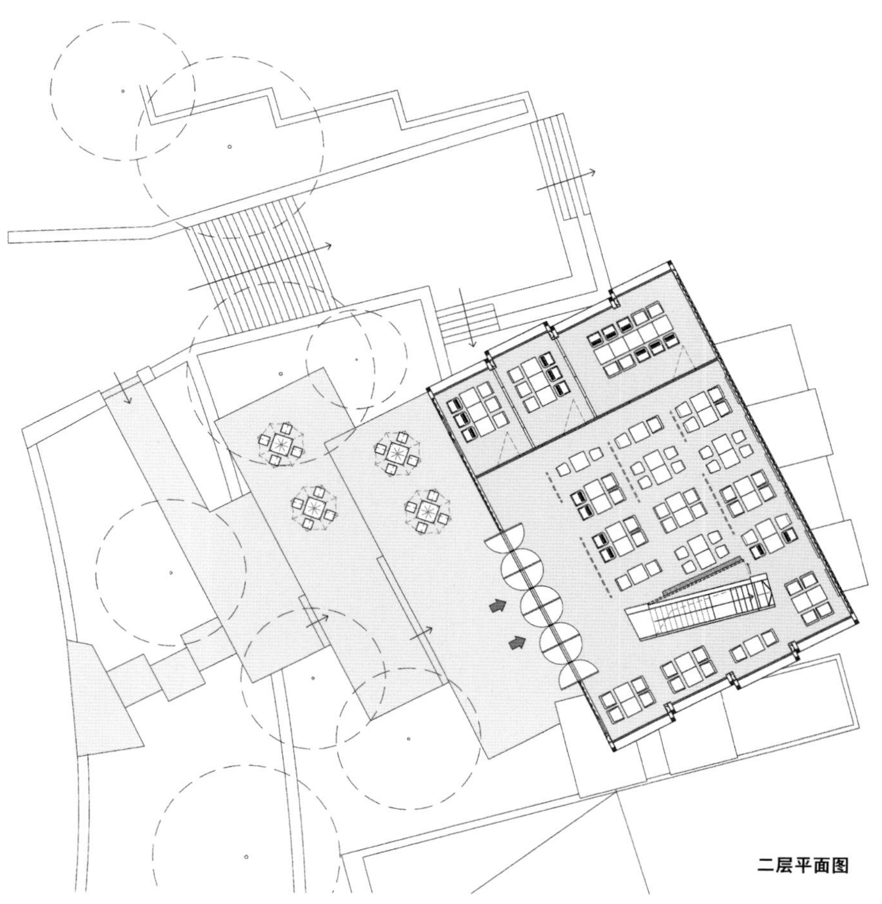

二层平面图

设计单位

南京大学建筑规划设计研究院有限公司

青岛市旅游规划建筑设计研究院

（合作设计）

业主

2014青岛世界园艺博览会组委会

工程主持

傅筱、陆春

建筑施工图设计

傅筱、施琳、黎思琪

结构

陈佳

电气

朱小伟

暖通

王成、孙建国

给排水

丁玉宝

完成时间

2014年3月

建筑面积

827.9平方米

山东，青岛

2014青岛世界园艺博览会综合服务中心

Comprehensive Service Center of International Horticultural Exposition 2014, Qingdao

傅筱／主创设计师　姚力／摄影

建筑背景

2014青岛世园会综合服务中心位于科学园五感园内，四周围绕嗅园，味园，听园，触园。地块南邻道路，北邻冲沟，视野开阔，环境优美。科技餐厅主要功能包含餐厅，厨房，景观桥，主体建筑面积为827.9平方米，景观桥面积169平方米。

设计概念

1. 场地概念——隐中带显

南侧：餐厅的轮廓顺应道路和等高线生成，屋顶根据道路标高起伏形成三角面，融入地形中。北侧：面向谷地，有着良好的景观，同时经计算机模拟得出太阳辐射最小，餐厅可用落地玻璃将优美的景色纳入其中。经测算，每日10~15点，就餐大厅都会处于阴影中，无需遮阳措施，使景观不受阻挡。

2. 游园概念——曲桥

借鉴园林中游园的体验，在冲沟跨度最小处设计了一座曲桥，曲桥作为餐厅室外平台的延伸，将山谷两侧的场地联系起来，不管是否就餐，都可以从桥上通过，到达五感园的听园与味园景区。曲桥与五感园内另外三座景观桥共同组成冲沟两侧的空中交通。桥与餐厅一气呵成又显别致，丰富了餐厅四周的环境。

3. 绿色概念——节能

尽可能的利用自然法则组织节能技术设计，充分利用被动节能方法减低能耗，具体包括种植屋面、通风天井、采光通风器、光导管、透水性地面。

总平面图

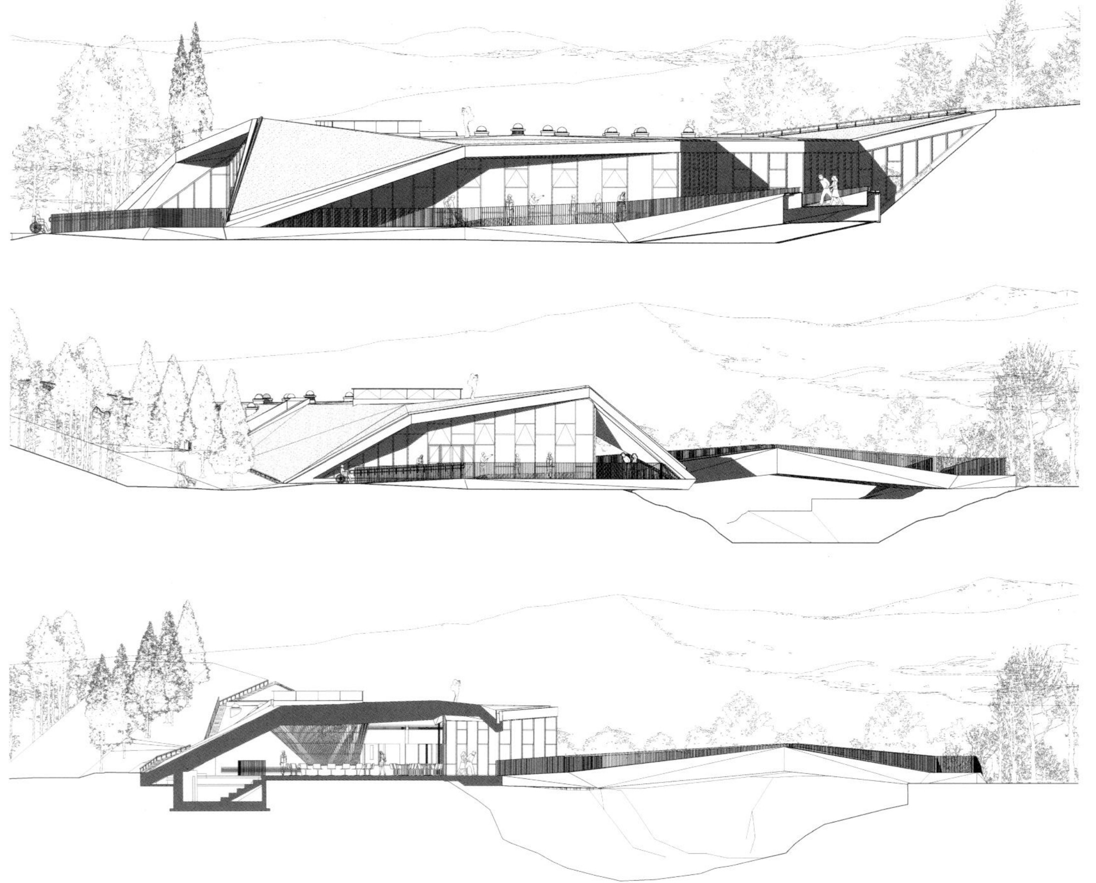

北立面图

东立面图

剖面图

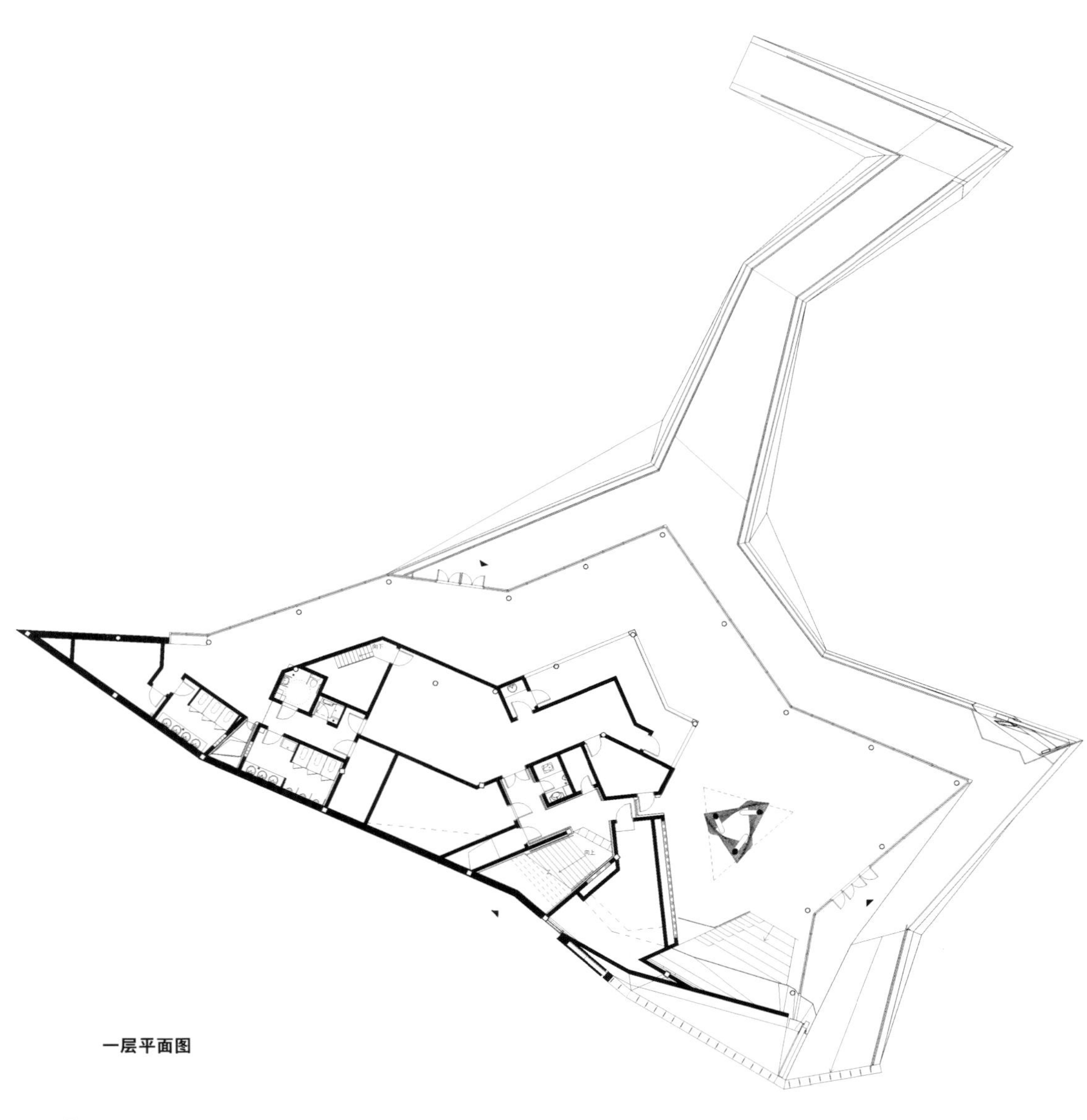

一层平面图

山孚家

设计单位

DnA(Design And Architecture)
建筑事务所

项目团队

张龙潇、黎林欣、胡蓦怀

业主

松阳县旅游发展有限公司

施工单位

松阳竹木建筑／许超然

设计时间

2014年8月

完成时间

2015年1月

建筑材料

毛竹、雷竹

浙江，丽水，松阳

茶园竹亭

A Bamboo Pavilion in Tea Plantation

徐甜甜 ／主创设计师　周若谷/Savoye Photographer／摄影

浙江省西南部的松阳县是中国传统村落保护发展示范县，人称“惟此桃花源，四塞无他虞”。大木山茶园位处县城附近，是主要产茶农作区和重要旅游景点，附近有为数不少的村落，也是到达松阳古村落旅游的途经之处。茶园平时主要是当地茶农劳作，兼有部分游客；每年的采茶季节尤其清明前，有大量受雇的外地茶工，一家三代偕老带幼。附近村庄的老人也经常带着孩子和狗来茶园散步。大木山茶园目前缺乏劳作休憩场所和村民们玩耍游戏的空间。

竹亭设计需要满足各种人群的功能需求，也体现松阳古村落文化，并充分结合茶园自然生态环境。整体采用一系列单体亭子和平台，如同当地村落顺地势排列，贴近茶田并自然围合出小庭院。形态参照茶农自建休息亭，兼顾休憩与活动，尺度设定于介于小广场和传统单体亭子两种之间的尺度，选择了6.6米和5.1米两种适宜活动以及容纳较多人数的空间跨度。坡屋顶有30°、45°、60°三种形式，随着茶田高差自然起落，与远处山脉产生对话，如同飘浮的村落。

松阳盛产的竹子作为建构材料，可以减少对茶园生态环境的影响，用料环保，结构轻盈简洁，震害轻，施工速度快。结构体系采用直径100mm到120mm的毛竹。四角脊线竹龙骨加上顶部口字形结构单元形成的基本屋面结构，辅以四坡面顺坡面次竹龙骨形成大大小小稳定的三角形单元，共同组成一个稳定大跨越空间屋面体系；墙身系统由竖向布置的柱龙骨组成，其布置四角到中间由密至疏的渐变既反映了受力变化趋势，也节约用材。

屋面格栅采用直径40mm到50mm的雷竹，尺度与结构的毛竹区分开来，呼应茶田的水平线条。

抬高的活动平台，铺设宽度50mm的竹片，以茶树高度为界面的上下错落，创造或收或放的活动区域。

建筑所用材料均为当地材料，取材方便，施工周期8周，造价15万元。这是茶园第一个建成的竹亭，也是设计方施工人员当地工匠以及业主共同协商讨论的成果，并形成一种可推广的模式：在茶园里已经选好两三个新点位，根据地势景观重新排列组合建设，增加茶园的公共活动区域。

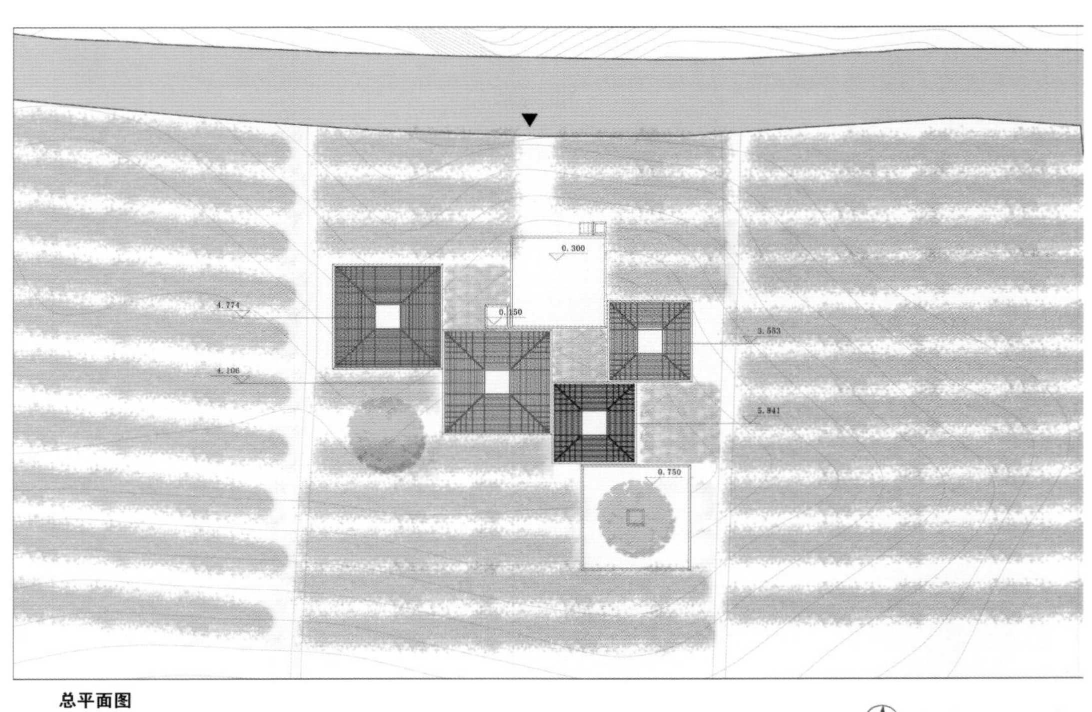

总平面图

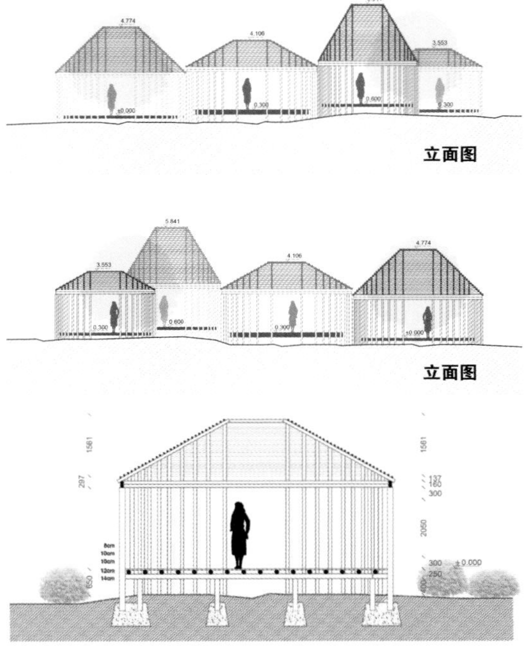

立面图

立面图

剖面图

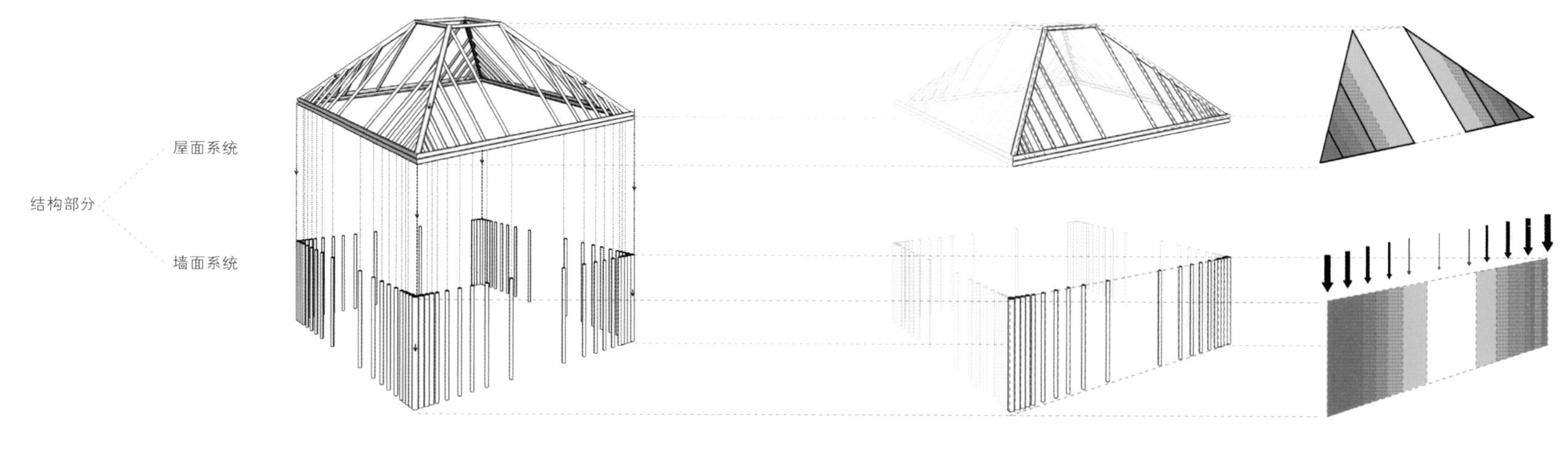

屋面系统由四角脊线竹龙骨加上顶部口字形结构单元形成的基本屋面结构，辅以四坡面顺坡面次竹龙骨形成大大小小稳定的三角形单元，共同组成一个稳定大跨越空间屋面体系。

墙面系统由竖向布置的柱龙骨组成，其布置四角到中间由密至疏即反映了受力变化趋势。

结构受力分析图

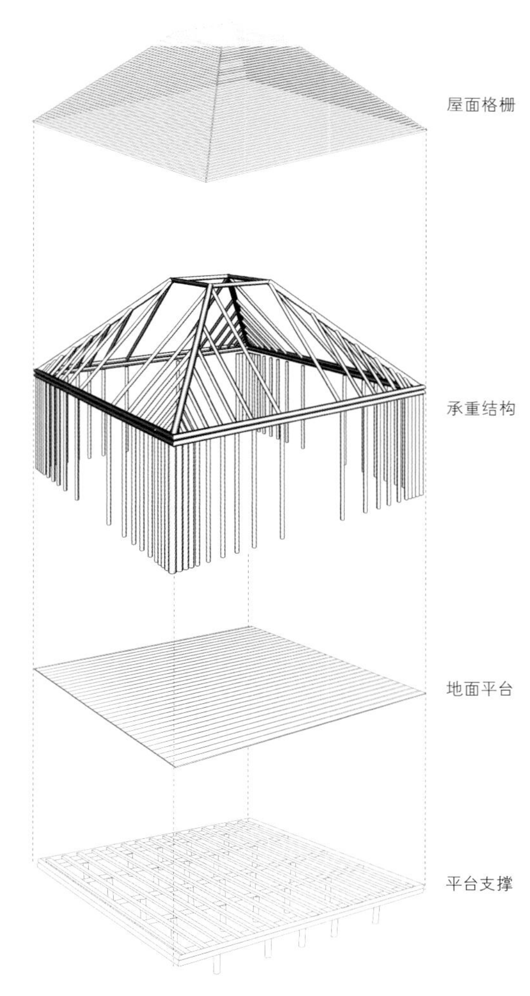

结构受力分析图

江苏，新沂

华信接待中心

Huaxin Reception Centre

王彦、周春鸣、李天宝 / 主创设计师　吕恒中 / 摄影

华信塑业有限公司座落于江苏省新沂市工业开发区,是一家生产国家第二代身份证材料的著名企业。需要新建的接待中心场地就位于厂区大门入口东南侧，主要功能是解决员工食堂和公司接待用餐的问题，并且需要新建一个能容纳300人的多功能报告厅，可以召开员工大会或者举行会议庆祝活动。经过沟通，李董事长掷地有声地用三个词来形容自己对接待中心的期许：现代，大器，通透。

关于"大器"这个词，自小就经常听到一些艺术家们评论艺术作品时会用及，实际上这个词甚至经常被用来区分中国文化与日本文化之间的模糊差别。在这个设计中,我理解业主对"大器"的定义是可以分解为:公共尺度的,有标志性的,且不会因为时间流逝而变化的具有普遍性的审美价值倾向的。而"通透"一词相对于封闭而言,也被直接理解为开放的,透明的,通达的。结合接待中心在厂区中所应起到的功能作用和场地位置，其开放性的要求也顺理成章。

场所

建设场地位于厂区大门入口内，主轴大道的南侧。厂区内现有建筑都是厂房，且封闭式管理，高效却也乏味。接待中心建成后将会是厂区内唯一的公共建筑，尤其当中午休息时，接待中心需要容纳几百位职工就餐休憩。将宜人的室内空间和具备遮阳避雨条件的室外灰空间相结合，建筑可以为人们提供舒适的休息环境。而场地南侧临着工业开发区的公共绿化和水渠，也为接待中心补充了良好的自然条件。整个设计多采用灰空间，庭院，通透大玻璃幕墙的手法，也是意图营造一个开放的适合人停留的积极的场所，室内外也有良好的视野沟通，建筑尽量利用到场地三面的景观绿化，努力创造宜人的用餐休憩环境。

体量

从一开始业主就认为2000平方米建筑体量气势不足，但是投资总额有限，希望建筑师可以有办法让接待中心看起来气势大一些。

我们的策略是将整栋建筑分成报告厅和食堂两个体量，南北错开布置，并且用大屋顶将两者合成一个整体建筑。这样看来似乎建筑体量瞬间增加了一倍。同时还成就了两个庭院，一动一静，虚实相间。无论从任何一个方向看来，总是可以看到一处庭院和一个建筑体量并列的状态，想象翠竹成林绿影掩映，建筑与绿化景观之间的关系是互相融合的，你中有我，我中有你。

庭院

由于体量错动而形成的两个庭院，它们各自的意义也不尽相同。接待中心座南面北，处于厂区中轴道路的南侧。北入的方式始终会让人觉得建筑入口处于阴影中。设置入口前院的手法很巧妙地将人的视觉体验导向了庭院。人在屋檐下，景在庭院中。由此，入口的空间序列层次更加丰富，性格

结构形式
混凝土框架结构
设计时间
2013年
完成时间
2014年
建筑面积
2,800平方米
建筑造价
1,000万元人民币

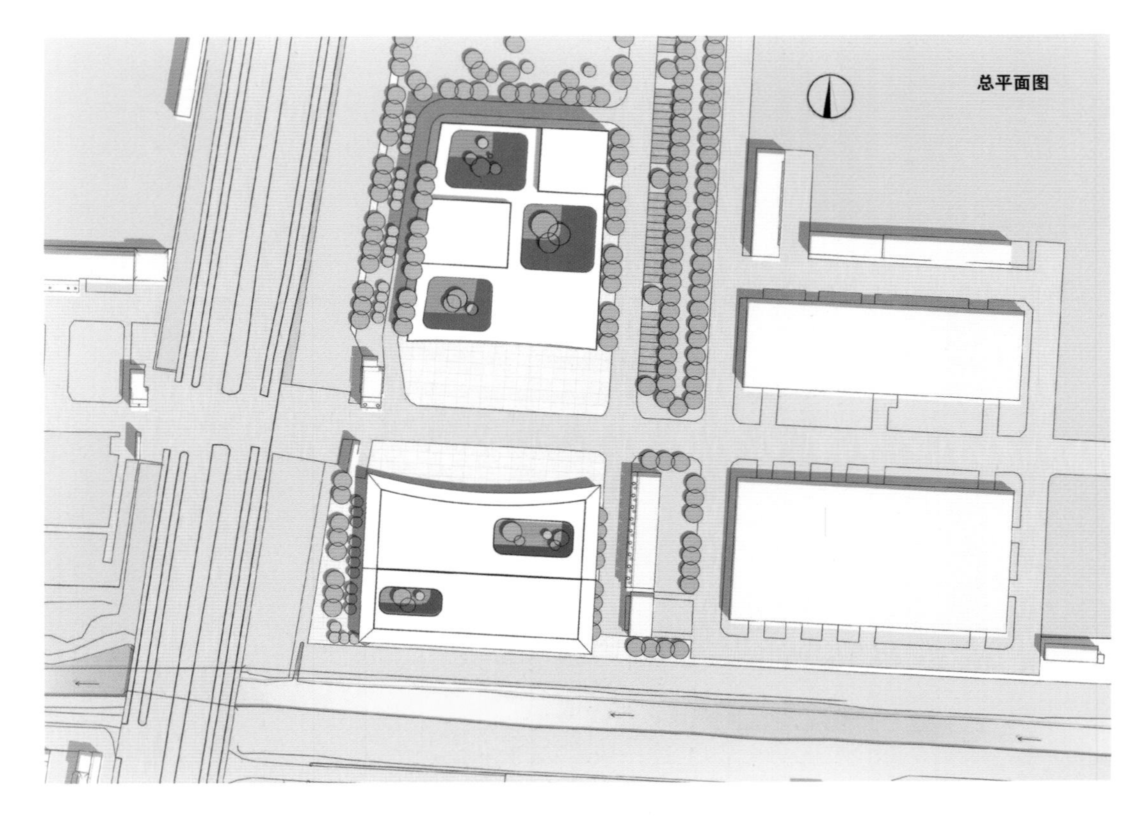

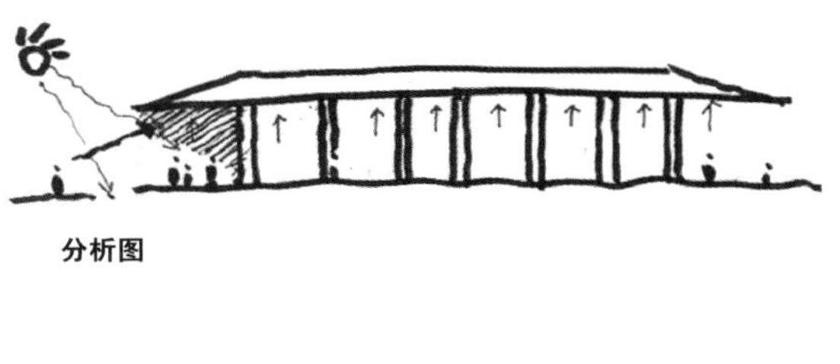
分析图

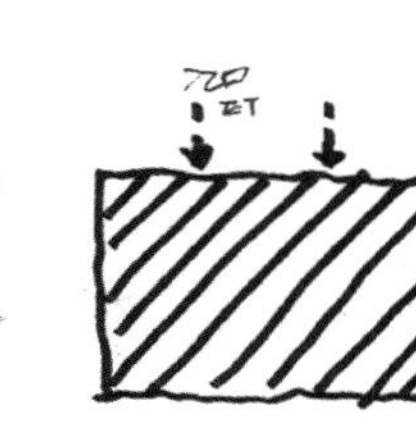

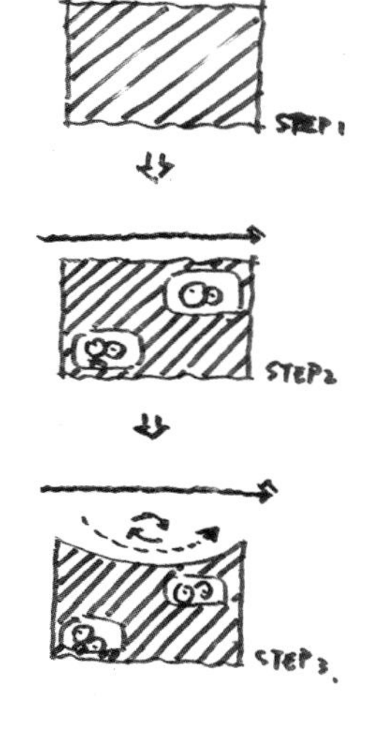

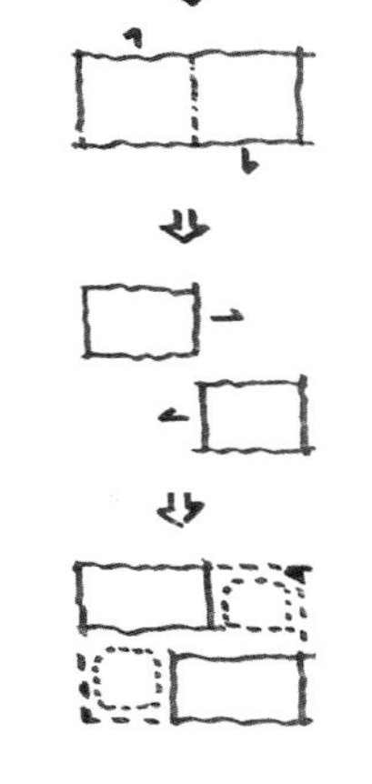

也更鲜明。考虑日常有大批职工会来用餐的需要，庭院以石材铺地为主，而一方水池坐落于屋檐光井正下方，倒映天空云彩。 相较之下，西南庭院则是安静的，从容的。从报告厅南侧和餐厅西侧都可以看到庭中良景。同样的光井之下，绿地翠竹，小径石凳，供人们用餐之后稍作休憩，舒缓工作紧张。两个庭院性格不同，两者之间由一段窄巷相联通，并且以柱廊引导，有折向通幽之趣。

廊柱

廊柱是界定建筑边缘的重要构件。几乎是周匝的柱廊灰空间使建筑的边缘显得有些模糊，同时也帮助达成业主对本建筑的期待：现代，开放，通透。由于结构规范的限制，被外挂花岗岩包裹的其实是两根结构柱体，2米的柱身，看起来略嫌粗壮，却也方正大器。柱截面呈长方形，便有了方向感。在屋檐下，柱身总是南北指向的，使得北侧入口看来更加开放通透。 柱身与建筑室内空间的关系也是多样的。就餐厅而言，柱身与玻璃幕墙面的关系在北侧是纯平的，以便与光滑玻璃墙面的报告厅相呼应，共同界定纯净的柱廊空间。而在餐厅南侧，柱身是一半外露的，以便延续南立面廊柱的秩序感。就报告厅而言，廊柱是离开墙面独立存在，并且周匝的，然而朝向入口庭院侧的中间却并没有柱体遮挡，这使得庭院与报告厅入口的对景关系显得更加紧密。

大屋顶

深远的挑檐屋顶是接待中心最强烈的建筑特征。然而它并不是起初就如此。事实上最早一轮方案甚至没有挑檐，只有清晰地柱廊空间，显得克制稳重。然而业主希望能够有更加强烈的方式来体现接待中心的标志性，通过几轮修改后，最终选择了挑檐屋顶的方案。檐口边缘薄至5厘米，挑檐3米，显得巨大而轻盈。与南侧平直屋檐相比较，北侧入口屋檐在总平面上呈中间内凹两翼突出的弧线状。在檐下让人有两翼飞檐的错觉，神似中式大屋顶,却更轻巧，颇具现代感。檐底空间高度7米，气势宏大。底部采用了铝板吊顶系统,南北向错缝分隔。银色铝板面在阴影中反射出些许环境光泽，使得黑暗中的檐底显得勃勃生动起来。

庭院上空的一方光井，四角采用了弧线形式，让人感觉是屋檐被挖出个洞，增强屋檐的整体性，同时与报告厅的弧形转角也有所呼应。

共同的精神

建筑设计工作就是将一种精神注入建筑每一个部分的过程，而这种精神应该是使用者和设计者都共同期待的。 在华信接待中心设计过程中，体量错位，虚实相间，曲直对应，挑檐深远，最终达到形神兼具，每一步设计深入都依赖于良好地倾听，积极地沟通，以及深刻地理解与表达。最令设计者高兴的，莫过于使用者对建筑的认可。

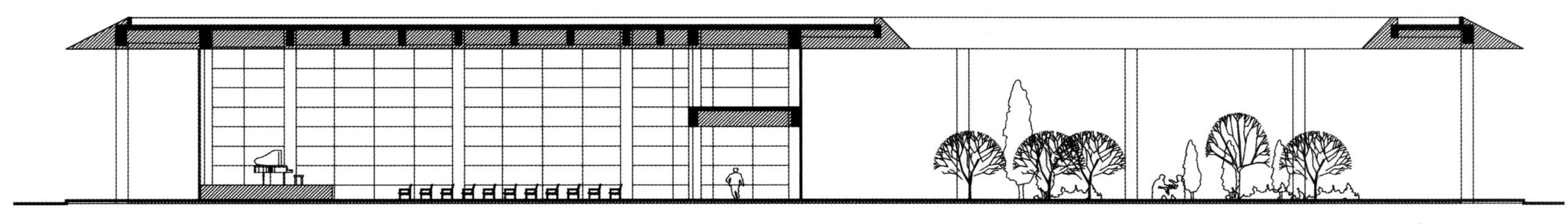

剖面图

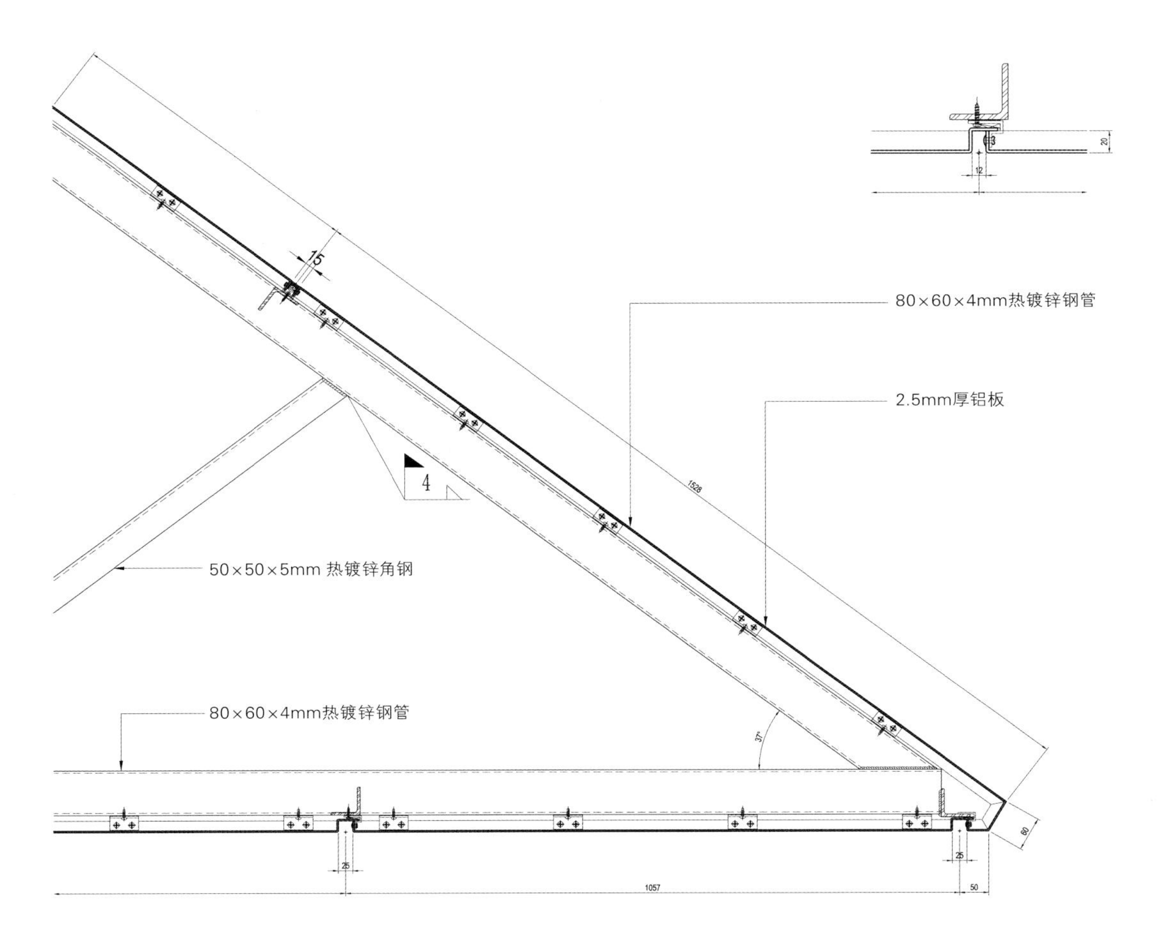

15
80×60×4mm热镀锌钢管
2.5mm厚铝板
4
1528
50×50×5mm 热镀锌角钢
80×60×4mm热镀锌钢管
37°
60
25
25
1057
50

檐口及缝宽节点

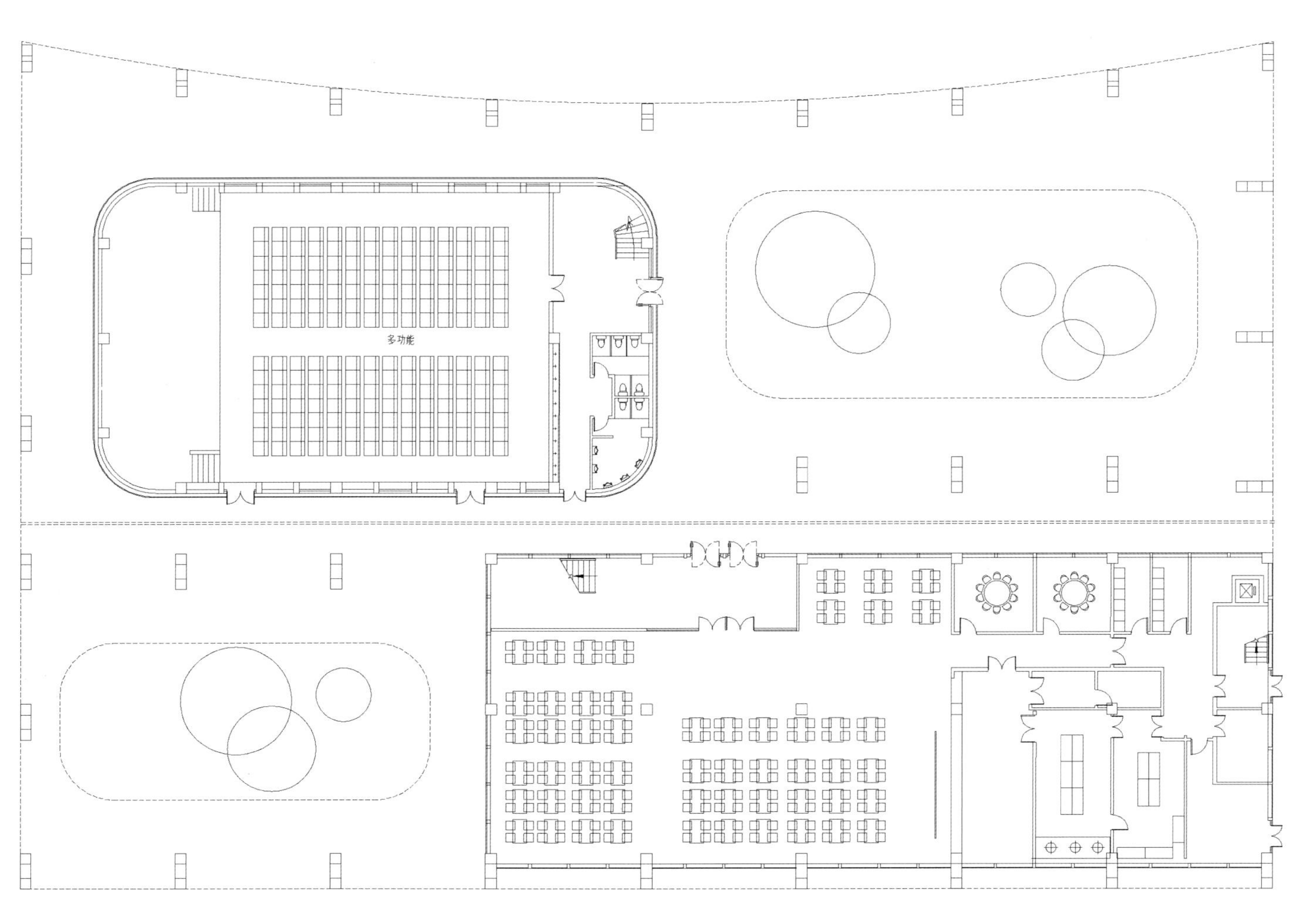

一层平面图

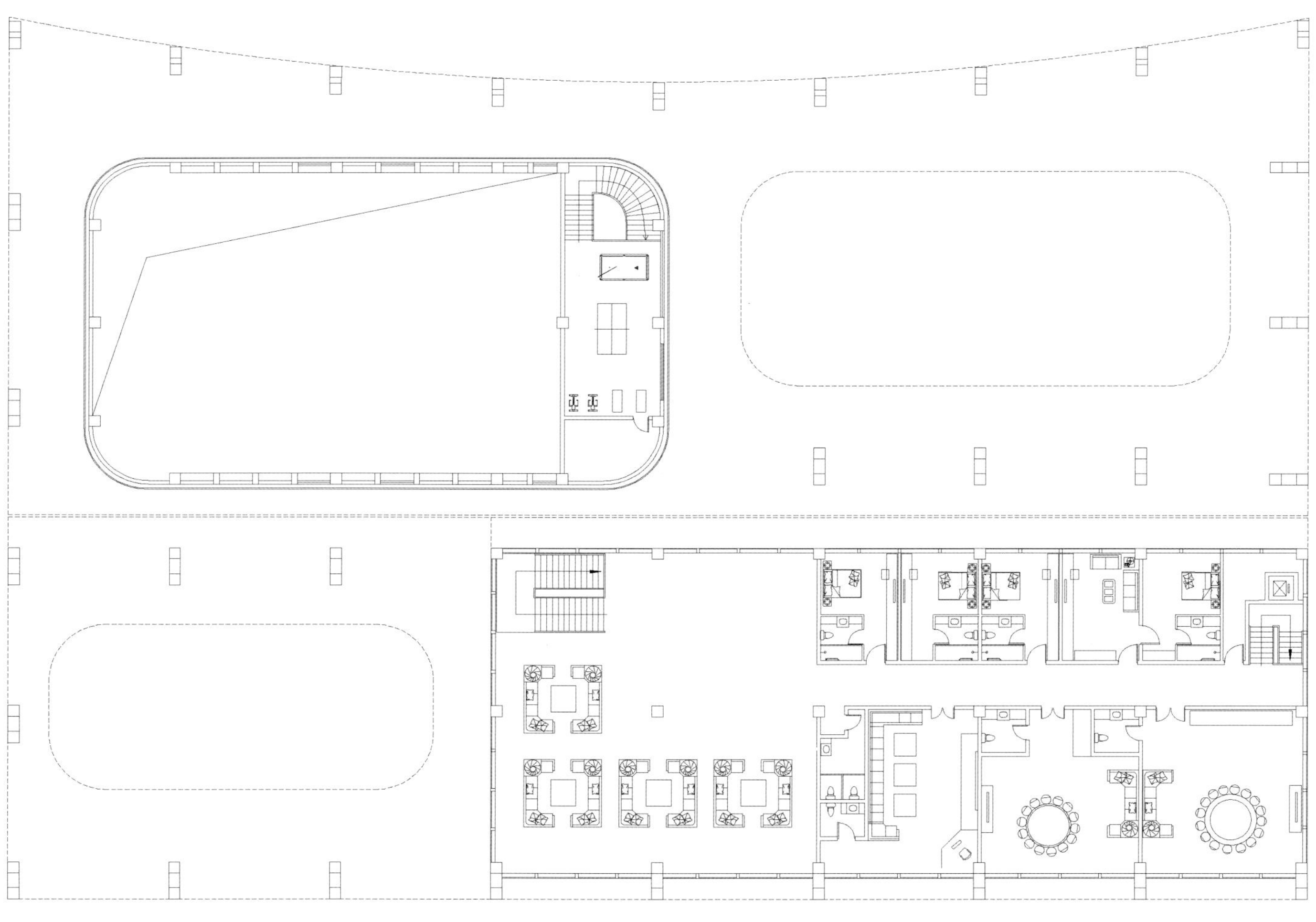

二层平面图

建筑设计
时境建筑
项目建筑师
白辂韬，孙晓莉
（中国市政工程东北设计研究总院）
设计团队
张勇，唐剑崎，刘瑞，李传樟，覃凯，
刘同伟，李振伟，韦必达，张海峰
本土团队
中国市政工程东北设计研究总院
业主
兴隆华侨农场
结构机电
井荣恩，杨波，毕志强，杨俊维，杨永
红，李哲，成明，李玮
建造商
广西华南建设集团有限公司
竣工时间
2014
建筑面积
15,781.7平方米
造价
1.5亿元

海南，兴隆

兴隆访客中心
Xinglong Visitor Centre

卜骁骏、张继元 / 主创设计师　时境建筑 / 摄影

时境建筑重新转译了传统的渔岛小屋印象成为一个折线形建筑，并且融入了对热带植物和渔岛手工艺的观察，产生了新本土语境的热带可持续性建筑。

项目的位置战略性的选择在了兴隆镇的一个重要出入口上，建筑承载了几个部分的功能：向游客展示兴隆现在发展到一个沿海修养名镇的历史等，餐饮，商店，以及对旅游区的管理。访客中心所处的位置和多需求的功能决定了建筑从一开始就是从城市角度入手的。

项目地段是一个南北走向的梯形窄长的形状，西侧紧邻进入兴隆镇的主路，北侧为太阳河滨水景观带，南侧为一个小型内湖。建筑师设计了一个线性锯齿状建筑，将主体集中在地段的中部，在地段两端设置了较为轻的体量，以容纳两端的景色；同时针对两侧的临街面上建筑体量在若干节点处退了一定距离，形成了一连串的三角形半开放广场；又通过一些首层架空将这些广场连接起来，大大提高了建筑对于城市的接触面，并且丰富了建筑与城市的关系，提高了不同功能的建筑体量之间的连接性；而且从不同的方向接近这个建筑都有截然不同的印象：较为热闹的是沿路的一些广场，这里有饮食街的活跃；安静的是对着湖面的广场；旅游区管理的出入口在东边的广场。

建筑师没有设定一个明确的形式的宣言，而是针对复杂多样的功能对渔岛的传统印象进行了再创造，通过对小屋原型在不同方向、不同尺度的叠加、切割，这样做的结果是在每一个面上都有一个小屋的山墙面出现，加上之前的城市级别切割，形成了惊人多样的空间。在这些功能当中，展览功能较不一样，需要比较恒定明亮的光线和隐私度，所以立面上有控制光线进入的表皮；商业要求相对比较封闭，所以体量最为坚实；餐饮则是敞廊式，直接开放向广场。

本项目在建筑的工艺方面也保留了对渔岛的回忆，通过对传统编织手工的敬意，建筑师将其转译成双层幕墙系统以遮挡来自东西两面的阳光和辐射；略微起伏的遮阳板有助于热空气的及时流动，提供更好的遮阳板散热；结构形态蕴含了本地热带植物的意向：纤细的树干和在高高的头顶展开的树冠。

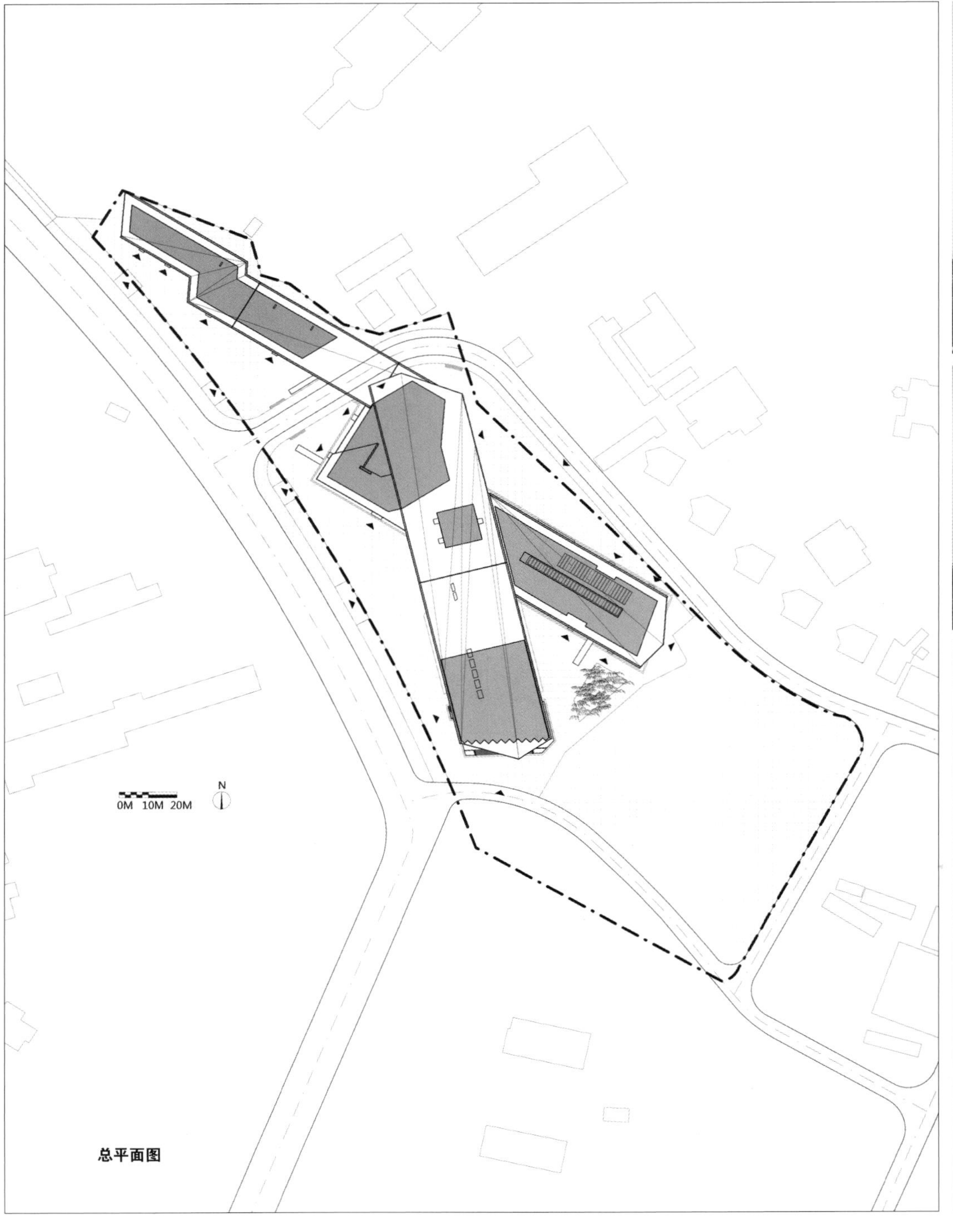

总平面图

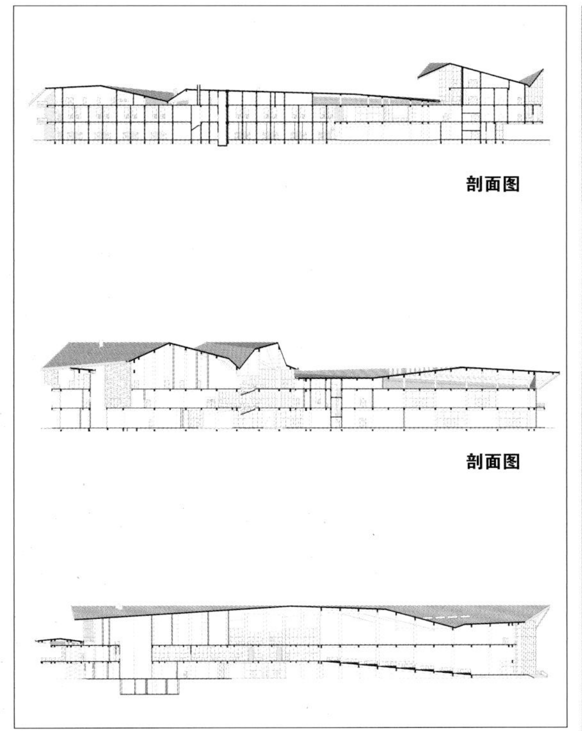

剖面图

剖面图

剖面图

对于过去的东西不可能加以改变了，就因为它是过去的东西，对于现代的东西，我们必须承认其存在并发展它，对于未来呢，未来对于创造性地思想和行动是敞开大门的。

——密斯·凡德罗

作为比新中国还年长的大型重工业国企——天津拖拉机厂同其他国企一样在市场经济冲刷下也渐入暮年，其也不可避免的被城市更新的浪潮渐渐包围。慢慢地老厂区的破败与城市中心慢慢的扩展使两者如同水油，共存而不互溶。余晖过后总是曙光，政府决定天津拖拉机厂区东迁，老厂址作为城市新的发展空间重新置换更新为多元的复合业态来作为城市发展的新契机，然而，几十年的于斯于此的浸濡，人们的情感而未随老厂区涅槃东去而惰性的留了下来。如何启动如此巨大的区域更新？这里有津门重工昔日豪气的轰鸣，投在厂房砖墙上的阳光和老杨树合伙玩味出的斑驳，工人们下班铃铃作响渐渐汇聚成的单车潮涌……要割弃回忆和历史总是如断脐般的阵痛和空虚。所以这个区域第一个站起来的房子会是一把时光之钥么，钥匙这头绳牵记忆和牵挂，拿起钥匙打开的是另一扇门——重生之门。也许这把时光的钥匙就是天津拖拉机厂融创中心，其作为项目的启动展示和市民接待办公的主要场所。

设计开始于对老厂区场景的一些经典片段大脑模糊的幻灯般的放映：从破败的外墙由外而内看去厂房的桁架如哥特教堂飞扶壁般地静穆，工业建筑特有的直率粗朴反而让人觉得内心简单安宁，仍留在墙壁上的宣传栏如天拖宣言的铁牛精神般执着宣扬着人们的那种热望，因此种种，这种如图腾样的语境冥冥中就造就了这种场所精神的涅槃新生。

基地东临红旗南路南眺保泽路，处于整个天津拖拉机厂城市功能更新区域的东边，也是处于原厂址东门的轴线序列的起始端重要位置。其红线形状为沿东西向保泽路展开的简单矩形，原有的老厂房此时已然倾颓，但工业建筑的生成直接简单的逻辑以及榀跨之间的韵律是基地最直接的暗示。基地南端设计也就自然的类似工业建筑的布局形成十二榀钢架结构以生成简单高效的展示以及办公空间。而整个屋架的截面形式也设计成M形向原来的老厂房标志性桁架符号致敬，建筑整体态势形成一个M形的100米长的腔体，犹如时光隧道，并形成该区域奠定基调一个强有力的起始符。

设计从空间到材料整个阶段都在追求场所记忆在新时代的重现。基地南侧进入厂区原有道路边有3棵树径约700mm的杨树和4棵老槐树都得以保留，那是人们进入厂区之前独享的自然节奏，而老曲余音未尽，设计的南立面再次把这种韵律节奏放大，采用柱墙形式强化这种图腾式的构图关系，并与西面的保留老厂房结构框架（后期会改造

天津，南开

天津拖拉机厂融创中心

Rongchuang Centre of Tractor factory, Tianjin

任治国、杨佩燊、刘振／主创设计师　苏圣亮／摄影

设计单位
上海日清建筑设计有限公司
业主
融创中国
建筑用地面积
4,939平方米
建筑面积
3,664平方米
完成时间
2014年7月
建筑层数
2层（局部一层）
结构形式
钢结构
主要用材
干挂陶土砌块，铝板，铝镁锰板，锈蚀钢板，平板玻璃
主要用途
企业文化展示及接待、办公

赛德广场
接待中心
融创中心
HOPSCA CENTER
INTERNATIONAL

成主题商业）形成一种新旧呼应，整个横轴的设计着力出现一种西张东弛的一种状态：西部接近保留处于一种平和放松的氛围，东部面向城市道路，自然就出现了一种新的空间期待，用M形屋架和砌块的开合限定形成一个类似吸纳人们进入的时空隧道和城市尺度的灰空间，另外发现这个跨度约36米、高15米的灰空间居然有某种宗教建筑的意味，这里回眺东边，虚静的水池和水池上的树过滤的和煦的阳光是一种对除旧焕新的一种暗喻，由此整个由西向东的表皮展开呈现一种与自然和时间呼应的维度，这个维度就是对老厂区入口这条线性空间的理解和升华。

材料的抉择也直接决定记忆的保鲜度，设计一开始就确定用老厂区特有的砖红作为标致色。最终建筑主材采用了比红色烧结砖更为有生命力的建筑材料——陶土烧结砌块，通过整体建筑尺寸模数的优化，实体按尺寸建模模拟等手段，通体只采用一种规格的陶土砌块钢龙骨干挂，全部是干施工没有用一点砂浆也是技术上的一大特色。为消解尺度巨大的干挂陶土砌块带来的板滞感，陶土砌块之间的组合研究了三种方式：错缝搭接，凡是比较大的平面墙部位都采用此种构造方式，陶土砌块上下皮错搭形成的孔洞于外形成像素化的有趣肌理，于内透过孔洞的光线会给空间带来些许灵动；砌块扭转45°上下错搭，建筑的拼花以及柱边转角均采用此种构造方式，如入口处的片墙拼花就用这种方式拼出1956的纪元（其在毛泽东主席的关怀下1956年建厂），设计之初类似这种花式平花还有其他一些地方，但是只有四个月的紧张工期最后都因繁就简了；错缝平砌，主要用于前两种花式挂法的非重点部位的放松交接处。一开始陶土砌块颜色为一种，最后决定用三种同一色系深浅不同的陶土砌块混合使用，模拟原有砖墙斑驳而自然的效果。总之，在细部的推敲确定合理的构造逻辑的前提下，陶土砌块丰富的组合语汇延续了老厂房的红砖表皮的时间记忆的广度和深度。

景观也是致力扑捉这种时间如沙漏般飘下流过痕迹的微妙。主要用材为芝麻白花岗石，白色豆石以及锈蚀钢板和少量的干挂陶土砌块。我们对东面入口处红旗南路和保泽路城市街角原有小广场重新进行了整合设计，镂空钢板雕塑和休憩座椅一体设计，结合建筑东面入口大面积的镜面水池和叠水形成了老地点的新所在。晨光中有漫步耄耋，暮色下有稚童嬉戏，也许这就是老厂区留下的散淡而不失丰富的生活片段再现。紧邻小广场西面就是一片黑色花岗石做的镜面水池，临水而驻足M形的屋架倒影在水面摇曳，仿佛在邀请你进入，移步向西而北转，7块条状透雕着天津拖拉机厂的重要事件节点的锈蚀钢板在地面如琴键般展开，半世纪白驹苍狗在足底滑过令人嗟叹。场地南侧保留的杨树以及槐树也就静静伫立在那里环境不着过多笔墨，任花开花落，看云舒云卷。

设计中途出现一个小插曲，业主要求在现有基地南端有段800米长的原有围墙基址上重新设计出一段墙体，围墙之于整个大环境其实是计划经济时代的余留，给人割裂环境、单调枯燥的线性构筑物的映像。设计就刻意弱化这种长而乏味的线性而运用陶土砖的参数化不同组合模糊这种二元性，展现过去墙体所不具有的特征——三维性，使墙体表情化、故事化以及节奏化。最后形成一条800米长的用砌块拼砌的参数化浮雕墙，里面陶土砌块的做法具体有拔砌、45° 扭转错砌、组合砌等十余种砌法，最后专门参数化建模指导施工完成。

这是天津拖拉机厂地块更新的第一个尝试性建筑，它其实是把钥匙，在历史记忆中打造，开启当下，瞩目未来。很喜欢800米墙上镌刻的6个字：昔在，今在，恒在。

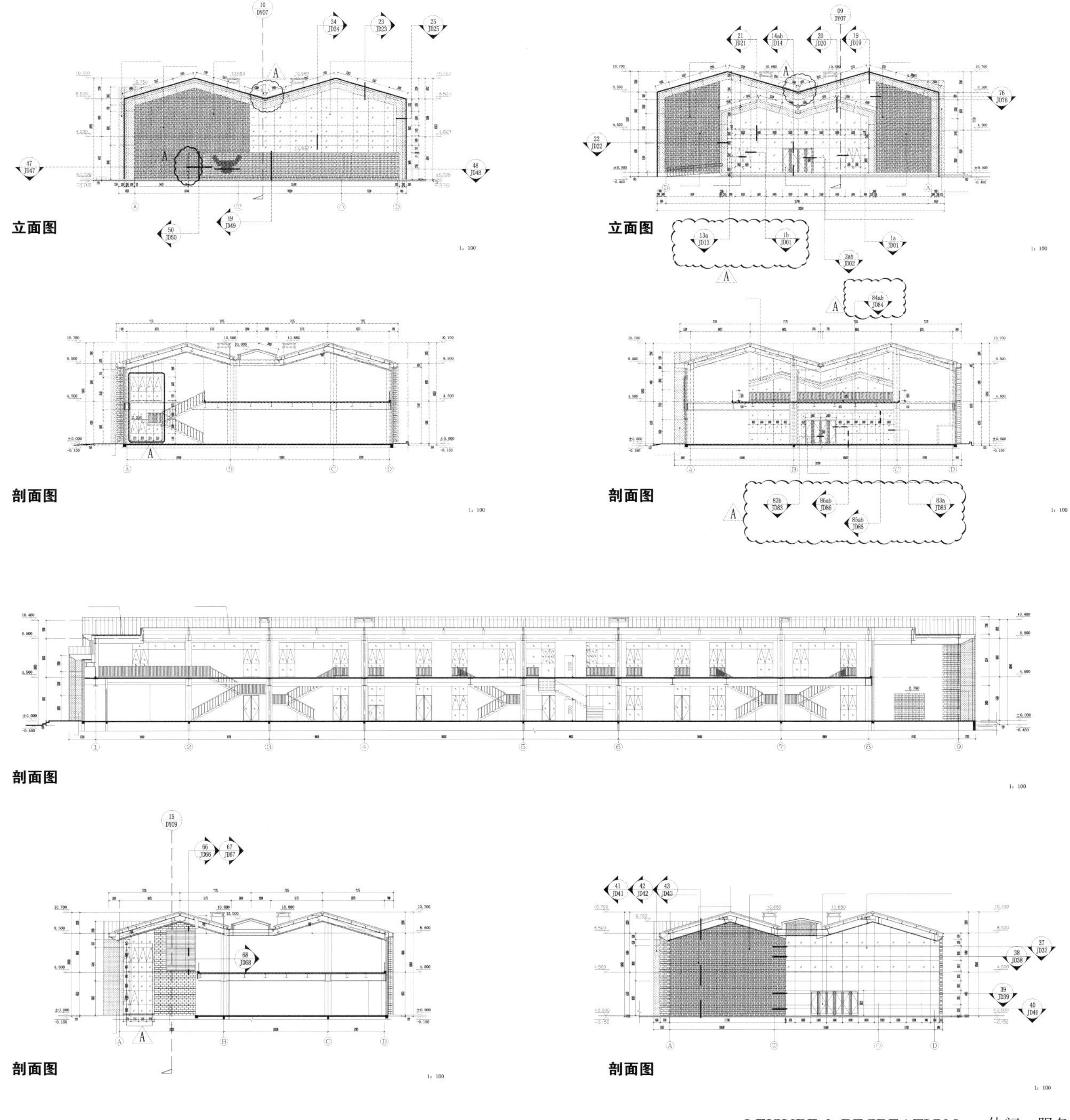

立面图

立面图

剖面图

剖面图

剖面图

剖面图

剖面图

会议室2

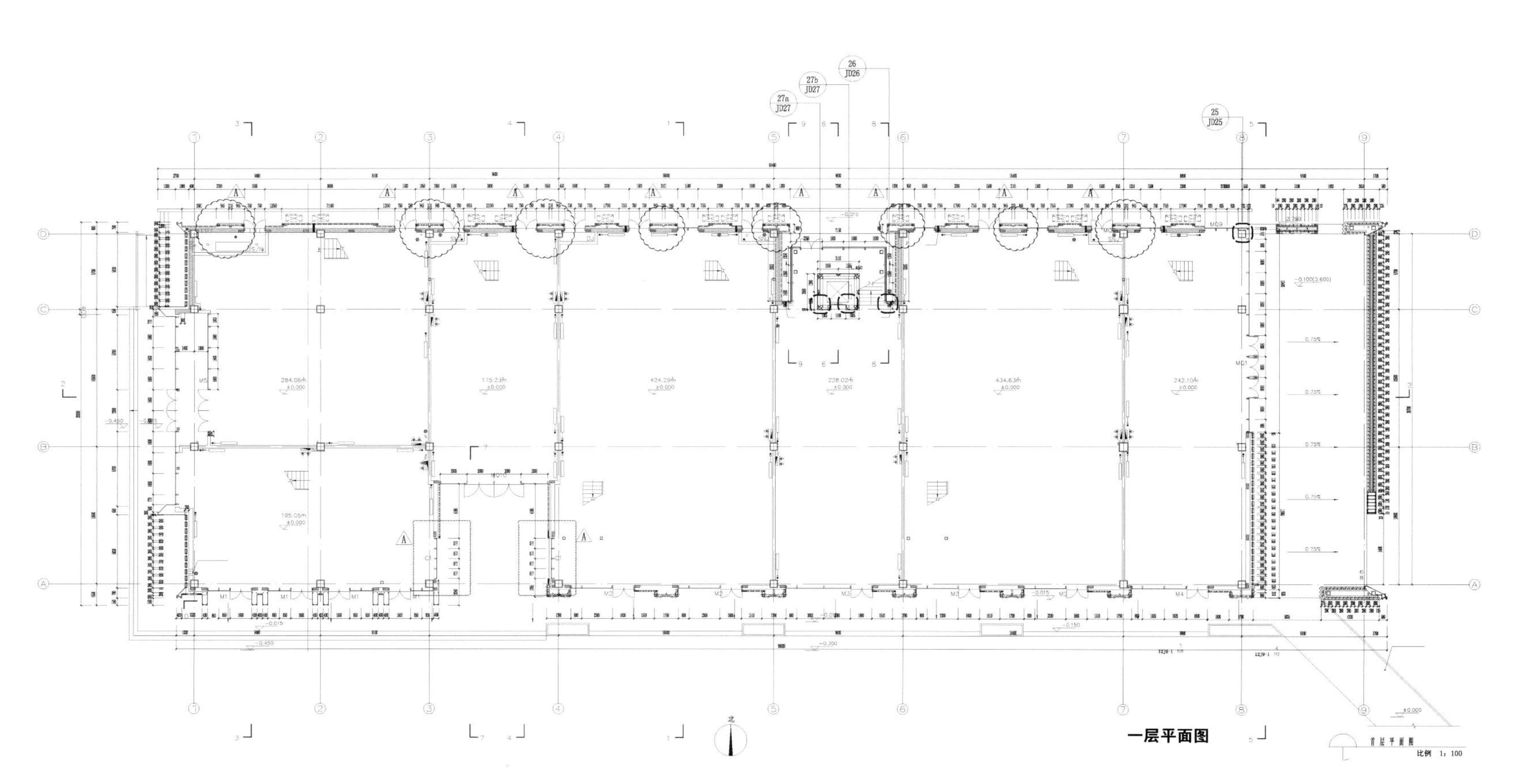
一层平面图
比例 1：100

设计单位

PLaT建筑事务所

设计时间

2009-2010年

完成时间

2014年

建筑面积

10,200平方米

内蒙古，鄂尔多斯

鄂尔多斯动物园入口及媒体中心

The Entrance and Media Centre of Ordos Zoo

郑东贤／主创设计师　北京普拉特建筑设计有限公司、Arch-Exist Photographer／摄影

鄂尔多斯动物园的媒体中心是一个超出甲方预期的方案。这个方案开始的时候甲方仅仅是委托PLaT建筑事务所做一个大门，动物园的主入口大门只是个售票处、出入口、纪念品店，这些都是非常简单的功能，但是设计师考虑的是，内蒙古大部分人都生活在城市，没有去过沙漠草原的人有很多，即便身为内蒙古人，没有体验过自己家乡地域性和大自然的人也有很多，那么动物园大门应该能够让人们了解他们所处的大自然，所以提出了要变成媒体中心的方案。

城市当中居住的人们来看这个建筑不仅仅是因为要买票入园，而是了解各种各样的内蒙古的动物和环境。我们经过考虑，将建筑形态设计成阶段的组合圆柱体，这样的设计是因为城市中居民经常见到的是直的柱子和梁这样均匀的构造，这里没有必要完全使用那样均匀的构造，应该使用更加贴近自然的造型，截断的圆柱因为那种不规则形状的重复，让人觉得像是森林，这种大规模是在都市所感受不到的。城市一般只有4~4.5米高的室内空间，这里有接近20米的大自然空间规模，所以通过这个地方人们就进入到了动物园这个大自然中，这是个与甲方原任务书完全不同的定位。

动物园大门的作用是以过渡为主，从拥挤的城市生活过渡到开阔的自然生活，开阔的尺度是迈向自然地第一步，也是鄂尔多斯动物园入口呈现的第一印象。

整体的设计概念从“树林空间”“光影空间”而来，树木枝杈的形态为柱，顶面多圆形自然采光，给予室内空间极强的通透感，途径入口时如同穿过一片斑驳陆离的森林，从城市过渡到自然。

入口的整体朝向充分的考虑了季风对室内空间的影响，既阻挡了冬季的西北风，减少渗风，降低采暖能耗，又在夏季提供了良好的自然通风条件。

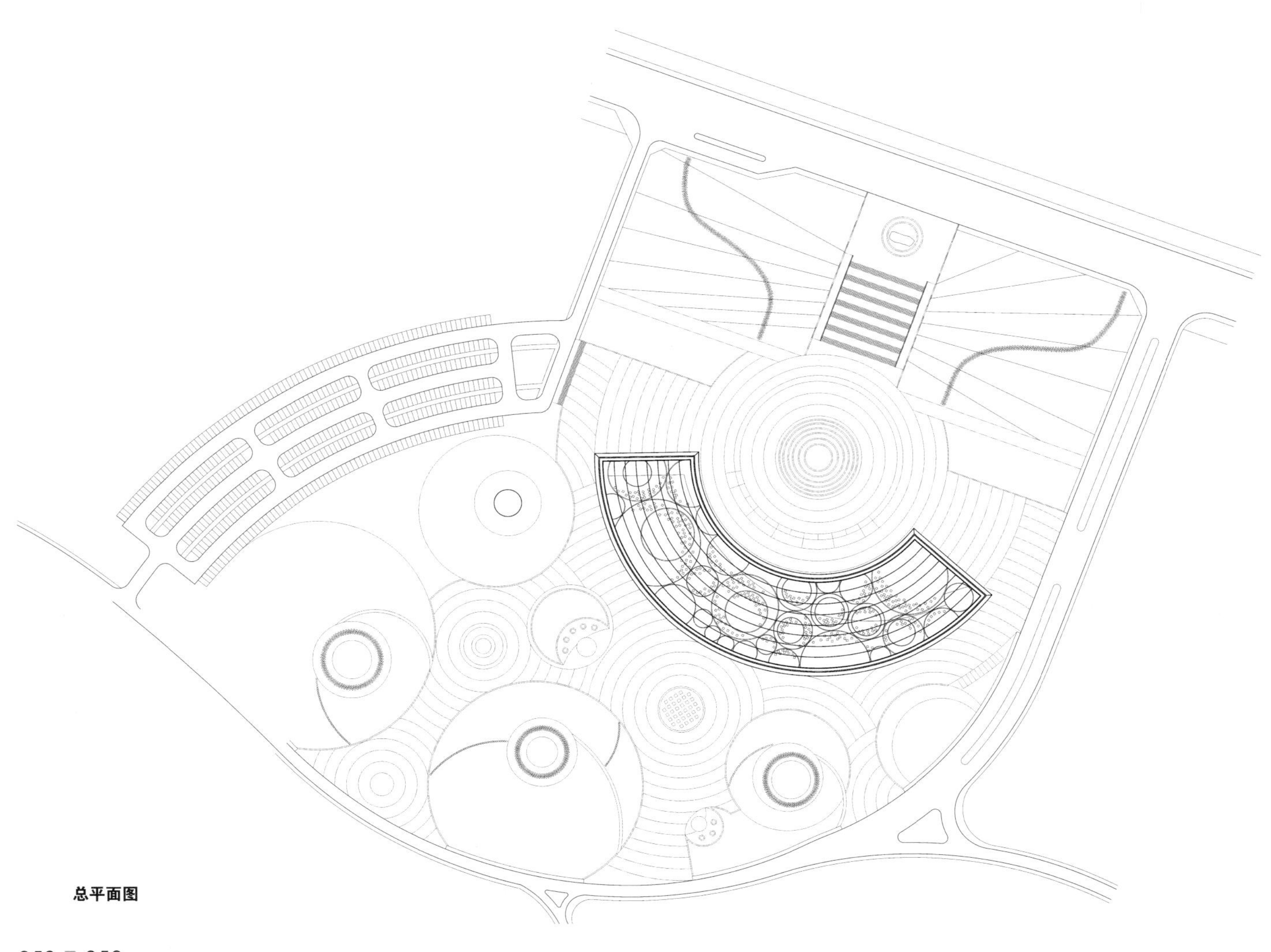

总平面图

3D分析图

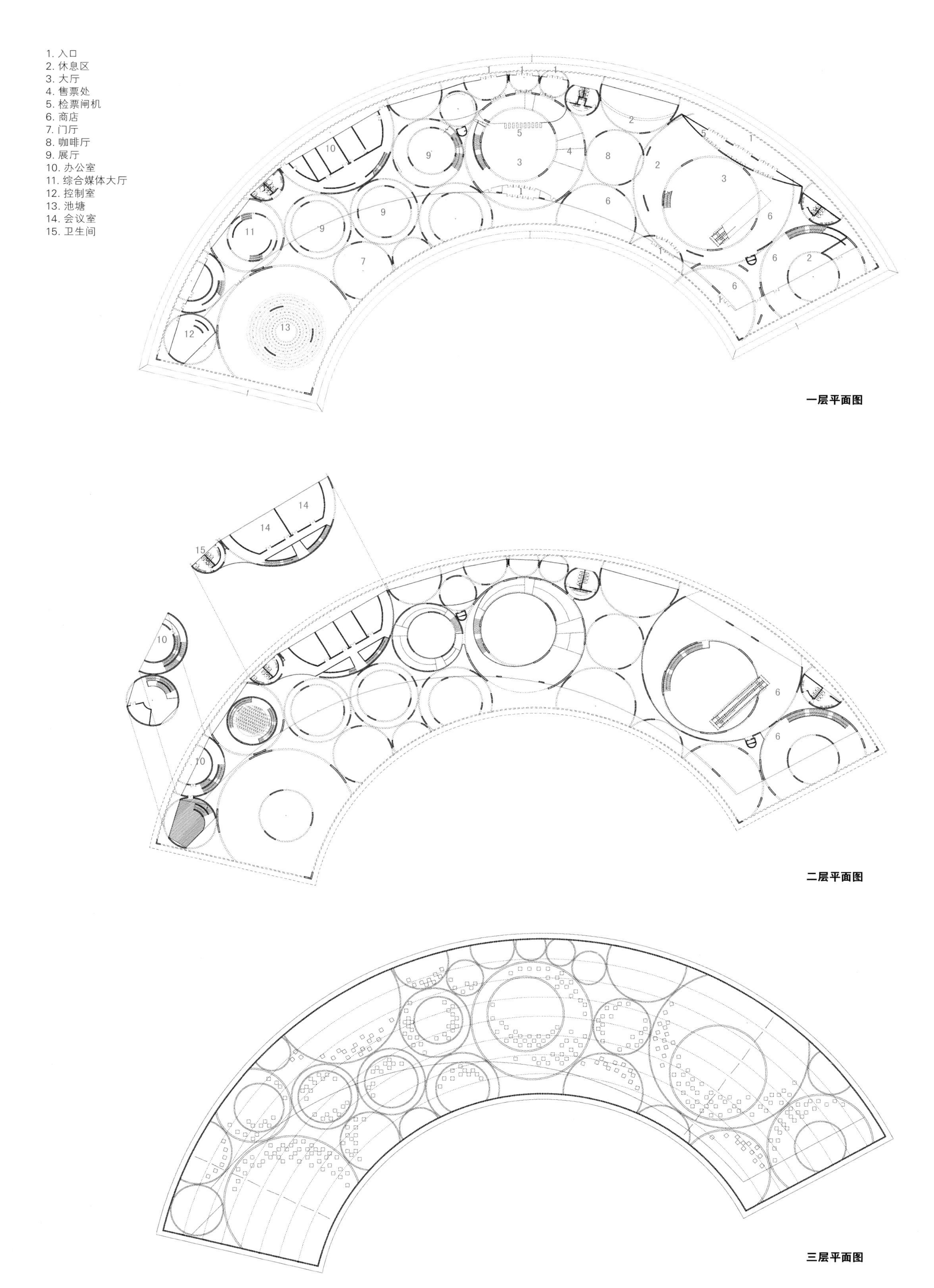

一层平面图

二层平面图

三层平面图

设计人员

王振飞、王鹿鸣、李宏宇、汪琪、庞哲、王懿亮、周宁弈（地池）

王振飞、王鹿鸣、李宏宇、王凝柱、潘浩、汪琪、唐晓欢、苏冲（天水）

施工图设计

青岛北洋建筑设计有限公司

完成时间

2014年

基地面积

37,900平方米（地池）

23,000平方米（天水）

项目面积

8,279平方米（地池）

6，539平方米（天水）

山东，青岛

2014青岛世界园艺博览会天水地池综合服务中心

2014 Qingdao World Horticultural Exposition Tianshui&Dichi Service Center

王振飞、济南多彩摄影／摄影

2014世界园艺博览会于4月25日在青岛开幕，“天水”和“地池”是百果山上的两个原有湖泊，两个服务中心也因为分别坐落在两个湖边而得名。作为园博会园区内的主要建筑，承担着人流集散，活动集聚，餐饮，休闲景观，文化传播，展示等多项功能。由于建筑性质及地理位置等的特殊性，在设计中需要处理好几个特殊关系。

1.建筑与建筑

由于与园博会主题馆同处于园区中轴线上的重要位置，设计既需要考虑在远观时突出主题馆建筑，同时又希望人们走到临近区域时又能被建筑所吸引，也就是如何处理好“隐”和“现”的关系。

2.建筑与环境

百果山以及项目具体所在地天水、地池都拥有很好的自然景观，建筑又处在湖边的显著位置，如何处理好建筑和自然的关系，使得建筑与自然相融。

3.建筑与人

由于服务中心的特殊性质，人流量很大，如何让四面八方的游客很快捷地到达服务中心区域，同时为暂时不能进入服务中心的游客提供观景、休息类的其他功能场所。

针对这些问题，设计师以“地景式建筑”的方式提出解决方案：

一、通过合理地利用地形高差，将建筑与环境作为一个整体设计，功能按不同标高分区设置，尽量减小建筑体量的同时获得最佳的景观朝向。

天水服务中心顺应地形分为两层，二层屋顶与路面平齐，最大限度减小建筑体量感，不对北侧的主题馆形成压迫，同时可以让游客顺势走上屋顶平台欣赏自然景观。一、二层主要餐厅设置于面山、面湖方向，使得游客获得最好的观景体验。而超市、服务站等辅助功能位于屋顶平台下，便于到达。

地池服务中心以中间下沉广场与地池湿地连接，建筑及景观顺应地形设置不同标高，提供多方可达性的同时提供不同高度的观景体验，主要建筑空间低于周边路面标高，面向中央下沉广场，方便游客使用的同时可以获得最佳的亲水景观。

二、最大限度地保留原有地形地貌，原有植被。如天水服务中心东侧小岛就是保留原有地貌的前提下加入杨树林等新的绿化景观，地池服务中心区域百余棵原有树木则完全保留。同时创造屋顶平台及绿化空间，既能节约能源，又使得建筑融于景观之中。

三、为了使游客方便到达同时有丰富的观览体验，两个服务中心的设计中都应用了多路径游览系统的概念。所谓多路径游览就是在最大限度的保证交通可达性、便利性的同时，提供超过一条的游览路径，使得游

客在去、回的过程中可以走不同的路，使用沿途不同的功能，并欣赏各异的景观。

在天水服务中心中，一个灵活可变的三岔节点系统被用来生成建筑的整体组织结构，这个三岔节点系统由3根直线和节点处的三角形组成，三角形由3根直线的方向及三角形内切圆半径控制，可以形成不同的大小和形状，以对应不同的功能要求，比如小三角形对应交通型（通过型）节点，大三角形对应活动型（广场型）节点等。而三个直线灵活的方向性可以在设计发展的过程中很好地适应复杂的地形，并提供多方向的可达性。同时通过多个节点系统的组合，可以形成开放路径和封闭路径，封闭路径形成环路，中间围合成的多边形区域可形成建筑功能性区域或主要景观广场等，而开放路径则形成交通性节点，如连接周边道路的路径以及目的性节点，如观景平台等。

地池服务中心则将一个三维菱形网格系统应用于设计中，网格根据地形的起伏以及功能的需要进行自适应性调整，在保证调整规则不变的前提下最终得到整体建筑及景观的设计，在这个调整过程中，适应地形及高度的纵向调整非常重要，形成了顺地形趋势的不同高度上的屋顶平台、观景台、广场空间等一系列连续的空间体系，而顺应菱形网格形成的阶梯系统就成为这一系列空间之间的转换元素。此时建筑被看作是一定高度参数控制下的变体，融入整个几何系统之中，最终得到了一个建筑与环境一气呵成的空间体系。

考虑到游客行为的多样性，设计师设置了一系列的多用途空间，比如天水舞台空间，地池广场空间，各种不同尺度的台阶空间，以及不同类型的屋顶平台空间。这些场所可以根据不同的需要，提供不同的用途，比如舞台空间可以进行表演，平时又可作为观景、聚集的场所，尺度不同的台阶可以同时提供行走、坐卧等多种功能，多路径系统及多功能空间体系也将服务中心区域各部分功能环境景观连成一体，形成一个完整的公园系统，这时建筑本身的功能已经不再重要，取而代之的是环境的再造以及和自然的融合。

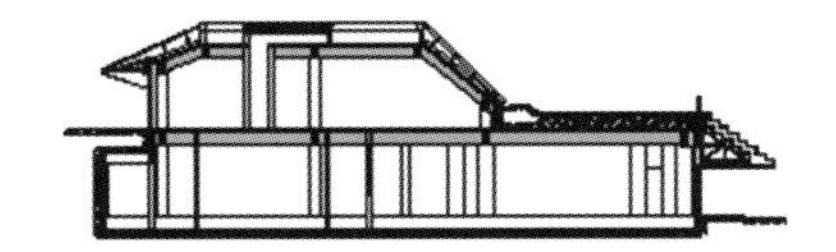

地池横向剖面图

地池纵向剖面图

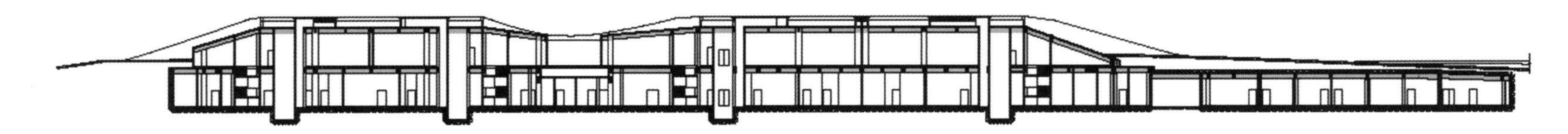

设计单位

dEEP Architects

施工单位

北京碧海怡景园林绿化有限公司

完成时间

2014年11月

建筑面积

300平方米

功能

志愿者之家，青年旅社，书吧，

咖啡吧，志愿者办公空间，医疗室等

四川，甘孜藏族自治州，泸定县

牛背山志愿者之家

Data about Cattle back Mountain Volunteer House

李道德 / 主创设计师

这个项目是受东方卫视邀约的一次公益设计，为一群年轻的志愿者们在大山里盖一座房子，地点在四川省甘孜藏族自治州泸定县蒲麦地村。缘起于成都的资深义工大雁和他的一群90后小伙伴们在牛背山的一次旅行。被誉为中国最美观云海之地的牛背山，有很多驴友徒步登山，但是由于还没有被开发，基础设施极为落后，存在很多隐患，救援又无法及时达到。蒲麦地村，是离牛背山顶最近的一个有人居住的小村落，村子基本呈现出中国西南地区传统的乡村面貌，坡屋顶、小青瓦，民风淳朴。正如中国大部分的偏远村庄一样，成年的劳动力大都在城市打工，村里更多的是留守儿童和空巢老人，很多村舍也是年久失修。大雁他们希望在这里建造一个给年轻人提供公益实践的基地，来帮助遇险的驴友的同时，也可以为村里的老人、儿童提供服务和帮助。为了保证公益实践的开支，他们也需要这个房子有一定的青年旅社的功能。

改造前的房子是一个传统的破旧民居，门前一个被当地叫做“坝子”的平台，木结构坡屋顶，但瓦已坏，平台上的首层空间被厚重的墙体分割成几个昏暗的小房间，屋顶阁楼已破旧不堪，没有厕所、厨房，在坝子的南侧有一个后期农民自己加建的方正的砖房，与环境极不协调且不抗震。我们的改造策略是在完善基本使用功能的前提下，让这个建筑更具有开放性与公共性，可为更多的人群服务，从建筑空间与结构上，创新的同时，又具有中国传统建筑的记忆与灵魂，使其与村落、与环境相协调，融为一体。

于是在一层我们保留并加固了内部的木结构，拆除了面向坝子的厚重墙体，以及内部隔墙，使一层完全开放，作为最重要的公共空间，可作为读书阅览、酒吧、会议等多种功能。重新设计的钢网架玻璃门，可以存储木柴，在完全打开的时候，将室内外融为一体。坝子北侧的破旧猪圈被拆除，保留了木结构和坡屋顶，加建了围墙以及下水排污设施，改造为厨房和淋浴间以及卫生间，这也是整个村子唯一的一处有抽水马桶的卫生设施。我们拆除了坝子南侧后建的砖房，还原了坝子原本的空间，并加建了一个木结构的构筑物，顶部覆瓦，可遮风避雨，增大了坝子使用率的同时，也形成了一个独特的观景平台。

在这个项目中，我们尽可能的使用当地村民作为主要的劳动力，用最常见、最基本的建筑材料和传统的搭建方式，比如当地石块的砌墙方式、坡屋顶与小青瓦的延续。当然，在加建的构筑部分我们采用了数字化的设计方法与生成逻辑。面对主屋你可以看到从左至右，逐渐是由传统转变到了现代，甚至是对未来的探索。一个和背后大山、云海相呼应的有机形态的屋顶呈现了出来。内部看似是传统的木结构，但又是一种数字化的全新表现。这里所采用的材料也是由四川本地盛产的慈竹所提炼而成的新型竹基纤维复合材料，具有高强度，耐潮湿，

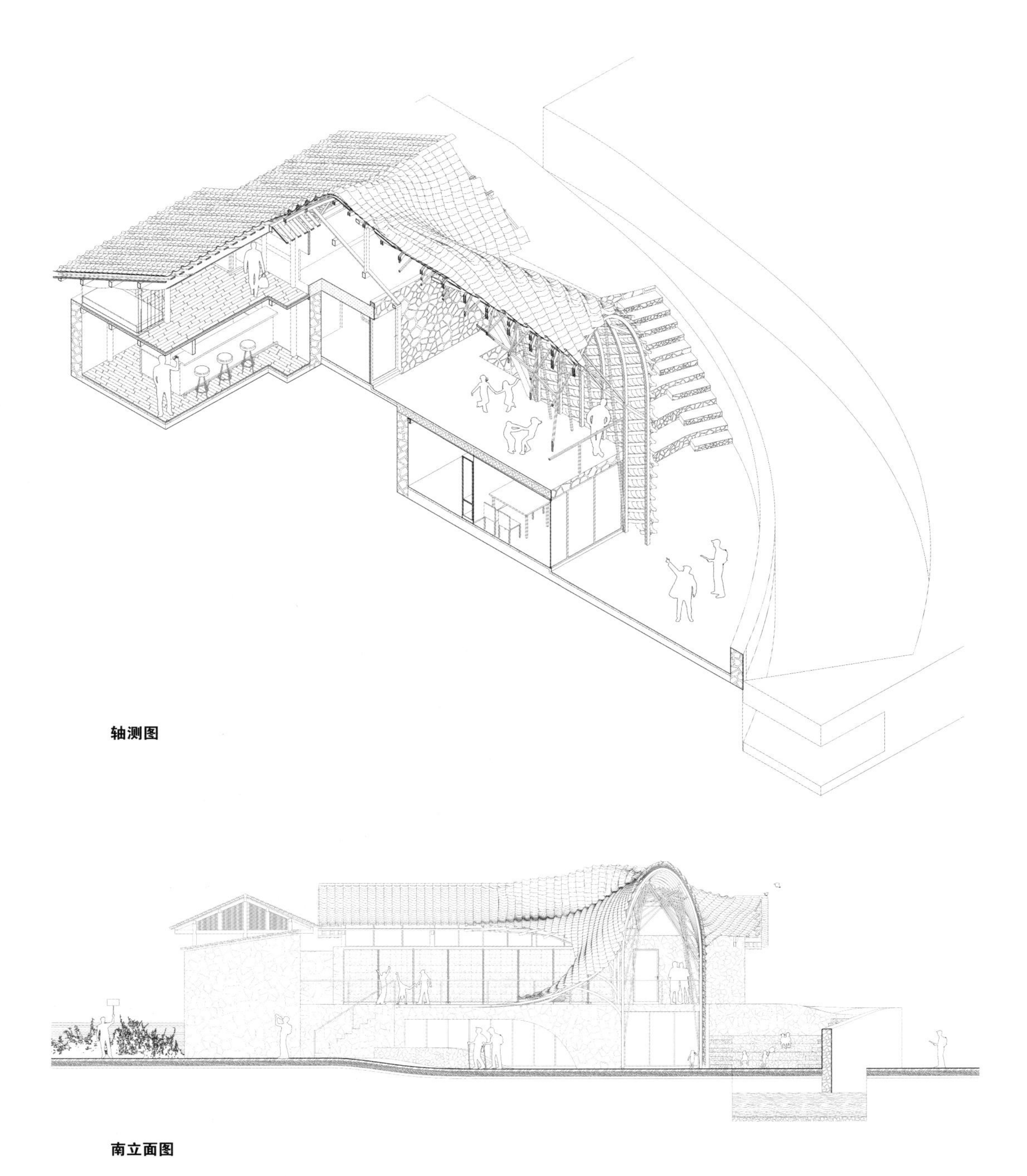

轴测图

南立面图

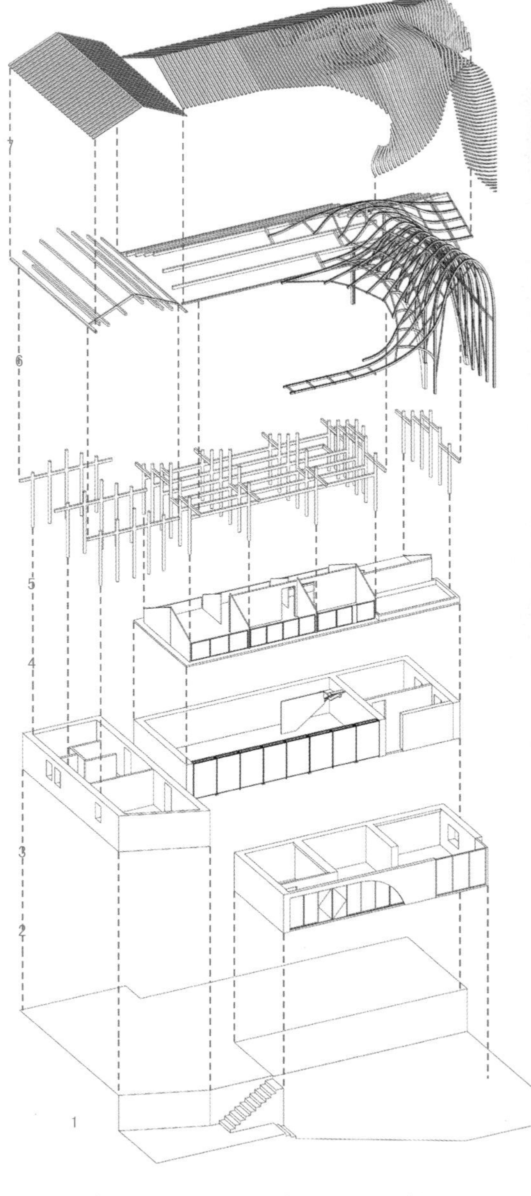

结构关系拆解轴测图

1. 基地
2. 一层墙体
3. 二层墙体
4. 三层墙体
5. 排架
6. 屋面结构
7. 搭瓦条

阻燃等特性，可循环再生，低碳环保。但对这种异型结构的加工，供应商也是首次尝试，结合建筑师的模型、图纸在施工现场放样加工，工厂预制与现场手工相结合。主持建筑师李道德在解释这部分特殊的设计时，说到：

“这个起伏的屋顶与背后的大山以及远方的云海之间存在着形式上的某种关联，但我们更希望营造的是内心与情感上的联系，当驴友或者志愿者，甚至是村民们，徒步多时至此，远远可能看到村口有这么一个小小的独特而又熟悉的建筑泛着微微的暖光，就像是航船在大海航行中看到了灯塔，是给人们的一个召唤与鼓励，有着一种强烈的归属感。”

建筑团队

梁杰文、黄锦星、郑伯超、伍美仪、彭肇基

完成时间

2014年

占地面积

约800平方米

委托人

屯门医院

土木及结构工程师

凌隽发展顾问有限公司

屋宇装备工程师

远东顾问工程师有限公司

测量师

利比有限公司

承包商

EDM 建筑有限公司

获奖

2014 年亚洲建+设大奖（前身"透视设计大奖"）– 公共建筑优异奖

2014 年 DWA 国际设计大奖 – 空间设计优异奖

2014 年美国建筑师学会（香港分会）– 可持续发展设计奖

2014 年美国建筑师学会（香港分会）– 建筑优异奖

香港，屯门

余兆麒健康生活中心
Yu Zhaolin Healthy Life Centre

吕元祥建筑师事务所 / 设计

以病人角度为蓝本重塑绿化疗愈空间

医疗建筑设计多以实用性、高效率性和功能性为首要条件。这次，吕元祥建筑师事务所把重心放在使用者身上，从病人的角度出发，将医疗建筑变为另类的健康疗愈空间，试图为传统医疗建筑带来一篇新乐章。

吕元祥建筑师事务所以"绿色脉膊"为主要设计概念，将一座医院大楼的荒废天台，改造成低碳绿化的健康空间。在有限的空间内，建筑师不忘以人为本的初衷，从病者角度出发的细部处理足见心思，成功为复康病人营造一所集家居、庭园与游乐场的另类健康中心。让长期病患者可以在漫长的复康路上，接受专业辅导之外，多享受户外的绿意与蓝天，从轻松的氛围中舒减病患的压力。

低碳"绿脉"天台重生

设计概念言简意赅。建筑除利用轻身钢材建造外，在医院天台延伸一片"起伏的绿化"覆盖面，从绿化中汇生不同的空间作为接待室、四间辅导室和一间多用途室，其中加入了大量低碳设计元素。每间辅导室和多用途室都能连接户外小庭园，宛如"绿脉"由外至内延伸，内外绿化相互紧扣，日光和自然风渗透室内，绿意盎然。

绿

从绿化天台到绿化墙，皆可见建筑师锐意打造一个绿意满溢的健康中心的决心。超过百分之五十七的高度绿化比率，一方面有助隔热降温，减低空调负荷，另一方面优化旧医护大楼环境，为病人提供一个低碳自然、舒适零压力的复康建筑。

光和风

丰富多变的建筑结构，令中心百分百天然采光和通风。穿堂风设计大大改善室内空气质素，并且创造了健康舒坦又不失庄重的绿色空间，间接增加了额外的低碳效益。

乐

被动式设计的室内空间营造零压力的儿童辅导区。小童专用滑梯穿梭室内室外，充满童心玩味。

家

项目完美地展示了可持续发展建筑对专业医护人员和复康病人的重要性，也为健康生活中心的建筑设计开展新一页。医护人员自起始参与项目，提供意见，协助建筑师打造静谧轻松的自然氛围，以缓和病者情绪。

透过低碳绿化建筑设计，余兆麒健康生活中心这一所小建筑物，为医院添上新生命，亦为绿色建筑带来新角色。

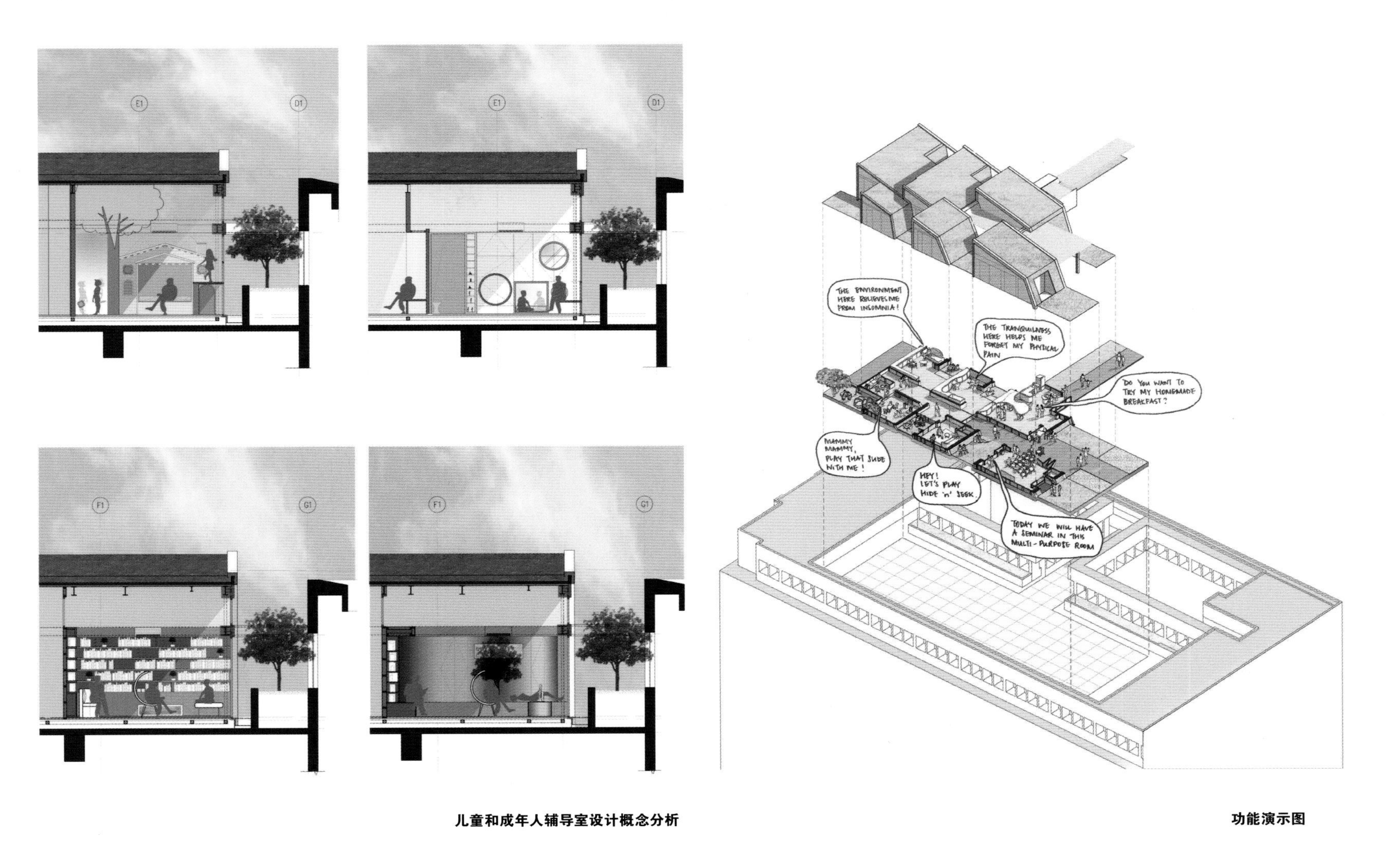

儿童和成年人辅导室设计概念分析

功能演示图

1. 入口
2. 小庭院
3. 多用途室
4. 接待处
5. 儿童辅导室
6. 辅导室

首层平面图

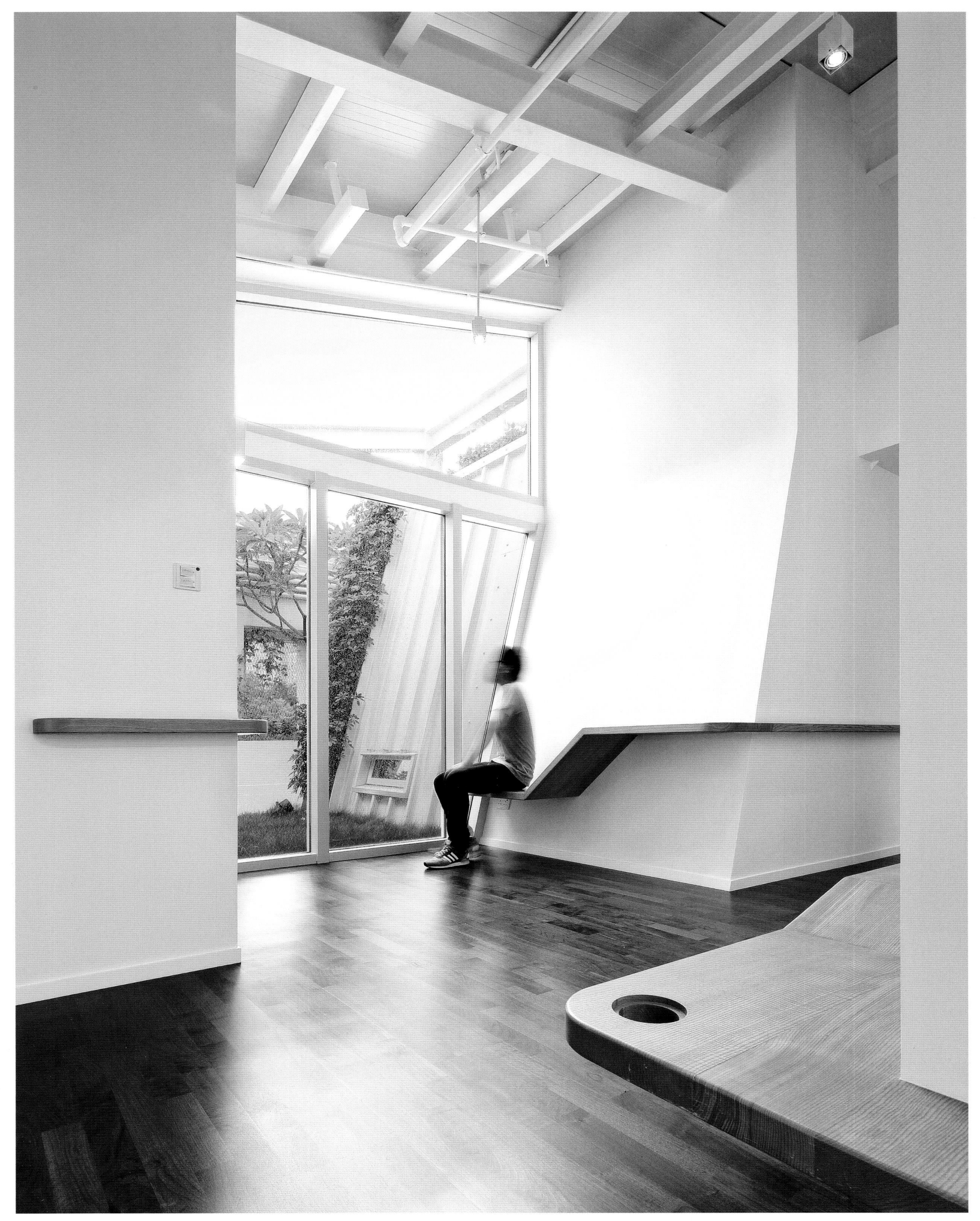

项目管理

马洁怡

项目团队

Mark Kingsley，Jeffery Huang，
关帼盈，黄稚沄，梁卓嘉，
Johnny Cullinan，崔佩容，叶倩盈

完成时间

2014年5月

总面积

1,450平方米

总造价

1,697,250元人民币

单位造价

1,170元人民币/平方米

委托捐助者

香港沃土发展社

额外捐助者

香港陆谦受慈善基金

湖南，保靖

昂洞卫生院

Angdong Hospital

林君翰与Joshua Bolchover、城村架构（一个设在香港大学建筑学院的非盈利设计机构）/ 设计　城村架构 / 摄影

目前，中国农村的医疗设施正面临众多挑战。一般情况下，农村环境比城镇地区更不利医疗机构的发展。由于政府提供补贴，医生及医院收入有所提高，导致滥收费用和向病人进行不必要的治疗与检查等问题出现。在一家名为香港沃土发展社的慈善机构的委托下，我们致力透过设计中国第一家慈善卫生院，以培育社会对农村医疗保健的新态度。

我们与该慈善机构及湖南省昂洞乡政府紧密合作，旨在建立一个能够支持并推动农村医疗管理及护理改革的卫生院模范。当中的理念包括提供现存卫生院所缺乏的基本医疗设施，例如简单的候诊室。此外，观乎现时中国的公共建筑如学校、医院，大多数设计均利用围墙将设施与周边社区分隔，并实行封闭式管理。因此，我们着力提倡卫生院向社区开放，重新把它定位成一个真正让公众享用的公共建筑。

现有方案把传统的医院功能重新配置。设计始于一个简单的策略，就是利用一条连续的坡道贯穿所有楼层。宽阔的坡道设有休息的地方，也加强了建筑内部的流通性。坡道设计同时构成了一个开放予村民使用的大型中央庭院。庭院添设的台阶提供更多休憩场地，使其成为室外候诊区。材料方面，大楼的外墙使用了循环再用的传统青砖，螺旋式通道的内侧则采用定制的混凝土镂空砌块。这些定制砌块从远处看来跟普通砌块没分别，却是由富弹性的乳胶模具制成。此技术改变了混凝土固有的刚硬感，令庭院在一天的光影变化中表现出柔和及动态的一面。

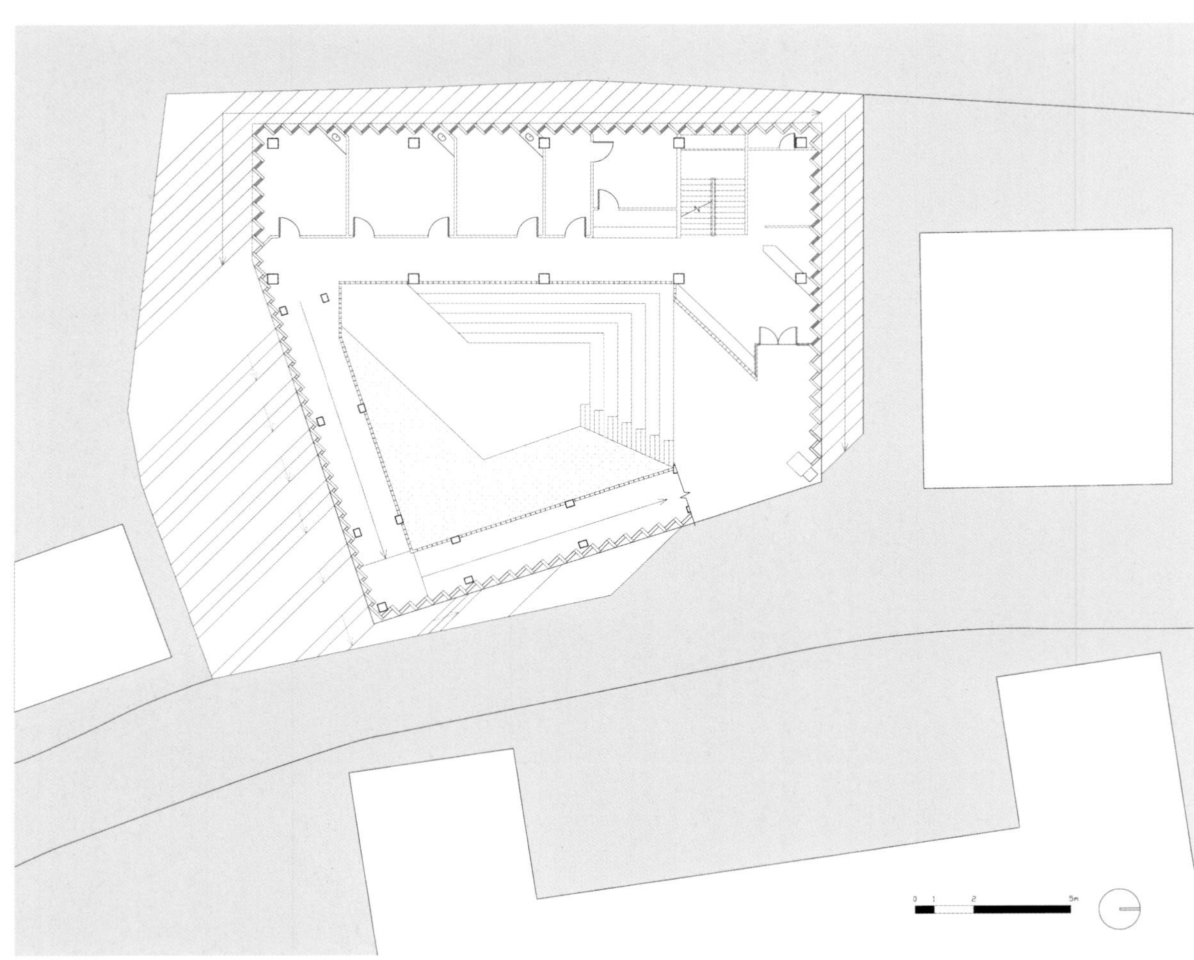

一层平面图

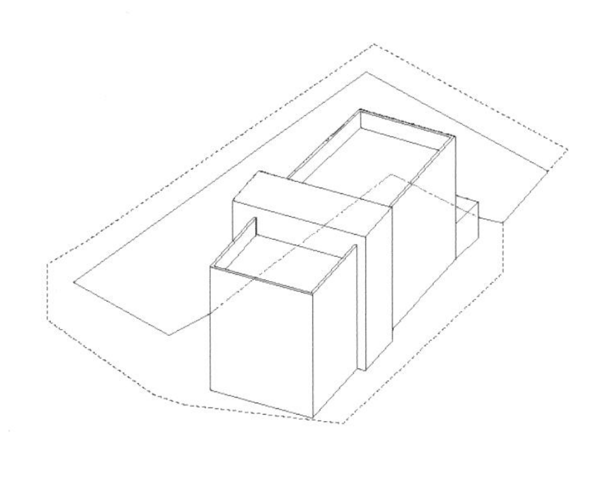

1. 医院大楼没有电梯，病人需要由家属背上楼

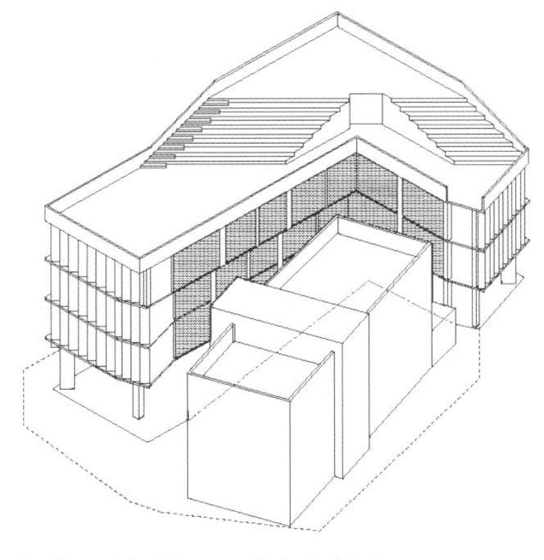

2. 新建筑包围在老建筑周围，在建造过程中，老建筑继续使用

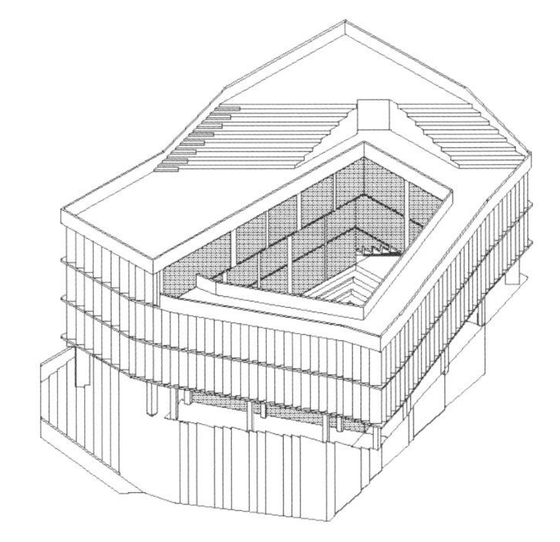

3. 老建筑被拆除，取而代之的是一个公共庭院和斜坡，让患者坐轮椅进入楼层

结构策略图

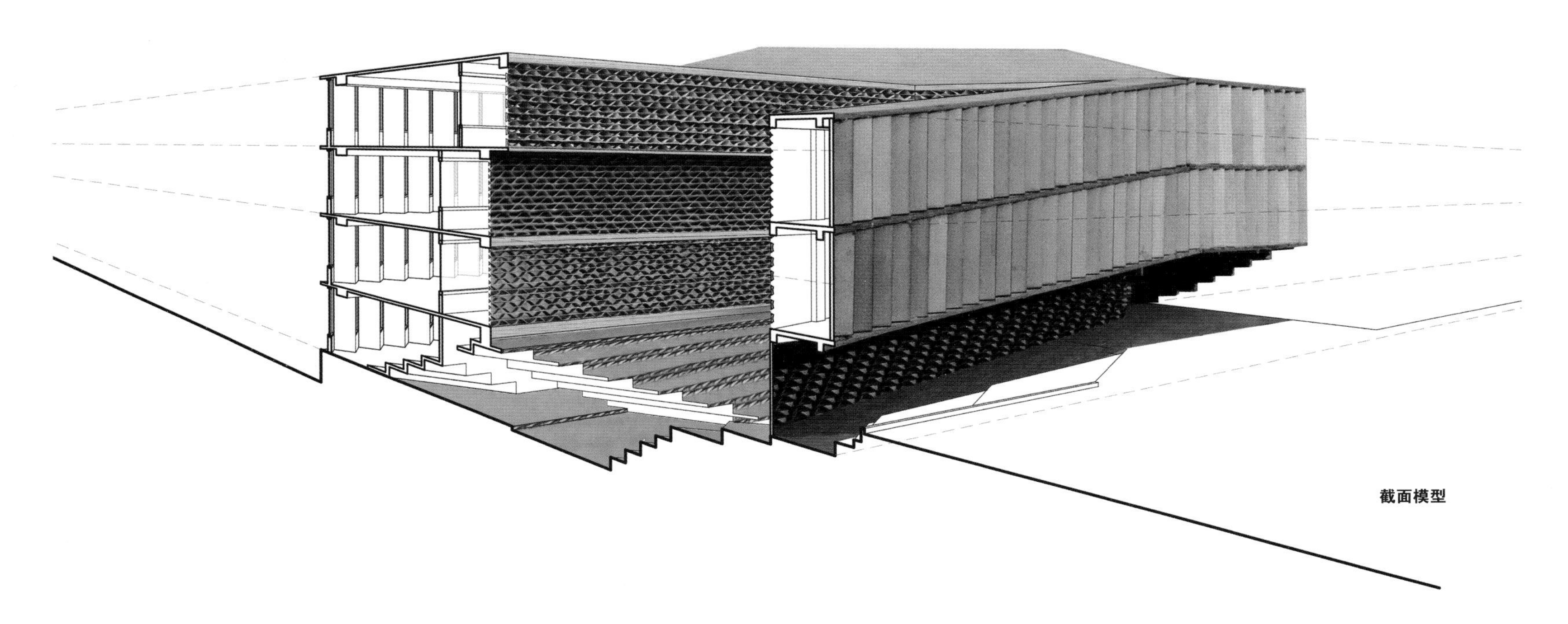

截面模型

热烈欢迎州肿瘤医
院、县中医院来昂洞卫生
院进行义诊活动！
祝各位领导、专家身
体健康，工作顺利！

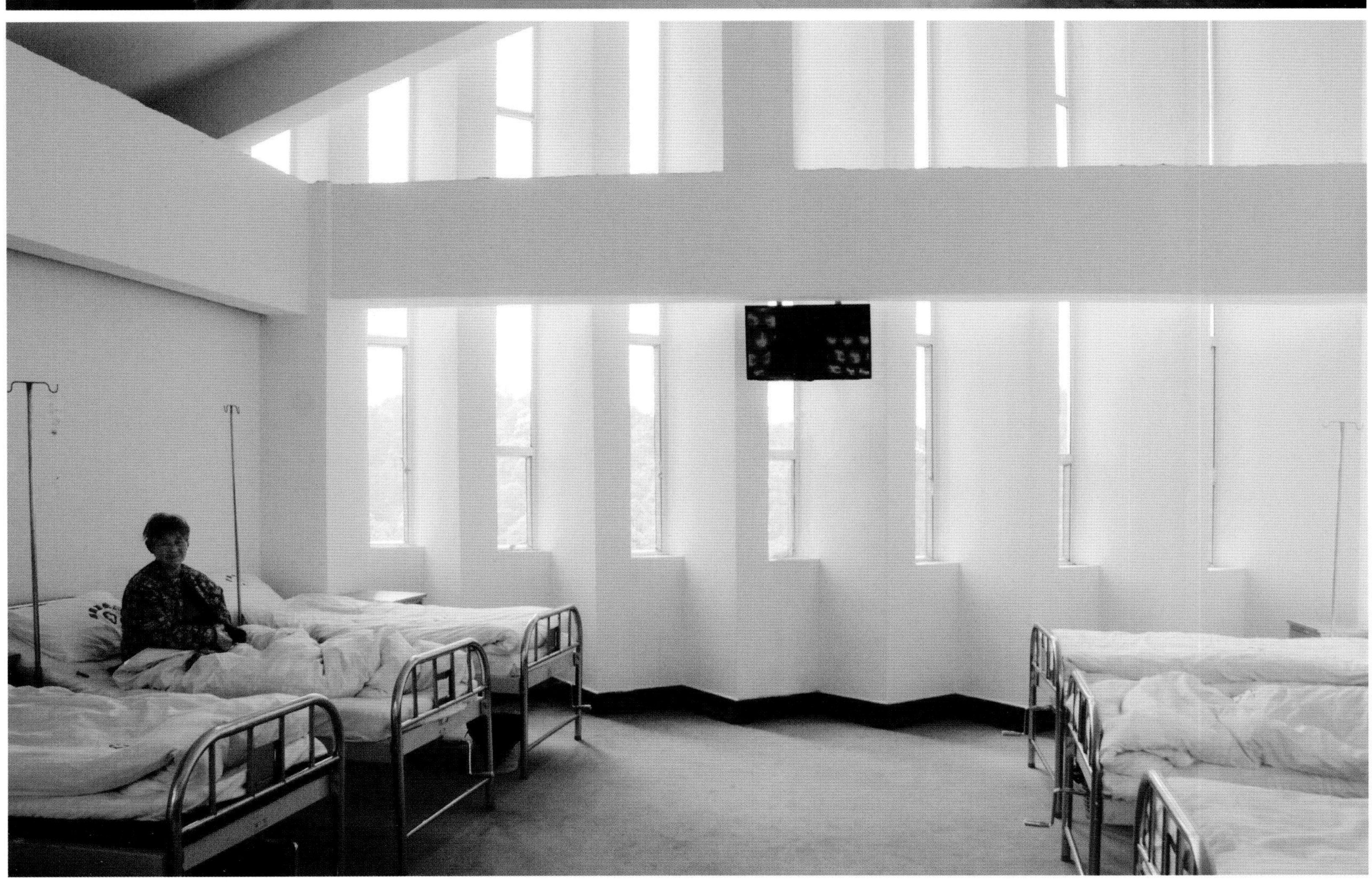

稻城亚丁机场选址位于稻城高原海子山，稻城高原是有横断山系的贡嘎雪山和海子山组成，冰蚀岩盆和断陷盆地遍布地表，此处是青藏高原最大的古冰体遗迹，素有“稻城古冰帽”之称。机场海拔高度4411米，为世界上海拔最高的民用机场。总建筑面积约15465平米，包括航站楼，航管楼，货运仓库，机场办公综合楼，消防楼，加油站等辅助用房。航站楼建筑面积8796平方米，2013年9月正式通航。

诗意是心情的表露，诗意源于自然的感触。美国建筑师赖特说过：“建筑要从土地里长出来并与自然融为一体，于是就是诗源情而绮丽，居因景而心动”。在苍凉的海子山表面，有着类似月球表面一样的独特地貌，减少机场对于地表的破坏是我们能做的最好的。

在整体的布局上，引入当地最具有代表性的文化——哈达，作为规划布局的创意来源，整个机场建筑群形成两条环绕的彩带，我们将航站楼想象成为一个天外来的飞碟，有着独特的造型，高科技的材质感，轻盈的建筑形式。辅助用房覆盖在海子山的独特地表之下，与海子山融为一体。这样既可以减少对环境的破坏，最大程度的尊重当地的文化脉络和自然地貌，又可以利用当地的材料与植被，减少覆土建筑在保温节能方面的损耗，适应当地的恶劣自然环境。航站楼坐落在砌筑的原始风貌的基座之上，从空中俯视，好似一个天外来物落在像风中招展的哈达一样的地形之上。这种未来与自然，轻巧与厚重，形成强烈的对比，具有极强的视觉冲击力，达到机场即景区的效果。

稻城亚丁机场建成后，稻城到成都可缩短为1小时飞行距离，与云南、攀枝花的支线机场形成香格里拉环线，共享“香格里拉之魂”、“蓝色星球上最后一片净土”。

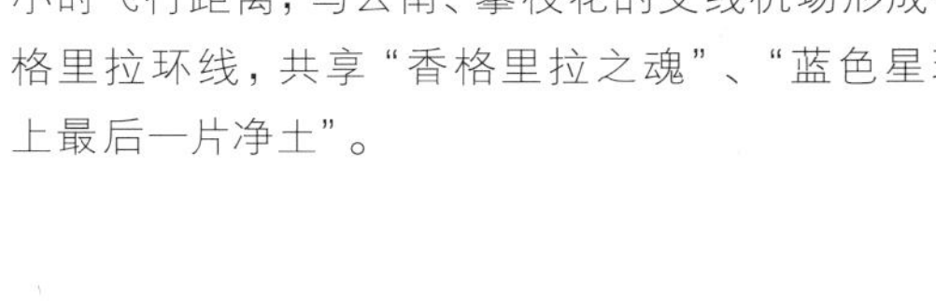

四川，稻城

稻城亚丁机场

Daocheng Yading Airport

匠人规划建筑设计股份有限公司 / 设计　匠人规划建筑设计股份有限公司 / 摄影

完成时间
2013年
建筑面积
15,000平方米

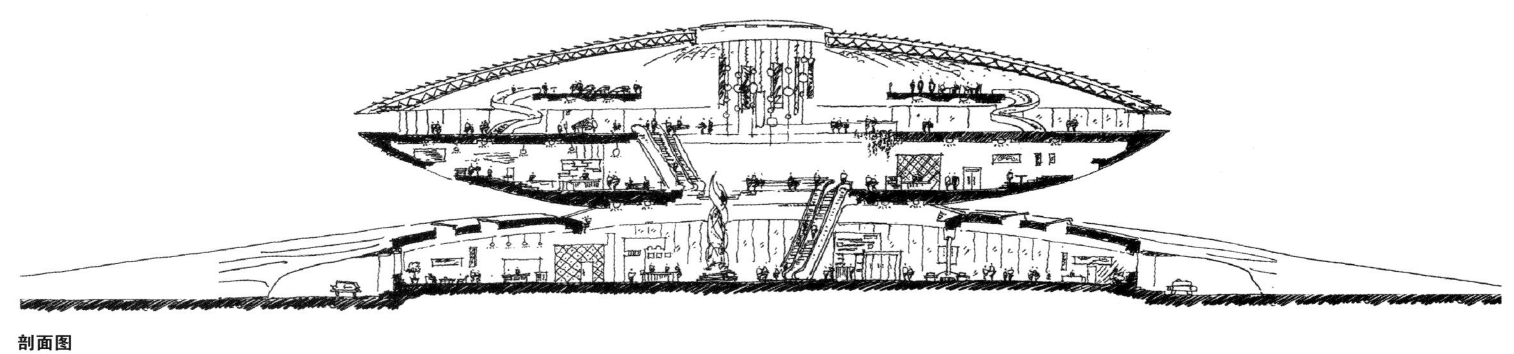

剖面图

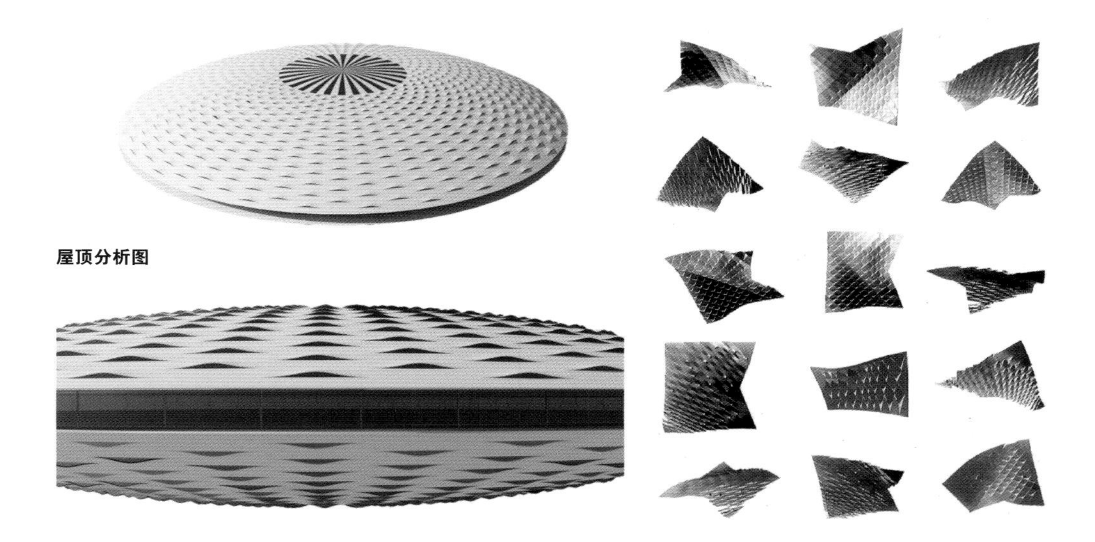

屋顶分析图

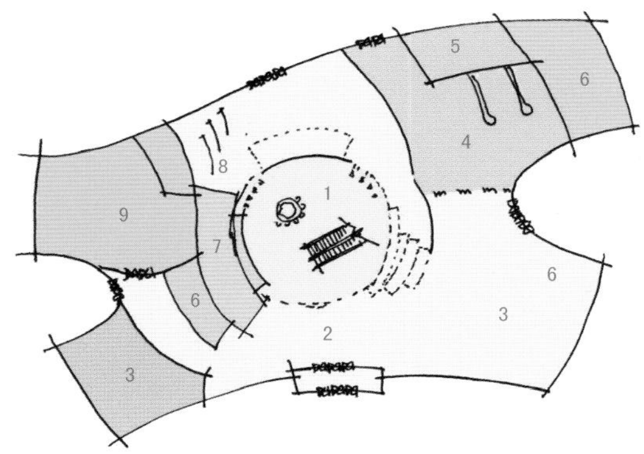

一层平面图 1. 中庭 2. 大厅 3. 公共服务区 4. 到港大厅 5. 行李分拣 6. 办公 7. 办票区 8. 出港行李 9. 贵宾区

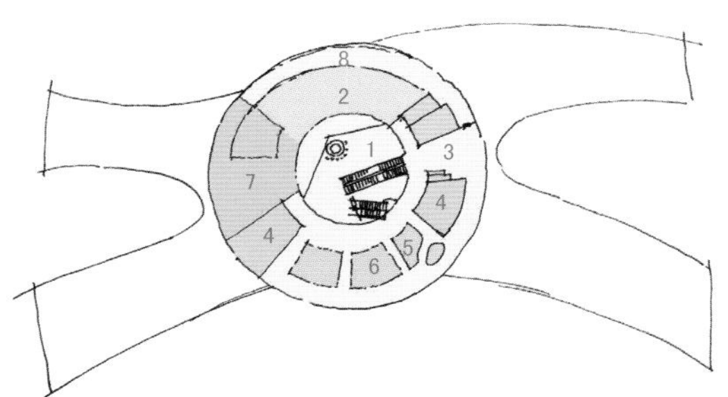

二层平面图 1. 中庭 2. 候机厅 3. 安检区 4. 办公 5. 休息区 6. 公共服务区 7. 贵宾区 8. 登机连廊

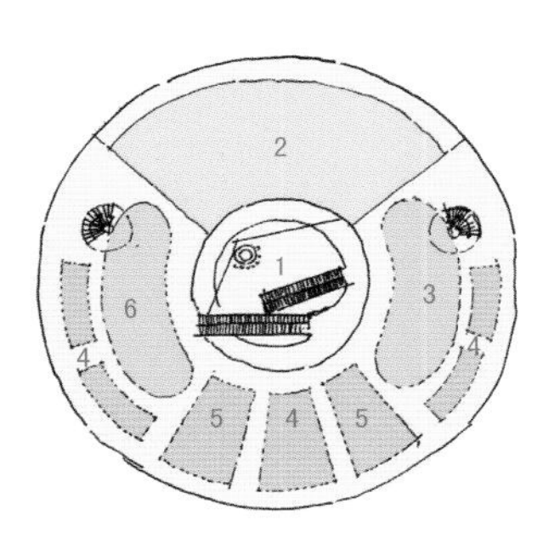

三层平面图 1. 中庭 2. 候机厅 3. SPA 4. 展示区 5. 公共服务区 6. 休息区

合作单位：
Crossboundaries　dEEP Architects　Perkins Eastman　Valode & Pistre architectes
ADARC【思为建筑】　CCDI 悉地国际　META- 工作室　北京普拉特建筑设计有限公司
坊城建筑　建筑营设计工作室　深圳市间外工作室　时境建筑　水石国际
零壹城市建筑事务所　致正建筑工作室　中联筑境建筑设计有限公司

图书在版编目（C I P）数据

中国建筑设计年鉴．2015：全 2 册 / 《中国建筑设计年鉴》编委会编；常文心译．
-- 沈阳：辽宁科学技术出版社，2015.9
ISBN 978-7-5381-9369-5

Ⅰ．①中… Ⅱ．①中… ②常… Ⅲ．①建筑设计－中国－ 2015 －年鉴 Ⅳ．① TU206-54

中国版本图书馆 CIP 数据核字 (2015) 第 181511 号

出版发行：辽宁科学技术出版社
（地址：沈阳市和平区十一纬路 29 号 邮编：110003）
印 刷 者：利丰雅高印刷（深圳）有限公司
经 销 者：各地新华书店
幅面尺寸：240mm×305mm
印 张：72
插 页：8
字 数：80 千字
出版时间：2015 年 9 月第 1 版
印刷时间：2015 年 9 月第 1 次印刷
责任编辑：刘翰林
封面设计：周　洁
版式设计：周　洁
责任校对：周　文
书 号：978-7-5381-9369-5
定 价：598.00 元（全 2 册）
联系电话：024-23284360
邮购热线：024-23284502
E-mail: lnkjc@126.com
http://www.lnkj.com.cn
本书网址：www.lnkj.cn/uri.sh/9369